ZigBee 网络原理与应用开发

吕治安 编著

北京航空航天大学出版社

内容简介

本书深入讲述 ZigBee 网络的体系结构和工作原理，介绍飞思卡尔公司的 ZigBee 软硬件开发工具及其使用，并给出了简单的应用实例。全书共分为 9 章。第 1 章介绍 ZigBee 网络的特点及其主要应用领域；第 2~6 章分别介绍 ZigBee 的物理层、MAC 层、网络层、应用层及 ZigBee 安全服务特性；第 7~9 章介绍飞思卡尔公司的 ZigBee 开发工具及其应用。

本书可作为从事无线传感器网络等短距离无线通信技术的工程技术人员学习 ZigBee 技术用书，也可作为高等院校高年级学生及研究生参考用书。

图书在版编目(CIP)数据

ZigBee 网络原理与应用开发/吕治安编著. ——北京：北京航空航天大学出版社，2008.2
 ISBN 978-7-81124-244-7

Ⅰ. Z… Ⅱ. 吕… Ⅲ. 无线电通信—通信网 Ⅳ. TN92

中国版本图书馆 CIP 数据核字(2007)第 171010 号

© 2008，北京航空航天大学出版社，版权所有。
未经本书出版者书面许可，任何单位和个人不得以任何形式或手段复制或传播本书及其所附光盘内容。
侵权必究。

ZigBee 网络原理与应用开发
吕治安　编著

责任编辑　孔祥燮　范仲祥

*

北京航空航天大学出版社出版发行
北京市海淀区学院路 37 号(100083)　发行部电话：010-82317024　传真：010-82328026
http://www.buaapress.com.cn　E-mail:bhpress@263.net
涿州市新华印刷有限公司印装　各地书店经销

*

开本：787 mm×960 mm　1/16　印张：20.25　字数：454 千字
2008 年 2 月第 1 版　2008 年 2 月第 1 次印刷　印数：5 000 册
ISBN 978-7-81124-244-7　定价：35.00 元

前 言

自 20 世纪 80 年代以来,在微电子技术、计算机技术迅速发展的推动下,在人们应用需求的牵引下,无线通信和网络技术获得了长足的发展。利用 GSM,我们可以随时随地与远在异国他乡的亲人交谈;利用 Internet,可以与天涯海角的朋友聊天;使用小小的手持设备,可以搜索世界上的任何信息,正所谓"纳须弥于芥子"。与此同时,人们又把目光投向我们的身边、居室、办公室、生产车间等较小区域的无线连接,以解决个人信息的传送、家庭自动化、生产自动化等过程中数据无线传输的问题,省去我们身边密密麻麻、蜘蛛网般的各种信号线。这就是所谓的无线个域网要解决的问题。无线个域网(Wireless Personal Area Network,WPAN)是一种无固定的网络形式,以个人为中心、通信距离在十米至数十米之间的一种无线网络。例如蓝牙、ZigBee 等都属于此类网络。ZigBee 名称来源于蜜蜂的舞蹈,蜂群通过跳 ZigZag 形状的舞蹈交换各种信息,蜂群里蜜蜂的数量众多,身材纤细,所需食物不多。这正是 ZigBee 的主要突出特点:简单的结构、灵活的网络、极低的功耗、极低的成本和数量不等的网络成员。2002 年,英国 Invensys 公司、日本 Mitsubishi 公司、Motorola 公司及 Philips 公司等发起成立了 ZigBee 联盟,推出了 ZigBee 协议标准。ZigBee 技术一经出现,立刻引起了广泛的注意,世界各大半导体厂商纷纷推出实现 ZigBee 物理层功能的芯片。

作者出于对无线网络技术的关注,对 ZigBee 进行了一些研究,被它极低的功耗、较低的成本、出色的性能所吸引，开始了相应的开发工作，并感到有必要向广大的工程技术人员介绍这一新技术。因此不揣冒昧，将自己工作过程中遇到的问题和解决的方法变成这些文字，奉献给大家，以作引玉之砖。全书分为 9 章，分别介绍了 ZigBee 网络的体系结构，并结合飞思卡尔公司提供的开发工具介绍了开发 ZigBee 应用产品的过程、方法和简单的应用实例。在写作的过程中，主要参考了 ZigBee 协议和 IEEE 802.15.4 协议文本，以及飞思卡尔公司关于 ZigBee 技术的开发文档，也参考了网络上的一些资料，这里恕难一一列出。

  充分理解 ZigBee 协议，熟练掌握开发工具，并具有一定的无线通信知识，是进行 ZigBee 研究、应用开发的基础。这些内容涉及面较广，远不是本书所能够概括的。作者唯一的期望是本书能对我国的 ZigBee 应用有一点小小的推动。

  本书写作过程中得到襄樊学院物理与电子学系、科研处领导和同志们的大力支持，张建华、胡容玉、张静、程兴国等老师及本科生程满华、吴微微等同学也为本书的顺利完成做了大量的工作，此外还有其他一些同仁以不同的方式给予了支持与鼓励，在此一并表示衷心的感谢。这里难免挂一漏万，恳请大家的原谅。

  由于 ZigBee 技术出现时间不长，参考资料缺乏，再加上本人学识有限，从事 ZigBee 应用开发时间不长，难免有一些理解不充分甚至错误的地方，一些新名词的中文表达也颇费思量，因此，这里恳请大家给予指正。

作 者
2007 年 10 月
于襄樊学院（古隆中）

目 录

第1章 ZigBee 网络概述

1.1 无处不在的无线网络 … 1
1.2 ZigBee 网络概述 … 2
1.3 几种常用的短距离无线通信技术 … 3
1.4 ZigBee 网络结构简介 … 5
　1.4.1 ZigBee 网络体系结构 … 6
　1.4.2 ZigBee 网络拓扑结构 … 7
　1.4.3 ZigBee 网络主要特点简介 … 10
1.5 原语的概念 … 12
1.6 ZigBee 应用简介 … 14

第2章 物理层

2.1 物理层功能概述 … 16
2.2 无线通信规范 … 17
　2.2.1 ZigBee 无线通信一般规范 … 17
　2.2.2 物理层 2.4 GHz 频带规范 … 20
2.3 物理层协议数据单元结构 … 23
2.4 物理层常量和 PIB 属性 … 24
　2.4.1 物理层常量 … 25
　2.4.2 物理层 PIB 属性 … 25
2.5 物理层服务及服务原语 … 26
　2.5.1 物理层数据服务 … 26
　2.5.2 物理层管理服务 … 27
　2.5.3 物理层枚举型数据 … 31

第3章 MAC 层

3.1 媒体访问控制 … 32
　3.1.1 信标、超帧及其结构 … 32

3.1.2	帧间隔	34
3.1.3	CSMA-CA 算法	35

3.2 PAN 的建立与维护 … 37
    3.2.1 PAN 的启动与管理 … 38
    3.2.2 设备与网络协调器的连接与断开 … 48
    3.2.3 同　步 … 54
    3.2.4 数据传输 … 60
    3.2.5 保护时隙的分配与管理 … 68
    3.2.6 MAC 层其他功能 … 73
    3.2.7 帧安全 … 76

3.3 MAC 层常量及 PIB 属性 … 79
3.4 MAC 层帧及其结构 … 85
    3.4.1 MAC 层帧结构概述 … 85
    3.4.2 帧结构分析 … 88
    3.4.3 命令帧详解 … 91

3.5 MAC 层安全方案 … 96
    3.5.1 安全方案相关知识 … 97
    3.5.2 AES-CTR 安全方案 … 99
    3.5.3 AES-CCM 安全方案 … 101
    3.5.4 AES-CBC-MAC 安全方案 … 102

第 4 章　网络层

4.1 网络层概况 … 104
4.2 网络层功能及其实现 … 105
    4.2.1 网络的形成和维护 … 105
    4.2.2 发送和接收数据 … 122
    4.2.3 路由选择和维护 … 125
    4.2.4 调度信标传输时序 … 137
    4.2.5 广播通信 … 138
    4.2.6 MAC 层信标中的网络层信息 … 140

4.3 网络层帧 … 141
    4.3.1 网络帧通用结构 … 141
    4.3.2 数据帧 … 143
    4.3.3 命令帧 … 143

4.4 网络层常量和 NIB 属性 ………………………………………………… 146

第 5 章 应用层

5.1 应用层概述 …………………………………………………………… 151
   5.1.1 应用支持子层 …………………………………………………… 151
   5.1.2 应用框架 ………………………………………………………… 151
   5.1.3 地　　址 ………………………………………………………… 152
   5.1.4 应用通信基础 …………………………………………………… 153
   5.1.5 设备发现 ………………………………………………………… 153
   5.1.6 绑　　定 ………………………………………………………… 154
   5.1.7 信息传输 ………………………………………………………… 154
   5.1.8 ZigBee 设备对象 ………………………………………………… 155
5.2 ZigBee 应用支持子层 ………………………………………………… 156
   5.2.1 APS 数据传输功能及服务规范 ………………………………… 157
   5.2.2 APS 管理服务 …………………………………………………… 161
   5.2.3 应用支持子层帧结构 …………………………………………… 163
   5.2.4 应用支持子层常量及 PIB 属性 ………………………………… 165
5.3 ZigBee 应用框架 ……………………………………………………… 167
   5.3.1 创建 ZigBee 模板 ……………………………………………… 167
   5.3.2 标准数据类型及结构 …………………………………………… 168
   5.3.3 ZigBee 描述符 …………………………………………………… 170
   5.3.4 AF 帧格式 ……………………………………………………… 175
   5.3.5 KVP 命令帧格式 ………………………………………………… 177
   5.3.6 功能描述 ………………………………………………………… 180
5.4 ZigBee 设备模板 ……………………………………………………… 180
   5.4.1 ZigBee 设备模板概述 …………………………………………… 180
   5.4.2 客户服务和服务器服务 ………………………………………… 182
   5.4.3 ZDO 枚举变量描述 ……………………………………………… 199
5.5 ZigBee 设备对象 ……………………………………………………… 200
   5.5.1 设备对象描述 …………………………………………………… 200
   5.5.2 设备对象行为 …………………………………………………… 202

第 6 章 ZigBee 安全服务特性

6.1 概　　述 ……………………………………………………………… 205

6.1.1 安全体系及设计 ……………………………… 205
6.1.2 MAC 层安全服务 ……………………………… 207
6.1.3 NWK 层安全服务 ……………………………… 208
6.1.4 应用层安全服务 ……………………………… 210
6.1.5 信任中心及其作用 ……………………………… 211
6.2 APS 层安全服务 ……………………………… 212
 6.2.1 帧安全 ……………………………… 212
 6.2.2 密钥建立服务 ……………………………… 214
 6.2.3 密钥传输服务 ……………………………… 216
 6.2.4 设备变动服务 ……………………………… 218
 6.2.5 移除设备服务 ……………………………… 219
 6.2.6 请求密钥服务 ……………………………… 220
 6.2.7 转换密钥服务 ……………………………… 221
 6.2.8 命令帧 ……………………………… 222
 6.2.9 AIB 中的安全属性 ……………………………… 224
6.3 公共安全元素 ……………………………… 225
 6.3.1 帧附加首部 ……………………………… 225
 6.3.2 CCM* 安全操作参数 ……………………………… 226
 6.3.3 密钥分级 ……………………………… 227
 6.3.4 实现指南 ……………………………… 227
6.4 安全服务功能 ……………………………… 227
 6.4.1 ZigBee 协调器和信任中心 ……………………………… 227
 6.4.2 安全处理过程 ……………………………… 228

第 7 章 飞思卡尔 ZigBee 软硬件开发平台

7.1 HCS08 微控制器简介 ……………………………… 237
 7.1.1 HCS08 系列微控制器概述 ……………………………… 237
 7.1.2 体系结构 ……………………………… 238
 7.1.3 工作模式 ……………………………… 244
7.2 HCS08 C 语言程序设计常见问题 ……………………………… 246
 7.2.1 变量定义、定位和寄存器访问 ……………………………… 246
 7.2.2 中断服务程序 ……………………………… 250
 7.2.3 混合编程 ……………………………… 252
7.3 CodeWarrior 简介 ……………………………… 254

7.3.1 工程 ………………………………………………………………… 254
7.3.2 用户程序的编辑、编译和链接 …………………………………… 255
7.3.3 调试 ………………………………………………………………… 256

第8章 ZigBee 物理层芯片

8.1 MC13192 结构与功能 …………………………………………………… 258
  8.1.1 MC13192 功能简介 ………………………………………………… 258
  8.1.2 MC13192 特点 ……………………………………………………… 259
  8.1.3 MC13192 封装与引脚功能 ………………………………………… 260
  8.1.4 MC13192 数据传输模式 …………………………………………… 262
8.2 MC13192 寄存器结构 …………………………………………………… 262
  8.2.1 概述 ………………………………………………………………… 262
  8.2.2 MC13192 寄存器详述 ……………………………………………… 264
8.3 MC13192 工作模式 ……………………………………………………… 272
  8.3.1 概述 ………………………………………………………………… 272
  8.3.2 低功耗模式 ………………………………………………………… 273
  8.3.3 活动模式 …………………………………………………………… 273
8.4 MC13192 与 MCU 的接口 ……………………………………………… 275
  8.4.1 单次 SPI 操作 ……………………………………………………… 275
  8.4.2 循环 SPI 操作 ……………………………………………………… 277
8.5 MC13192 应用设计 ……………………………………………………… 278
  8.5.1 MCU 初始化设置 ………………………………………………… 280
  8.5.2 MC13192 初始化设置 ……………………………………………… 285

第9章 飞思卡尔 802.15.4 软件介绍

9.1 飞思卡尔 802.15.4 软件概述 …………………………………………… 288
  9.1.1 软件接口概述 ……………………………………………………… 288
  9.1.2 API 函数 …………………………………………………………… 291
9.2 飞思卡尔 802.15.4 软件功能 …………………………………………… 292
  9.2.1 信息缓冲区及其管理 ……………………………………………… 292
  9.2.2 数据类型和结构 …………………………………………………… 293
  9.2.3 服务接口实现 ……………………………………………………… 296
9.3 ZigBee 协调软件实现要点 ……………………………………………… 297
9.4 ZigBee 终端设备软件实现要点 ………………………………………… 304

9.5 ZigBee 应用实例 ·· 306
　9.5.1 分布式温度监测系统 ·· 307
　9.5.2 公交车运行监测系统 ·· 310

附　录

dB 和 dBm ·· 313

参考文献 ·· 314

第 1 章
ZigBee 网络概述

1.1 无处不在的无线网络

自 20 世纪 90 年代开始,无线网络技术逐渐进入了我们的工作和生活,从 GSM 到 Bluetooth,从无线 ATM 到无线局域网,它们以不同的方式、不同的数据速率、在不同的距离上为我们实现网络连接,实现信息的及时传递,深刻地影响着我们工作和生活的方式,使我们摆脱了电线的束缚,从而能够在移动中自由地实现信息的交换。一方面,GSM 能够使我们随时随地与大洋彼岸的亲朋通话,无线局域网能够使我们方便地接入因特网,GPS 能够使我们随时了解身处何地。但另一方面,我们仍然要为在家庭里面安装一个传感器或开关的布线而烦恼,仍然要身上连接导线躺在床上才能进行心电图之类的检查,仍然要为生产车间里蜘蛛网一样的信号线而困惑,仍然要为在野外安装大量传感器的供电而绞尽脑汁。也就是说,在实际应用中仍然存在着一些现有无线网络技术无法或不能很好工作的场合,我们需要一种短距离、低数据传输速率、低成本、低功耗的无线网络技术。在这种情况下,ZigBee 技术应运而生。2002 年,英国 Invensys 公司、日本 Mitsubishi 公司、Motorola 公司、Philips 公司等联合发起成立了 ZigBee 联盟,旨在建立一种低成本、低功耗、低数据传输速率、短距离的无线网络技术标准。ZigBee 名称来源于蜜蜂的舞蹈,一群蜜蜂通过跳 ZigZag 形状的舞蹈交换各种信息,蜂群里蜜蜂的数量众多,所需食物不多,与设计初衷十分吻合,故命名为 ZigBee。

ZigBee 技术一经出现就受到了众多芯片生产厂商、软件开发商、OEM 厂商和系统集成厂商的注意。目前 ZigBee 联盟已拥有 100 多家成员,他们纷纷推出实现部分物理层协议的芯片、协议软件、功能部件和应用产品。人们相信,ZigBee 技术在实现个域网(PAN)、家庭自动化、智能建筑、汽车、工业自动化、水电气的综合抄表系统、智能交通系统、环境和健康监测、现代农业、电子玩具等领域具有十分广阔的前景。可以预见,由于短距离无线网络技术具有电磁干扰小、传输稳定、安全性高、成本低、功耗低等特点,传统的有线网络技术的优势相对于新兴的无线技术而言将不再明显,而无线连接的方便、易用将变成消费者更迫切的需求,短距离信号传输的无线化是大势所趋。

1.2　ZigBee 网络概述

ZigBee 是一种低速无线个域网技术，它适用于通信数据量不大，数据传输速率相对较低，分布范围较小，但对数据的安全可靠有一定要求，而且要求成本和功耗非常低，并容易安装使用的场合。它具有以下几个特点。

1. 较灵活的工作频段

无线通信要占用一定的频谱，而频谱是一种政府管理的资源，使用某些频段必须取得许可。为了使用户自由地使用 ZigBee 设备，ZigBee 选用了无须取得许可即可使用的"免注册"频段，即工业、科学、医疗（ISM）频段。为适应世界各国的不同情况，定义了 2.4 GHz 频段和 868/915 MHz 频段；2.4 GHz 频段在全世界范围内是通用的，而 868/915 MHz 频段分别适用欧洲和北美。在 2.4 GHz 频段里分配了 16 个信道，每个信道的带宽为 6 MHz，数据传输速率为 250 kb/s；868 MHz 频段有一个信道，数据传输速率为 20 kb/s；915 MHz 频段里有 10 个信道，数据传输速率为 40 kb/s。我国使用的 ZigBee 设备应该工作在 2.4 GHz 频段。免注册的频段和较多的信道使 ZigBee 的使用更加方便、灵活，特别是选用 2.4 GHz 频段的设备，可以在全世界的任何地方使用。而较多的信道提高了 ZigBee 的可用性和灵活性，在同一区域内可以有多个不同的 ZigBee 网络共存而互不干涉，因为它们可以选择不同的信道。

2. 对 MCU 的资源要求相对较低

相对于其他的网络技术，ZigBee 网络协议较为简单，可以在计算能力和存储能力都非常有限的 MCU 上运行，非常适用于对成本要求苛刻的场合。这对于一些需要布置大量无线传感器网络节点及家用领域等尤为重要。

3. 安全、可靠的数据传输

由于无线通信是共享信道的，因此必须很好地解决网络内设备使用信道时的冲突，即媒体访问控制。ZigBee 在物理层和媒体访问控制层采用 IEEE 802.15.4 协议，使用带时隙或不带时隙的载波检测多址访问与冲突避免（CSMA－CA）的数据传输方法，并与确认和数据检验等措施结合，可保证数据的可靠传输。安全性是 ZigBee 的另一个特点。为了提高灵活性和支持在资源匮乏的 MCU 上运行，ZigBee 支持 3 种安全模式。其最低的安全模式实际上无任何安全措施，而最高级的三级安全模式采用属于高级加密标准（AES）的对称密码和公开密钥。

4. 极低的功耗

低功耗是 ZigBee 最重要的特点。为此，引入了几种降低功耗的方法。主要的方式是采用间接数据传输,即数据的传输是由功能简单、用电池供电的从节点发起的,而不是由主节点轮询的,这样一来,在不需要传输数据的大部分时间,从节点可以关闭收发设备,工作在睡眠状态,从而最大限度地降低功耗。

5. 灵活的网络结构

ZigBee 既支持星形结构网络,也可以是对等拓扑的网格网络;既可以单跳,也可以通过路由器实现多跳的数据传输。ZigBee 的设备既可以使用 64 位的 IEEE 地址,也可以使用指配的 16 位短地址。在一个单独的 ZigBee 网络内,可以容纳最多 2^{16} 个设备。

1.3 几种常用的短距离无线通信技术

由于短距离无线通信和网络技术有广阔的应用前景和巨大的市场空间,因此得到了许多厂商的重视,取得了很大发展。例如红外的 IrDA(Infrared Data Association)技术、HomeRF 工作组的家庭无线射频网络标准、射频识别(Radio Frequency Identification,RFID)、IEEE 802.11X 和目前迅猛发展的超宽带(UWB)技术等,它们各有自己的特点和应用领域。下面仅就其中与 ZigBee 关系比较密切的几种作简单介绍,并比较其特点。

如前所述,ZigBee 网络的物理层和 MAC 层使用 IEEE 802.15.4,它是 IEEE 802.15 工作组制定的一簇标准之一,相关的标准如下。

1. IEEE 802.15.1/ IEEE 802.15.2

这是 Bluetooth 底层协议的一个标准化版本 1.1。目前的大多数 Bluetooth 设备使用的都是该版本。Bluetooth 采用 2.4 GHz 的 ISM 频段和跳频技术,发射功率可以为 1 mW、10 mW 和 100 mW,通信距离为 10~100 m,通信速率最高达 3 Mb/s。而 IEEE 802.15.1a 对应着 Bluetooth V1.2,包括某些 QoS 增强功能。IEEE 802.15.2 对 IEEE 802.15.1 作了一些改变,其主要目的是降低与 IEEE 802.11b 和 IEEE 802.11g 之间的干扰。Bluetooth 的初衷是用来替代便携式或固定设备之间的电缆和电线。但由于为了覆盖更多的应用领域和提供 QoS 而偏离了原来的设计目标,使协议复杂、庞大,不适用于低成本、低功率的应用。再加上受 WiFi (IEEE 802.11b)的冲击,使 Bluetooth 经历了一段沉寂时期。目前它在手机的无线耳机、交互式游戏机和汽车电子的无线接入技术中找到了自己的定位,和其他的无线技术互为补充,在各自的应用领域发挥着作用。

2. IEEE 802.15.3

IEEE 802.15.3 即 WiMedia,旨在高速率数据传输,瞄准的是电视机、数码相机等需要高数据传输速率的场合,其最初版本规定的数据速率是 55 Mb/s,使用基于 IEEE 802.11 但不兼容的物理层。但多数厂商倾向于使用超宽带的物理层,即 IEEE 802.15.3a,其数据传输速率高达 480 Mb/s。

3. IEEE 802.11X

IEEE 802.11 是最早制定的无线局域网标准。最早它是 1987 年在 IEEE 802.4L 小组里作为 IEEE 802.4L 令牌环总线标准的一部分来进行研究的,到 1990 年正式更名为 IEEE 802.11 组,成为一个独立的 802 标准,负责定义 WLAN(无线局域网)的物理层和 MAC 层。于 1997 年完成的 IEEE 802.11 标准主要支持 1 Mb/s 和 2 Mb/s 的数据传输速率,能支持 DSSS(直序列扩频)和 DFIR(扩散红外线)等物理层。此后又出现了以下不同的标准:

- ◆ 采用 CCK(互补编码键控法)技术或 PBCCTM(分组二进制卷积码)的 IEEE 802.11b。它工作在 2.4 GHz 频段,数据传输速率为 11 Mb/s。
- ◆ 采用 OFDM(正交频分多路复用)技术的 IEEE 802.11a。它工作在 5.2 GHz 频段,具有较好的抗多径干扰能力,可提供 8 个信道,支持的最高数据传输速率为 54 Mb/s,但与 802.11b 不能兼容。
- ◆ 工作在 2.4 GHz 频段的 IEEE 802.11g。该标准支持两种调制方式,即 CCK-OFDM 和 PBCC-22,保持了与 IEEE 802.11b 兼容,同时支持最高为 54 Mb/s 的数据传输速率。
- ◆ 欧洲制定的工作在 5 GHz 的 IEEE 802.11h。

可以看出,各种短距离无线通信技术都具有各自的特点和应用领域,互为补充、互相竞争、共同发展。我们需要的是通过了解这些特点,使我们能够在某特定的场合下选用合适的技术。图 1-1 是几种常用的短距离无线通信技术覆盖范围。

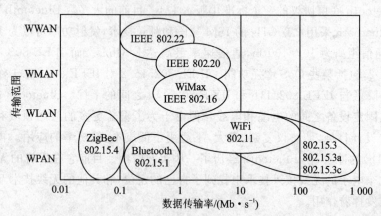

图 1-1 几种短距离无线通信技术覆盖范围

图 1-2 是几种常见的短距离无线通信技术的性能比较。图中,横坐标是信噪比,纵坐标为误码率。从图中可以看出,在低信噪比的情况下,ZigBee 技术有较低的误码率。

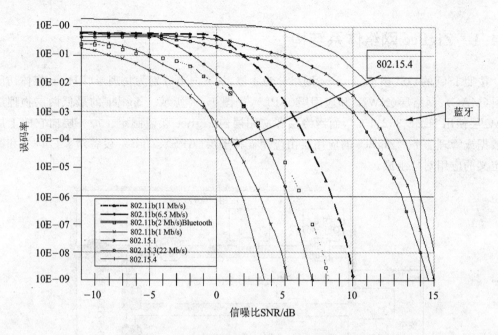

图 1-2 几种短距离无线通信技术性能比较

1.4 ZigBee 网络结构简介

利用 ZigBee 技术组建的是一种低数据传输速率的无线个域网(Low Rate Wireless Personal Network,LR-WPAN),书中提到的 PAN 均指的是低数据传输速率无线个域网。网络的基本成员称为"设备(Device)"。

网络中的设备按照功能的不同分为两类:具有完整功能的全功能设备(Full Function Device,FFD)和只具有部分功能的精简功能设备(Reduce Function Device,RFD)。其中 RFD 功能非常简单,可以用最低端的 MCU 实现,在网络里只能作为不需要发送大量数据的终端设备,只能和某一个特定 FFD 进行通信。比如它可以是家庭里的一只红外传感器或照明开关,也可以是生产车间里的一只压力传感器。而 FFD 可以作为个域网的主协调器、协调器,也可以作为终端设备使用。在一个网络里至少需要一个主协调器。

在有些覆盖范围较大的场合,可以组建树簇形 ZigBee 网络,通过路由器实现多跳的数据传输,作为路由器的必须是 FFD。

1.4.1 ZigBee 网络体系结构

按照 ISO 的 OSI 模型，ZigBee 网络分为 4 层，从下向上分别为物理层（PHL）、媒体访问控制层（MAC）、网络层（NWK）和应用层（APL），如图 1-3 所示。ZigBee 的最低两层物理层和 MAC 层使用 IEEE 802.15.4，而网络层和应用层由 ZigBee 联盟制定。每一层向它的上层提供数据或管理服务。ZigBee 的应用层由应用支持子层（APS）、ZigBee 设备对象（ZDO）和制造商定义的应用对象组成。

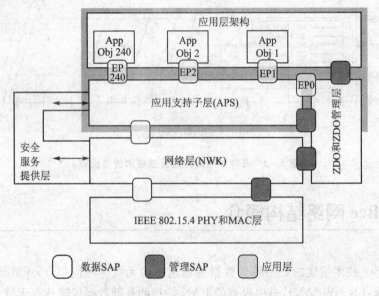

图 1-3 ZigBee 协议栈结构

物理层（Physical Layer，PHL）由半双工的无线收发器及其接口组成，工作的频率可以是 868 MHz、915 MHz 或者 2.4 GHz，它直接利用无线信道实现数据传输。媒体访问控制子层（Medium Access Control，MAC）提供节点自身和与其相邻的节点之间可靠的数据传输链路。其主要任务是实现传输媒体的共享，提高通信的有效性。网络层（Network Layer，NWK）利用 MAC 层可靠的数据通信，提供路由、多跳转发能力，实现和维护星形、树簇形或网格形网络。对于一些简单的节点而言，其功能只不过是加入和离开一个网络而已。而路由器则需要完成信息的转发，发现邻居，构造到某节点的路由等任务。协调器的任务包括启动网络，为新加入的节点分配地址等。

应用支持子层（Application Support Layer，APS）的任务是将网络信息转发到运行在节点上的不同应用端点，包括维护一个绑定表，在被绑定的设备之间传送信息等。绑定表将设备按它们能够提供的服务和需要的服务匹配起来。应用对象（Application Object）是运行在端点的应用软件,它具体实现节点的应用功能。应用框架是驻留在设备里的应用对象的环境,给应用对象提供两种数据服务:键值匹配(KVP)和一般信息服务。在应用框架里,应用对象通过 APSDE-SAP 发送和接收数据,应用对象的管理通过 ZDO 公共接口实现。在 ZigBee 设备里最多可以定义 240 个应用对象,每一个端点编号可以为 1~240,编号 0 保留作为 ZDO 的接口,用于整个 ZigBee 设备的配置和管理。应用程序也可以通过端点 0 与 ZigBee 堆栈的其他层通信,从而实现对这些层的初始化和配置。而编号 255 保留为向所有应用对象进行广播数据的接口,端点编号 241~254 保留为将来应用。所有端点都使用应用支持子层(APS)提供的服务。APS 通过网络层和安全服务提供层与端点相接,并为数据传输、安全和绑定提供服务,因此能够适配不同但兼容的设备。

ZigBee 设备对象(ZigBee Device Object,ZDO)的功能是指设备的所有管理工作,包括定义本设备在网络中的作用(网络协调器、终端设备),发现网络中的设备,确定这些设备能提供的功能,初始化或响应绑定请求,在网络中的设备之间建立安全的关联等。它是协议栈的一部分。在开发 ZigBee 应用产品时,需要在 ZigBee 栈上附加应用端点,调用 ZDO 功能以发现网络上的其他设备和服务,管理绑定、安全和其他网络设置。ZDO 就像一个特殊的应用对象,它驻留在每一个 ZigBee 节点上,其端点编号固定为 0。

在 ZigBee 技术里,设备是由 ZigBee 模板(ZigBee Profile)定义的,并以应用对象(Application Objects)的形式实现。模板定义了设备的应用环境、设备类型以及用于设备间通信的簇,有公共模板和私有模板,每个 ZigBee 设备都与一个特定模板有关,公共模板可以确保不同供应商的设备在相同应用领域中的互操作性。每个应用对象通过一个端点连接到 ZigBee 堆栈的其余部分,它们都是设备中可寻址的组件。从应用角度看,通信的本质就是端点到端点的连接。端点之间的通信是通过称之为簇的数据结构实现的。这些簇是应用对象之间共享信息所需的全部属性的容器,在特殊应用中使用的簇在模板中定义。

ZigBee 体系结构提供密钥的建立、交换以及利用密钥对信息进行加密、解密处理等服务。这些服务贯穿于协议栈的 MAC 层、网络层和应用层,各层在发送帧时按指定的加密方案进行加密处理,在接收时进行相应的解密。此外,还可以对新加入网络的设备身份进行认证。ZDO 负责加密的规则、配置加密服务等。开发的应用程序需要与 ZDO 协商所需的加密设置,加密过程本身对应用而言是透明的。

1.4.2 ZigBee 网络拓扑结构

ZigBee 支持包含有主从设备的星形、树簇形和对等拓扑结构。虽然每一个 ZigBee 设备都有一个唯一的 64 位 IEEE 地址,并可以用这个地址在 PAN 中进行通信,但在从设备和网络协调器建立连接后会为它分配一个 16 位的短地址,此后可以用这个短地址在 PAN 内进行通信。64 位的 IEEE 地址是唯一的绝对地址,而 16 位的短地址是相对地址。从设备在网络中的地位来看，ZigBee 网络中的设备分为 3 种。第一种结构和功能最简单，用电池供电，大部分时间处于睡眠之中，以最大程度地节约电能，延长电池寿命，它们称为终端设备（End Device）。每一个终端设备中最多可以有 240 个端点，这些端点共享同一个无线收发器，但执行不同的应用任务。ZigBee 网络中这种设备的数量最多。处于中间层次的是路由器，它们必须具备数据的存储和转发能力、路由发现能力。除了完成应用任务外，路由器还必须支持其子设备的连接、路由表的维护、数据的转发等。路由器必须是 FFD。在网络结构最顶层的是 ZigBee 协调器。协调器总是处在工作状态，因此它必须有稳定、可靠的电源供给。它除了可以完成路由器的一些功能外，还制定网络规则，选择合适的信道，启动 PAN 等。协调器也必须是 FFD。一般说来，路由器和协调器在结构上比较相似。

1. 星形拓扑结构

在星形拓扑结构的网络中有一个称为网络协调器的中央控制器和若干个从设备。协调器负责网络的建立和维护，它必须是全功能设备（FFD），而且一般来说应该有稳定的电能供给，不需要考虑耗能问题。从设备可以是 FFD，在大多数情况下是采用电池供电的 RFD，它只能直接与网络协调器进行数据通信，而与其他从设备之间的通信必须经过网络协调器转发。在一个网络中哪一个设备作为网络协调器一般来说是由上层规定的，不在 ZigBee 协议规定的范围之内。比较简单的方法是让首先启动的 FFD 成为网络协调器。在这种情况下，当一个 FFD 设备上电开始工作时，它就会检测周围的环境，选择合适的信道，把自己设为协调器，并选择一个 PAN 标识符，然后建立起自己的网络。PAN 标识符用来唯一地确定本网络，以和其他的 PAN 相区分，网络内的从设备也是根据这个 PAN 标识符来确定自己和网络协调器的从属关系的。网络建立后，协调器就可以允许其他的设备与自己建立连接，从而加入到该网络中。至此，一个星形的 ZigBee 网络就建立起来了。当然这里还有一些更为复杂的问题，如一个 PAN 中的网络协调器因故不能正常工作时，是否应有其他的 FFD 自动成为网络协调器接替它的工作；如果一个 PAN 中出现了两个或两个以上的网络协调器而产生竞争时如何解决；还有，如果两个 PAN 有相同的 PAN 标识符又如何解决等。关于建立网络的详细过程会在以后的有关章节介绍。星形拓扑网络结构通常在家庭自动化、个人健康监护、玩具、工业自动化系统中得到应用。图 1-4 是星形拓扑网络结构简图。

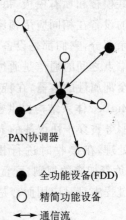

图 1-4 ZigBee 星形拓扑网络结构

● 全功能设备（FDD）
○ 精简功能设备
↔ 通信流

PAN 协调器

2. 树簇形拓扑结构

在分布范围相对较大的应用场合，树簇形拓扑结构是一种合适的结构形式，如图 1-5 所示。图中，处于网络最末端的称为"叶"节点，它们是网络中的终端设备。若干个叶节点设备连

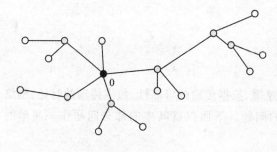

图 1-5 树簇形拓扑网络结构

接在一个全功能设备 FFD 上形成一个"簇"，若干个"簇"再连接形成"树"，故称为树簇形拓扑网络。树簇形拓扑网络结构中的大部分设备是 FFD，精简功能设备 RFD 只能作为叶节点处于树枝的末端。在这种网络中有一个主协调器，作为主协调器的设备应该具有更多的资源、稳定可靠的供电等。在建立这样一个 PAN 时，主协调器启动建立 PAN 后，首先选择 PAN 标识符，将自身短地址设置为 0，然后开始向与它邻近的设备发送信标，接受其他设备的连接，形成树的第一级。协调器与这些设备之间形成父子关系。与主协调器建立了连接的设备都分配了一个 16 位的网络地址——称为短地址。如果设备以终端设备的身份接入网络，则协调器会为它分配一个唯一的 16 位网络地址；如果设备以路由器的身份与网络建立连接，则协调器会为它分配一个地址块——包含有若干个 16 位短地址。路由器根据它接收到的协调器信标的信息，配置并发送它自己的信标，允许其他的设备与自己建立连接，成为其子设备。这些子设备中又可以有路由器，它们也可以有自己的子设备，如此下去形成多级树簇形结构的网络。显然，树簇形网络是利用路由器对星形网络的扩充。

在树簇形网络中所有的信息沿父子层次关系"向上"或"向下"传输，从一个节点向与其相邻的另一个节点的传输称为"一跳"，树簇形网络的深度是信息从最末端的叶节点传输到协调器的最大跳数。

3. 对等拓扑结构

在对等拓扑结构的网络中，也存在着网络协调器，但网络中任何一个设备都可以与它的无线通信范围之内的其他设备进行通信。这种结构可以构成比较复杂的网络结构，如网格网络结构。在这种网络结构中设备之间传输数据时，可以通过路由器转发，即多跳的传输方式，以增大网络的覆盖范围。但 ZigBee 中没有规定具体的路由协议，这样用户可以根据应用场合的不同选用合适的路由协议。图 1-6

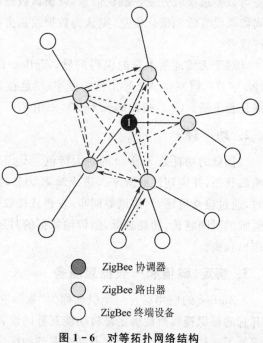

图 1-6 对等拓扑网络结构

是对等拓扑网络结构示意图。

1.4.3 ZigBee 网络主要特点简介

反映网络性能的有许多方面,如数据传输速率、数据传输的可靠性、数据传输的时延、网络的安全性等。对 ZigBee 来说,还有一个功耗的问题。下面仅就其中的部分问题作一简单的介绍。

1. 鲁棒性

鲁棒性即指数据传输的可靠性。在 ZigBee 中影响数据可靠的因素主要有两个:一是无线通信的特点是其误码率较高;二是由于多个设备共享信道而产生的冲突。

ZigBee 采用 CSMA-CA 机制解决共享信道时的冲突,所谓 CSMA-CA 是"载波检测多路访问冲突避免"的意思。其主要思想是,当设备需要发送数据之前,首先检测是否有其他设备正在使用信道发送数据,如果有,则等待一段随机长度的时间,然后再次检测;如果没有,则等待一段随机长度的时间后开始发送数据。用这样的方法避免或降低了冲突的发生。ZigBee 中有两种 CSMA-CA 机制,即带时隙的 CSMA-CA 机制和不带时隙的 CSMA-CA 机制,这两种机制的详细介绍见后面有关章节。ZigBee 还可以使用可选的确认机制。发送数据的设备可以要求接收方发送确认信息,以确认数据的正确传输。发送方在发送信息后经过一定时间如果没有收到确认信息,则认为数据发送失败,可以根据上层协议的安排选择合适的时机进行重发。

对于无线通信本身的误码问题,ZigBee 采用了两条措施:一是使用较短的帧格式(小于 128 字节),以减小单个帧出错的概率;二是在 MAC 层里采用 CRC 校验机制,以验证接收的数据是否出错。CRC 校验码长 16 位,使用 ITU 标准的 16 位 CRC 校验生成算法产生 CRC 码。

2. 功 耗

极低的功耗是 ZigBee 的一大特色。ZigBee 网络中电池供电的设备可以大部分时间进入睡眠状态,并周期性地醒来。进入睡眠状态时,关闭收发电路,以最大限度地减低功耗;醒来时,通过检查信道,与协调器同步,发送或接收数据。睡眠与醒来的时间之比可以控制。显然,睡眠的时间越长,功耗越低,但传输数据的时延也越长。这需要根据具体的应用场合由设计者作出权衡。

3. 绑定、键值和一般信息服务

ZigBee 的应用层有一个概念称为"簇",它相当于一个容器,包含有特定的属性。每个簇有它的标识符。所谓绑定是将功能互补的设备建立逻辑联系,ZigBee 网络协调器中的绑定表记录了这些逻辑联系。绑定通常在服务的提供者和服务的请求者之间进行,一个 ZigBee 设备的应用程序可以和几个不同设备的应用实现绑定。在 ZigBee 网络中,数据抽象为键值对,这不仅使数据的传输变得很简单,而且设备不需要知道它应该向谁发送信息。一旦实现了绑定,协调器就可以保证一个设备产生的 KVP 信息传输到正确的地方。键值(KVP)是 ZigBee 里数据的一种抽象。图 1-7 是一个绑定的简单例子。

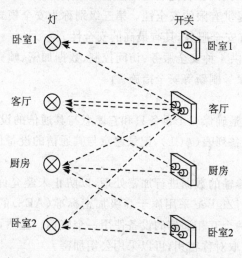

图 1-7 绑定示意图

图 1-7 中有 4 个开关板和 4 只照明灯,希望实现图中虚线表示的控制关系。在相应的开关和灯之间实现绑定后,一只开关向协调器发送信息,希望将某键值(KVP)的状态由 OFF 转换为 ON,协调器就知道将信息"ON"发送到正确的地方,从而实现对灯的控制。显然,除了一对一的绑定外,还可以是多对一、一对多等不同的方式,如图 1-7 所示。

在有些不适于应用绑定方式的场合,ZigBee 提供自由信息格式的一般信息服务(MSG)。在这种情况下,设备传输数据不需要实现绑定。

4. 安全性

由于无线通信的信道是"暴露"的,在一定的区域内,任何工作频率和调制方式相同的收发设备均可以接收到网络内的数据,也可以向网络内的设备发送数据,很容易遭到窃听和攻击,因此网络的安全性非常重要。在 ZigBee 技术中采取了一系列重要的安全服务,以保证网络的安全性。需要注意的是,虽然协议里定义了这些安全服务,但在实际中是否使用这些服务,是使用全部服务还是部分服务,则由上层协议来决定,同时上层也提供有关安全服务所需的重要资料,如密钥等。

ZigBee 网络中有一个称为信任中心的设备,它负责密钥的建立、传输和入网设备的身份认证等工作。信任中心可以由一个专门的设备担任,也可以由协调器兼任。

ZigBee 技术提供不同的安全级别。第一级实际上是无安全措施,工作在这一级别的设备对接收到的数据帧不进行任何检查,只要数据帧的目的地址是本设备,MAC 层都直接向上层转发该数据帧。该级适用于一些安全性并不重要,或者上层协议可以提供安全支持的场合。第二级使用访问控制服务,使用称之为访问控制列表(ACL)来防止非法设备获取数据,即由 MAC 层判断发送或请求数据的设备是否在列表内,如果不是,则给予拒绝。这种方式不提供对数据的加密,所以只能提供有限的安全性。第三级别称为安全模式,工作在该模式的设备可以使用 ZigBee 提供的所有安全服务,具有最高的安全性。

ZigBee 在 MAC 层提供 4 种安全服务:访问控制、数据加密、帧完整性检查和序号刷新;在其他层也使用数据加密、序号刷新等安全措施。

1) 访问控制

访问控制服务的方法是确保一个设备只和它愿意与其通信的设备通信。使用这种服务的设备中应维护一个访问设备列表(ACL),记录愿意与其通信的设备信息。

2) 数据加密

在数据通信中,对所传输的数据进行加密处理,以防止未经允许的第三方获取数据,是一种重要、有效的安全措施。ZigBee 采用属于高级加密标准(AES)的对称密钥,可以是一组设备使用一个密钥,也可以两个互相通信的设备使用一个密钥。显然,没有密钥的设备无法解释数据。为防止通过窃听获取对称密钥,可以采用公钥加密。

3) 帧完整性检查

帧完整性检查是发送方使用一个不可逆的单向算法对发送的整个帧进行运算,生成一个消息完整性代码(MIC),并附加在数据包后面发送。接收方用同样的算法对接收到的数据进行运算,并将运算结果与发送方的 MIC 进行比较,以此判断数据是否被第三方修改。

4) 序号刷新

ZigBee 设备发送的每一个帧都带有一个序号,这个序号是由发送设备产生的,并且每发送一个数据帧,设备内维护的一个序号计数器会加 1。接收设备接收到一个帧时,它会用其序号与此前接收的帧的序号进行比较,如果新序号的值较"新"(即值较大),则认为该帧有效,并将保存的序号刷新;如果新接收帧的序号较保存的序号"旧"(即值较小),则认为该帧无效。这种方法能够保证设备接收到的帧是最新的。

1.5 原语的概念

在 ZigBee 协议栈中,每一层通过使用下层提供的服务完成自己的功能,同时对上层提供服务,网络里的通信在对等的层次上进行。这些服务是设备中的实体通过发送服务原语来实现的。所谓服务原语是代表相应服务的符号和参数的一种格式化、规范化的表示,它与服务的具体实现方式没有关系。不同的服务原语可带有不同个数、不同形式的参数,它们共同描述了该项服务。

在 ZigBee 技术中存在着以下 4 种类型的原语。

- ◆ 请求原语：用后缀 Request 表示，请求服务的开始。
- ◆ 指示原语：用后缀 Indication 表示，用来指示有某一事件发生，它可以由远方的一个服务请求产生，也可能是内部事件引起。
- ◆ 响应原语：用后缀 Response 表示，是对请求原语的响应。
- ◆ 确认原语：用后缀 Confirm 表示，用来传送请求原语执行的结果。

原语的书写形式包含了服务的实体、原语的功能及原语的类型等，书中原语的表示都使用大写字母，并有几个用短划线和一个圆点分开的几部分组成，其中第一部分通常代表原语所在的层和实体。物理层数据访问类原语用 PD 开头，物理层管理类原语用 PLME 开头；MAC 层数据服务原语用 MCPS 开头，MAC 层管理服务原语用 MLME 开头；网络层数据服务原语用 NLDE 开头，网络层管理服务原语用 NLME 开头；应用支持子层数据服务原语用 APSDE 开头，应用支持子层管理服务原语用 APSME 开头等。例如物理层能量检测请求原语为 PLME - ED.request，MAC 层的与协调器同步请求原语为 MLME - SYNS.request，网络层的网络发现确认原语为 NLME - NETWORK - DISCOVERY.confirm 等。注意，原语都是发送给服务实体相邻层的。原语的基本概念与作用如图 1-8 所示。

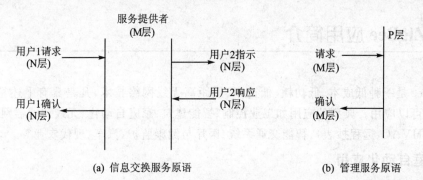

图 1-8 服务原语示意图

图 1-8(a)中表示的是两用户在对等层上通过服务原语实现信息交换的示意图。N1 用户向它的 M 层发出服务请求，它引起 N2 用户的 M 层向 N2 用户发出指示原语，通告某事件的发生。N2 用户通过响应原语作出回应。N1 的 M 层向用户发送确认原语，指示请求原语执行的结果。至此，N1 用户的一次服务完成。图 1-8(b)是 M 层应用向 P 层发送服务原语，P 层根据原语执行的结果向 M 层返回确认原语。

ZigBee 协议各层的服务原语将在相关章节结合其功能作详细介绍。需要注意的是，为全面、完整地理解协议的工作，必须对协议中的一些常量、PIB 属性及其取值、服务原语等认真进行分析。但为了叙述上的简练，使读者不至于被这些繁杂的数据所干扰，本书将这些数据及其符号等相对集中地放在一起，在阅读具体内容时需经常查阅。为清楚起见，书中将 PIB 属性用斜体字表示，请读者注意。

与服务及服务原语不同，协议定义了网络对等层之间帧的格式、意义和交换的方式，各层实体利用协议来实现服务。对于帧在网络中各层之间的传输，当从上层向下传输时，每层都会在传输的帧中附加上反映本层相关信息的数据，分别称为帧的首部或帧尾部。而从下层向上层传输时，各层将附加的信息去掉。ZigBee 网络帧结构示意图如图 1-9 所示。

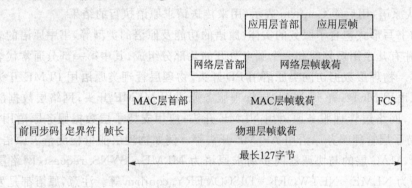

图 1-9　ZigBee 帧结构

1.6　ZigBee 应用简介

ZigBee 是一种低成本、低功耗、低速率、短距离无线网络技术，凡是具有上述特征或要求的场合都可以应用。典型的应用如工业控制、智能建筑、家庭自动化、无线传感器网络、能源管理（照明、HVAC、远程抄表）、智能交通系统、医疗与健康监护、汽车、现代农业等。

1. 家庭自动化应用

在家庭自动化应用方面，ZigBee 可用于安防自动报警，烟雾、煤气泄露检测，照明设备的自动控制与遥控，空气环境、节能控制，门窗检测与控制，水、电、气三表的远程自动抄表，玩具和 PC 机周边设备等。

2. 医疗领域

将各种传感器与 ZigBee 设备整合在一起，可以及时、准确、方便、实时地对患者的血压、脉搏、体温等生命特征进行监测，从而使医护人员作出有效、快速反应，准确诊断病情，及时挽救危重病人。

3. 现代农业

传统农业是一种粗放型的耕作方式。现代农业要求对局部的环境、土壤的成分、气候等进行全面的监测。无土栽培、大棚温室的环境控制等都需要有效的监测手段，ZigBee 技术由于具有成本低、功耗低等优点，因此在现代农业中有广泛的应用前景。

4．工业自动化

现代工业中测控系统已获得极其广泛的应用，但目前的绝大多数测控系统都是基于有线方式的。且不说布线的成本和维护的费用，就是车间里密密麻麻、蛛网般的信号线，也会令人望而生畏。车间里设备布局的任何调整、搬动都得重新布线，更不用说一些移动、旋转设备的监测无法进行。由于 ZigBee 设备体积小、耗电低、成本低，因此极有希望替代这些有线的测控系统。

5．交　通

可以大胆地预测在不远的将来，城市街道、高速公路、交通路口、信号灯、车辆检测设备等都会安装大量成本低、耗电低、具有极强组网能力的 ZigBee 设备，机动车辆上也会安装有 ZigBee 设备（也应属于有源 RFID），从而组成智能交通系统。这样，车辆在行驶过程中的状态、方位等都在有效的监测之中，也能够将导航、地理信息及时传送给车辆，还能够对交通系统进行调度。这不仅能够提高行车安全，减少事故的发生，还能够有效地缓解交通压力，减少拥挤的发生。

6．智能建筑

现代化的智能大厦需要全方位的信息交换，从计算机网络到通信，从门禁控制到消防监控，从空调系统的节能运行到供电保证体系，无不需要高效、方便的网络。虽然 ZigBee 是一种低速率的网络，不能用于计算机、通信等。但由于它成本低、网络容量大，以及可用电池供电长期工作，因此在诸如消防监控、空调节能运行、门禁、供电系统监测等方面都是一种很好的选择。

7．环境监测

在气象、环保领域，可以将 ZigBee 网络与其他的通信技术（如 GSM/GPRS）结合起来，采集某特定区域中的温度、气压、降雨、噪声、大气成分等数据。在这里，众多的 ZigBee 设备负责各点的数据采集，由 ZigBee 协调器进行集中，然后再使用 GSM 等将采集的数据传送到监测中心。

第 2 章

物理层

ZigBee 是一种短距离无线通信与网络技术，其数据的交换最终是通过无线信道完成的，在网络的分层结构里属于物理层的任务。如前所述，ZigBee 的物理层和 MAC 层采用 IEEE 802.15.4 标准，因此本章对 IEEE 802.15.4 协议物理层的内容进行详细介绍。

2.1 物理层功能概述

物理层的任务是通过无线信道进行安全、有效的数据通信，为 MAC 层提供服务。由于在我国使用的 ZigBee 设备选用 2.4 GHz 频段，因此本书中仅介绍 2.4 GHz 物理层特性，而对于其他频段不予介绍。

实现无线数据通信需要利用对数字信号进行编码并调制到高频载波上辐射出去。为了减小无线设备之间的相互干扰，国家除对使用的频段有一些规定外，对具体无线设备的发射功率也作了一些限定。为满足在较小发射功率的情况下能够实现距离足够远而又可靠的通信，IEEE 802.15.4 使用扩频技术和高效率的调制/解调方法。

考虑到将来 ZigBee 技术应用的广泛，会出现在一定的物理区域内有若干个 ZigBee 网络共同存在的情况。为保证在这种情况下各个 ZigBee 网络工作不至于互相影响，可以使各个网络分别工作在不同的信道，并且信道的选择应该是灵活的。要实现这一点，在建立网络时，物理层应能够检测在该区域内有无其他的 ZigBee 网络存在，使用的是哪些信道，并据此选择当前没有被使用的信道作为自己的工作信道。此外，ZigBee 的 MAC 层使用 CSMA/CA 算法，该算法的实现也要求物理层能够检测信道的工作状态。因此，物理层应该具备检测各信道状态的功能和选择信道的能力。

ZigBee 的技术特点之一是其功耗低。为了实现低功耗，在大部分的时间里无线收发电路可处于关闭状态，并能够在关闭状态、发射状态与接收状态间快速地转换。

物理层的任务就是实现上述功能，并以一定的形式——服务原语对上层提供服务。

2.2 无线通信规范

2.2.1 ZigBee 无线通信一般规范

ZigBee 的物理层使用无线信道,因此这里先简单介绍无线通信的有关问题和相应的规范。

1. 工作频率

如前所述,ZigBee 使用的频率有 868/915 MHz 和 2.4 GHz 等,它们均属于 ISM (Industrial, Scientific, and Medical) 频段,其具体的频率范围如表 2-1 所列。

表 2-1 ZigBee 工作频率范围

工作频率范围/MHz	频段类型	国家和地区
868～868.6	ISM	欧洲
902～928	ISM	北美
2 400～2 483.5	ISM	全球

实际的无线设备在通信时只占用其中的一段,称为信道。ZigBee 定义了 27 个信道,其编号为 0~26。由于每一个频段的宽度不同,所以每个频段分配的信道个数也不一样,信道占用的宽度也不同。其中在 868 MHz 定义了 1 个信道,在 915 MHz 定义了 10 个信道,2.4 GHz 定义了 16 个信道。这些信道的中心频率按下式计算:

$$f_c = 868.3 \text{ MHz} \qquad k = 0$$
$$f_c = [906 + 2(k-1)] \text{ MHz} \qquad k = 1, 2, \cdots, 10$$
$$f_c = [2\,405 + 5(k-11)] \text{ MHz} \qquad k = 11, 12, \cdots, 26$$

式中:k 是信道编号。

频率和信道分布如图 2-1 所示。

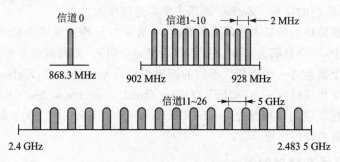

图 2-1 ZigBee 设备使用的频率和信道分布

2. 发射功率、接收灵敏度和接收机输入最大电平

发射功率是指高频发射电路向空中辐射的电磁能量。一般来说，发射功率越大，在相同条件下的通信距离越远。但为了减少电磁干扰，在满足通信要求的情况下采用尽可能小的发射功率。接收灵敏度反映了接收机接收微弱信号的能力，通常规定为在一定误码率时，接收设备最低的接收门限值。在无线通信中，这些功率值都用一个特定的单位 dBm 表示，关于 dBm 的简单介绍见附录。ZigBee 对发射功率有严格的限制，通常其发射功率为 $0\sim +10$ dBm，工作时实际的发射功率可根据具体情况进行设置。ZigBee 接收灵敏度的测量条件为在无干扰的情况下，传送长度为 20 字节的数据包，其误码率小于 $\pm 1\%$ 时，在接收天线端所测量的接收信号功率为 ZigBee 接收设备的灵敏度，规定要求为 -85 dBm。

由于接收电路的灵敏度很高，增益较大，所以接收机输入端的信号不能太大；否则将引起接收机的堵塞，造成其不能正常工作。通常认为输入端的有用信号的最大功率即为最大输入电平。按 ZigBee 协议规定，要求接收机能够允许的最大输入电平应大于或等于 -20 dB。

3. 抗干扰性

由于无线通信会受到其他频率接近的无线信号的干扰，所以接收机需要对这些干扰有较强的抑制能力，这种能力称为抗干扰性。抗干扰性能常用分贝（dB）表示，又分为临近信道抗干扰电平和交替信道抗干扰电平。临近信道指的是与本机使用的信道最接近的信道，而交替信道是指相隔了一个临近信道的信道。例如本设备使用 13 信道，则 12 和 14 信道就是临近信道，而 11 和 15 信道就是交替信道。

4. 调制与扩频技术

扩频是扩展频谱的简称，频谱是电信号的频域描述。扩展频谱通信一般是指将待传输信息的频谱用某个特定的扩频函数扩展后成为宽频带信号，再送入信道传输，在接收端用相应方法解扩（压缩），从而获得传输信息的通信系统。现代扩频系统以伪噪声编码作为扩频函数。由于扩频通信具有抗干扰能力强，发射功率谱密度低，对其他通信系统的影响小，截获率低等优点，所以获得了广泛的应用。ZigBee 采用了扩频通信技术。

调制是利用被传输的信息去控制高频载波，将数字符号转换成适合信道特性的波形的过程。在数字通信中，一个周期为 T 的正弦波代表了一个码元，而调制就是控制正弦波的幅度、频率和相位这 3 个要素之一和全部。不同的调制方法有不同的效率，ZigBee 技术在 2.4 GHz 频带使用偏移正交相移键控——OQPSK(Offset Quadrature Phase Shift Keying)，而在 868/915 GHz 频带使用二进制移相键控——BPSK(Phase Shift Keying)。关于调制与扩频技术的详细介绍可参看有关专门书籍。

5. 发射/接收状态转换时间

ZigBee 的无线收发电路可以工作在发射状态或接收状态，并能够快速地从一种状态转换

到另一种状态,其转换时间应小于一个规定的值——aTurnaroundTime,它是物理层的一个常量,通常该值为 12 个符号的时间(这里及以后提到的"符号"均指扩频调制中所说的符号,对 2.4 GHz 频带来说,1 个"符号"的时间为 16 μs,见后面的相关部分)。转换时间的测量是在空中接口端进行的,即从发射完最后一个符号到接收机已准备好接收数据的时间,或从接收到数据包的最后一个码元到发射机已准备好发射的时间。

6. 差错向量及其定义

在正交调制系统里,两个正交的载波分别称为 I 载波和 Q 载波,可以将它们在二维空间里用相互正交的坐标表示出来,这样可以将实际信号看作该空间里的矢量。ZigBee 协议规定,发射机的调制精度由差错向量(EVM)决定。设发射的 N 个复合码片的向量(I_j, Q_j)为理想位置,接收机接收到的 N 个码片的复合向量实际位置为($\tilde{I}_j, \tilde{Q}_j$),差错向量定义为理想接收点到实际接收点的距离,图 2-2 中,($\delta I_j, \delta Q_j$)即为差错向量。

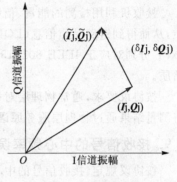

图 2-2 差错向量

7. 接收机能量检测及空闲信道评估

在 ZigBee 技术中,为了建立起一个网络,首先要进行信道选择。信道选择算法的重要步骤之一就是能量检测(ED)。在进行能量检测时,接收设备在一段时间内,对所选择信道中接收到的信号功率进行估计,而不进行解调、译码等。信道检测的结果给出一个 8 位的整数,并通过服务原语向 MAC 层的管理实体报告。其最小值(0)表示接收到的信号功率小于接收机灵敏度 10 dB,检测的整个动态范围至少为 40 dB。在此范围内,接收功率的实际值与能量检测值之间呈线性关系,其精度为 ±6 dB。

空闲信道评估(CCA)用来检测信道的当前状态,即是否有其他设备在使用该信道发送数据。在 ZigBee 协议中,有 3 种空闲信道评估方法。

◆ CCA 模式 1:能量检测,当接收机检测到有超出阈值的电磁能量时,给出信道忙的信息。

◆ CCA 模式 2:载波判断,当接收机检测到一个具有 IEEE 802.15.4 特性的扩频调制信号时,给出信道忙的信息。

◆ CCA 模式 3:上述两种模式的综和,即带有超出能量阈值的载波判断。当接收机检测到一个具有 IEEE 802.15.4 特性的扩频调制信号,且其能量超出阈值时,给出信道忙的信息。

在实际进行空闲信道评估时使用哪一种模式,由物理层信息库(PIB)里的属性 *phyCCAMode* 所确定。需要注意的是,当物理层接收到 MAC 层的请求空闲信道评估服务原语时,如果它正在接收一个物理层协议数据单元,则物理层也会给出信道忙的信息。物理层完成信道评估后,向 MAC 层管理实体报告信道状态"忙(Busy)"或"空闲(Idle)"。

通常空闲信道评估按以下标准进行:

◆ 能量检测阈值最多超出协议标准规定的接收机灵敏度 10 dB;
◆ 通常空闲信道的检测时间为 8 个符号周期。

8. 链路品质信息

接收机利用检测的能量、信噪比的估计,或者将它们结合起来分析接收信号的强度和品质,从而得到链路品质信息(LQI)。其结果用一个 8 位的整数表示,其最小值 0x00 和最大值 0xFF 分别对应于 IEEE 802.15.4 协议中规定的可被接收机正确接收信号的最差和最好品质。

按协议要求,通常物理层对每个接收到的数据包都要进行链路品质信息的分析和测量,并将测量结果通过物理层服务原语向 MAC 层报告。

9. 接收信号的中心频率误差

按协议规定,接收信号的中心频率误差最大为 ±0.004%。

2.2.2 物理层 2.4 GHz 频带规范

1. 数据传输速率

按照 IEEE 802.15.4 协议规定,2.4 GHz 物理层的数据传输速率为 250 kb/s。

2. 扩频调制

在 2.4 GHz 物理层频段,数据通信采用扩频调制。这种方法是将发射的高频信号的频率扩展到一个较宽的范围,以达到提高抗干扰性,降低对其他设备的干扰等目的。ZigBee 技术采用的是直序列扩频。具体的作法是,首先将需要发送的数据进行转换,即将每个 4 位的数据分为一组,称为一个"符号";然后将符号再转换成一个 16 位的"伪随机序列码",称为"码片(Chip)";最后,用转换得到的伪随机序列码去对高频载波进行调制。对应于 4 位的二进制数据,一共有 16 个伪随机序列码,它们之间几乎是"正交"的。图 2-3 为扩频调制器结构简图。

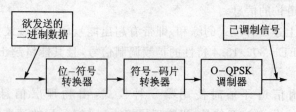

图 2-3 扩频调制器结构简图

下面对其各部分分别进行简介。

1) 位-符号转换器

如前所述,在对高频载波进行实际调制前,必须将所发送的二进制数据转换成"符号",转换对要发送的数据的每一字节逐个进行,首先将一字节分成低 4 位和高 4 位,然后将低 4 位(b0,b1,b2,b3)和高 4 位(b4,b5,b6,b7)分别转换成码片。在 ZigBee 中,所有数据的发送是采用低位在前的方式,而文字描述是将低位放在左边,请阅读时注意。

2) 符号-码片的映射

符号-码片映射按表 2-2 所列的关系进行。

表 2-2 符号-码片映射

符号数据 (十进制)	符号数据 (二进制) (b0b1b2b3)	PN 序列(c0c1…c30c31)	符号数据 (十进制)	符号数据 (二进制) (b0b1b2b3)	PN 序列(c0c1…c30c31)
0	0000	11011001110000110101001000101110	8	0001	10001100100101100000111011111011
1	1000	11101101101000100011010100100010	9	1001	10111000110010010110000001110111
2	0100	00101110110110011100001101010010	10	0101	01111011100011001001011000000111
3	1100	00100101110110110011100001101011	11	1101	01110111101110001100100101100000
4	0010	01010010111011011001110000011011	12	0011	00000111011110111000110010010110
5	1010	00110101001011101101100111000011	13	1011	01100000111011110111000110010010 |_small — see image
6	0110	11000011010100101110110110011100	14	0111	10010110000011101111011100011001
7	1110	10011100001101010010111011011011	15	1111	11001001011000001110111101110001

3) 基带码元脉冲形状

简单地讲,基带信号是未经调制的数字信号,它的一个基本单位称为一个码元,用电信号表示的码元常见的是单极性码和双极性码等。为了降低传输时的码间干扰,对码元的形状有一些特殊的要求。ZigBee 物理层规定基带码元采用半正弦脉冲形式,即用半个正弦波表示一个码元。其数学表达式如下:

$$p(t) = \begin{cases} \sin\left(\pi \dfrac{t}{2T_c}\right) & 0 \leqslant t \leqslant 2T_c \\ 0 & \text{其他} \end{cases}$$

4) O-QPSK 调制

扩展后得到的码元序列(码片)采用 O-QPSK 方式对高频载波进行调制。O-QPSK 是偏移正交相移键控调制的意思。相移键控是指用调制信号去控制高频载波的相位。正交是指将基带信号分成两部分,分别对在相位上相差 90°的两个高频载波进行调制,分别称为 I 相位和 Q 相位。偏移是将两个正交载波的相位再作一些偏移。为了实现调制,将变换得到的 32

位长度的码片分为偶数位码元和奇数位码元,分别去调制 I 相位载波和 Q 相位载波。按 ZigBee 协议,2.4 GHz 频段数据传输速率为 250 kb/s,经扩频变换后每个码元的宽度为 $T_c=0.5\ \mu s$,再分为偶数位码元和奇数位码元后,每个码元的宽度为 $2\times T_c=1\ \mu s$。Q 相位的码元相对于 I 相位的码元要延迟 T_c 发送。

调制发送时,每个码片的最低位最先发送,最高位最后发送。二进制数 1011(一个"符号")经变换得到的码片是 01100000011101111011100011001001,分为奇数位和偶数位后的波形及其调制波形如图 2-4 所示。

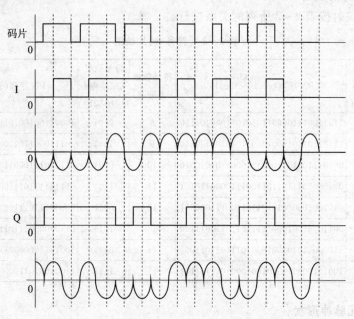

图 2-4 二进制数 1011 的 O-QPSK 码元

3. 其他特性

按照 IEEE 802.15.4 协议,其物理层使用的无线收发设备还应满足如下无线通信方面的一般要求。

- ◆ 发射功率谱密度(PSD):发射信号的谱参量应符合表 2-3 所列出的规定值。
- ◆ 符号速率:ZigBee 协议规定,在 2.4 GHz 频带,数据传输速率为 250 kb/s。如前所述,每 4 位数据组成一个符号,故其符号传输速率为 62.5 千符号/秒。并要求精度为 $\pm 0.004\%$。
- ◆ 接收灵敏度:最低为 -85 dBm 或更高,如飞思卡尔公司的 MC13192 的接收灵敏度为 -95 dBm。
- ◆ 抗干扰性:规定临近信道最小抗干扰电平为 0 dB,而交替信道的最小抗干扰电平为 30 dB。

表 2-3 发射功率谱密度的限度

频率	相对限度	绝对限度
$\lvert f - f_c \rvert > 3.5\ \text{MHz}$	−20 dB	−30 dBm

2.3 物理层协议数据单元结构

按分层的网络体系结构,每一层都要在发送的数据上附加上自己的协议信息,以形成协议数据单元。ZigBee 物理层协议数据单元(PPDU)又称物理层数据包,其格式如图 2-5 所示。由图可见,PPDU 是由物理层有效载荷(PSDU——物理层服务数据单元,即需要物理层发送的数据)前面的附加同步包头和物理层包头组成的。

4字节	1字节	1字节		可变
前同步码	帧定界符	帧长度(7位)	保留位 1位	PSDU
同步包头		物理层包头		物理层载荷

图 2-5 物理层帧结构

由于发送端按一定的定时发送连续的位流,而接收端必须在时间上保持与发送端相同才能正确接收数据,这称为同步。同步又分为位同步和帧同步:位同步的功能是实现位的锁定,而帧同步是实现数据包的定界和识别。ZigBee 采用发送同步包头的方法引导接收端与发送端实现同步,同步包头由 4 字节的前同步码和 1 字节的帧定界符组成。

1. 前同步码

接收设备根据接收的前同步码获得同步信息,识别每一位,从而进一步区分出"字符"。IEEE 802.15.4 规定前同步码由 32 个 0 组成。

2. 帧定界符

帧定界符(SFD)用来指示前同步码结束和数据包的开始,由 1 字节组成,其值用二进制表示为 11100101。

3. 物理层帧首部

物理层帧首部由 1 字节组成,其中的 7 位用来表示帧长度,即有效载荷的数据长度。按 PSDU 的不同,长度值有如表 2-4 所列几种情况。

表 2-4 帧长度值

帧长度值/字节	载荷类型	帧长度值/字节	载荷类型
0~4	保留	6~7	保留
5	MPDU（确认帧）	8~aMaxPHYPacketSize	MPDU 数据帧

4. PSDU 域

PSDU 是物理层携带的有效载荷，也就是欲通过物理层发送出去的数据。PSDU 的长度为 0~aMaxPHYPacketSize 字节。当长度值等于 5 字节或大于 7 字节时，PSDU 是 MAC 层的有效帧。

2.4 物理层常量和 PIB 属性

物理层在工作时的诸多特性由一些特定的数据决定。这些数据有的是常量，通常由协议和硬件决定，称为物理层常量；而有些是可以由上层软件根据需要通过相应的服务原语来设置或改变的。这些可以设置或改变的数据称为属性，把它们集中在一起管理，称之为 PIB(PAN Information Base)。可以通过服务原语实现这些对属性的操作。物理层常量和 PIB 分别如表 2-5 和表 2-6 所列。

表 2-5 物理层的常量

常量	描述	值
aMaxPHYPacketSize	物理层能够接收 PSDU 数据包的最大长度（以字节为单位）	127
aTurnaroundTime	从 RX 到 TX 状态，或从 TX 到 RX 状态转变的最长时间	12 个符号周期

表 2-6 物理层 PIB 属性

属性	标志符	类型	范围	描述
phyCurrentChannel	0x00	整型	0~26	用于发送和接收无线射频信道
phyChannelsSupported	0x01	位(4字节)	见描述	phyChannelsSupported 属性的 5 个最高有效位(b27,…,b31)将保留并设为 0；27 个最低有效位(b0,b1,…,b26)将指示 27 个有效信道的状态(1 表示信道空闲，0 表示信道忙)(b_k 指示信道 k 的状态)

续表 2-6

属性	标志符	类型	范围	描述
phyTransmitPower	0x02	位	0x00~0xBF	2 个最高有效位表示发射功率的误差:00=±1 dB,01=±3 dB,10=±6 dB 6 个最低有效位是以二进制补码形式表示的整型数相对于 1 mW 的分贝数,是设备的名义发射功率。phyTransmitPower 的最小值被认为小于或等于-32 dBm
phyCCAMode	0x03	整型	1~3	CCA 的模式

2.4.1 物理层常量

物理层使用的常量有两个:
aMaxPHYPacketSize 物理层能够接收的数据包(PSDU)的最大长度,其值为 127 字节。
aTurnAroundTime RX 状态与 TX 状态之间转变的最长时间,为 12 个符号周期。对于 2.4 GHz 频段,其值为 192 μs。

2.4.2 物理层 PIB 属性

物理层属性是设备对物理层进行管理的一些参数,设备可以根据需要对这些属性的值进行设置或者读取,以达到掌握、控制物理层工作的目的。每一个属性都有一个标识符和相应的数据类型。物理层的属性如下:

phyCurrentChannel 无线收发电路当前使用的信道的编号,标识符为 0x00,数据类型为整数,取值范围为 0~26。

phyChannelsSupported 无线收发电路支持的信道的描述,标识符为 0x01,类型为"位"。其长度一共占 4 字节即 32 位,其中高 5 位保留不用,其余每一位代表一个信道。若某位为 1,则表示该信道空闲;若为 0,则表示该信道已在使用。

phyTransmitPower 发射功率,标识符为 0x02,长度为 1 字节。最高 2 位代表发射功率的误差,最低 6 位是以二进制补码形式表示的发射功率相对于 1 mW 的分贝数,是发射电路的名义发射功率。

phyCurrentChannel 空闲信道评估模式,标识符为 0x03,类型为整数,取值范围为 0~3,分别代表不同的 CCA 模式,详情见后面有关章节的介绍。

2.5 物理层服务及服务原语

ZigBee 物理层提供的服务是由其硬件和软件协同实现的,内部结构简图如图 2-6 所示。可见,物理层对它的上层(MAC 层)提供 2 个接口,分别称之为物理层数据服务接入点(PD-SAP)和物理层管理实体服务接入点(PLME-SAP);对下则直接管理无线信号的收发。在物理层中还存在有一个物理层管理实体,它接收上层的服务请求,并使用 PIB 属性和物理层常量对射频电路的工作实现相应的管理。

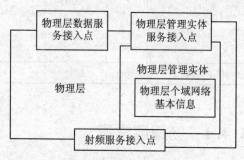

图 2-6 物理层结构模型

上层(MAC 层)通过这两个服务接入点向物理层发送服务原语,请求特定的服务。物理层也通过服务接入点向 MAC 层发送原语,报告各种状态或信息。下面就这些原语的功能作简单介绍。

2.5.1 物理层数据服务

物理层数据服务接入点通过服务原语支持在对等连接的 MAC 层实体之间传输 MAC 协议数据单元,使用的原语有请求原语、确认原语和指示原语等。

当 MAC 层向其他 ZigBee 设备发送数据时,它会生成一个数据请求原语,并通过数据服务接入点(PD-SAP)发送给物理层,物理层收到原语后即生成一个物理层服务数据单元,如果此时发射机处于激活状态(TX_ON 状态),则物理层将构造一个物理层协议数据单元(PPDU),并通过收发器发送出去。物理层发送完成之后向 MAC 层返回一个 SUCCESS 状态的确认原语。如果物理层收到数据请求原语时,设备的收发电路正处于接收状态(RX_ON 状态)或者关闭状态(TRX_OFF 状态),则物理层发送的确认原语的状态是 RX_ON 或者 TRX_OFF,表示设备的发射电路未被激活,必须将发射电路激活后才能执行数据请求原语。

当物理层接收到远方发送来的数据后,即主动向本设备的 MAC 层发送一个数据指示原语,将接收到的数据、链路质量等传送给 MAC 层。但当接收到的协议数据单元长度为 0 或大于协议规定的最大值时,物理层不会发送数据指示原语。MAC 层接收到数据指示原语后即获得了数据和链路质量等信息。

几种原语的格式如下。

数据请求原语:

```
PD - DATA.request (
                psduLength,
                psdu
                )
```

数据请求确认原语:

```
PD - DATA.confirm (
                status
                )
```

数据指示原语:

```
PD - DATA.indication (
                psduLength,
                psdu,
                ppduLinkQuality
                )
```

上面几种原语格式中,psduLength 是请求物理层发送的数据单元的长度(以字节计算),其长度应小于物理层最大数据包容量;status 是数据请求原语执行的状态,可能为 SUCCESS、RX_ON、TRX_OFF 等;psdu 是待发送的或者接收到的数据;ppduLinkQuality 是表示链路质量的一个个整数。

物理层数据服务类原语中涉及的参数及其取值范围如表 2-7 所列。

表 2-7 物理层数据服务类原语参数

参数	类型	有效值范围	描述
psduLength	无符号整型	≤aMaxPHYPacketSize(物理层最大数据包长度)	物理层实体发送物理层服务数据单元(PSDU)中字节数
psdu	字节	—	物理层实体发送由字节构成的物理层服务数据单元(PSDU)
ppduLinkQuality	整型	0x00~0xFF	从物理层协议数据单元 PPDU 的接收中测试链路质量(LQ)
status	枚举型	SUCCESS、RX_ON 或 TRX_OFF	原语执行的状态

2.5.2 物理层管理服务

物理层除了完成数据的传输外还有信道及 PIB 管理的一些功能,这些功能也是通过服务接入点的服务原语实现的。

1. 空闲信道评估

所谓空闲信道评估,就是检查当前信道是否正在被其他的无线发射设备使用。空闲信道评估的结果作为协调器建立 PAN 时选择信道的依据。当 MAC 层需要进行空闲信道评估时,MAC 层管理实体就会向物理层管理实体发送空闲信道评估请求原语(PLME-CCA.Request)。如果物理层管理实体收到该原语时接收机处于激活状态,则立即执行空闲信道评估,完成后即利用确认原语向 MAC 层返回评估结果。如果物理层管理实体收到该原语时接收机处于未激活状态,或发射机正处于发射状态,不能进行空闲信道评估,也通过确认原语向 MAC 层返回相应的状态。MAC 层接收到确认原语后就可以知道物理层执行的结果。

空闲信道评估请求原语没有参数,其格式如下:

```
PLME-CCA.request()
```

空闲信道评估确认原语的格式如下:

```
PLME-CCA.confirm(
                status
                )
```

其中:status 是反映空闲信道评估原语执行结果的状态,可以是 TX_ON、TRX_OFF、BUSY 或者 IDLE 等。其含义分别是设备的收发电路正处于发射状态,设备的收发电路没有被激活,被检查的信道已被其他设备使用,被检查的信道处于空闲状态等。接收到确认原语后,MAC 层应根据具体情况作进一步处理。

2. 能量检测

与空闲信道评估类似,能量检测也是对当前信道进行检查。所不同的是,能量检测成功执行后向 MAC 层返回的是反映该信道里目前电磁辐射的能量的一个 8 位的二进制整数。能量检测请求、能量检测确认原语如下。

能量检测请求原语没有参数,其格式如下:

```
PLME-ED.request()
```

能量检测确认原语格式如下:

```
PLME-ED.confirmt(
                status,
                EnergyLevel
                )
```

返回的数据中,status 与前面的其他确认原语类似;而 EnergyLevel 则是检测到的信道中电磁辐射的能量值,范围为 0~255。MAC 经过换算即可得到所检测的信道以 dBm 为单位的电磁能量。

3. 属性操作

如前所述,物理层 PIB 由若干属性构成。在实现协议要求的各种操作时经常会用到这些属性的值,或者对属性的值进行修改以满足特定的需要。对属性的请求、设置等操作也是通过原语实现的。

当 MAC 层管理实体需要获得物理层的某一属性的当前值时,可以向物理层管理实体发出属性请求原语。物理层管理实体接收到这个原语后,将在它的 PIB 中检索所请求的属性,检索是按标识符进行的。如果物理层管理实体成功地检索到所请求的属性,那么,它将向 MAC 层返回带有 SUCCESS 状态和检索的属性值的确认原语。如果物理层管理实体在其 PIB 中没有发现所请求的属性,则它会向 MAC 层返回带有出错状态的确认原语。这两个原语的格式如下。

属性请求原语格式:

```
PLME - GET.request (
              PIBAttribute
              )
```

属性请求确认原语:

```
PLME - GET.confirmt (
              status,
              PIBAttribute,
              PIBAttributValue
              )
```

其中:PIBAttribute 是所请求的属性,用其标识符表示;PIBAttributValue 是确认原语返回的属性值;代表物理层对属性请求原语执行状态的 status 则根据情况可以是 SUCCESS、UNSUPPORTED_ATTRIBUTE 等。

当 MAC 层希望改变或调整某个属性的值时,可以向物理层管理实体发送属性设置请求原语,将该属性设置为所给定的值。物理层管理实体接收到属性设置原语后,即在其 PIB 中寻找请求设置的属性。如果发现了这个属性,并且原语中属性的值在允许的范围内,就用原语中的属性值替换原来的属性值,并向 MAC 层返回带有状态 SUCCESS 的属性设置确认原语。如果原语中的属性值超出允许的范围,或者没有找到该属性,则物理层管理实体将向 MAC 层管理实体返回带有错误状态的确认原语。

PIB 属性设置请求原语格式如下:

```
PLME - SET.request (
                PIBAttribute,
                PIBAttributValue
                )
```

PIB 属性设置确认原语格式如下：

```
PLME - SET.request (
                status,
                PIBAttribute
                )
```

实际应用中，原语中的 PIBAttribute 用其标识符表示；PIBAttributValue 是设置的属性值，表示属性设置原语执行状态的 status 根据情况可以是 SUCCESS、UNSUPPORTED_ATTRIBUTE 和 INVALID_PARAMETER 等。

4. 收发设备状态转换

物理层的无线收发电路可以处在不同的状态，如收发电路关闭状态（TRX_OFF）、接收电路激活状态（RX_ON）、发射电路激活状态（TX_ON）等。在工作中常常需要让无线收发电路在这些状态中进行转换，这可以通过向物理层管理实体发送收发设备状态转换请求原语来完成。物理层收到收发设备状态转换请求原语后，根据原语的请求实现状态的转换。如果转换成功，则物理层管理实体向 MAC 层管理实体返回一个带有 SUCCESS 状态的确认原语。如果收发设备已经工作在原语所请求的状态，则物理层将向 MAC 层发回带有收发设备当前工作状态的确认原语。如果原语请求的是将收发设备转换为 RX_ON 或者 TRX_OFF 状态，而收发电路目前正在发送一个物理层协议数据单元，则物理层不会转换收发电路的工作状态，而是向 MAC 层发送状态为 BUSY_TX 的确认原语；并且只有当物理层完成协议数据单元的发送后，才能改变收发电路的工作状态。如果请求原语希望将收发电路切换为 TX_ON 或者 TRX_OFF，但目前收发电路的状态为 RX_ON，并且已经接收到一个有效的帧定界符，则物理层会向 MAC 层发送状态为 BUSY_RX 的确认原语。只有当收发电路接收完一个物理层协议数据单元后，才能改变收发电路的工作状态。但如果请求原语的参数是 FORCE_TRX_OFF，则物理层管理实体不论收发电路目前在什么状态，都立即将收发电路的状态转换为 TRX_OFF，关闭收发电路。

设备收发状态转换请求原语格式如下：

```
PLME_SET_TRX_STATE.request (
                        state
                        )
```

其中：state 表示收发电路转换的目标状态，可以是 RX_ON、TX_ON、TRX_OFF 或者

FORCE_TRX_OFF 等。

设备收发状态转换确认原语如下：

```
PLME_SET_TRX_STATE.confirm(
                          status
                          )
```

其中：status 表示物理层执行请求原语的结果。

物理层服务原语参数及其取值范围如表 2-8 所列。

表 2-8 物理层管理服务类原语参数

名 称	类 型	有效值范围	描 述
Status	枚举型	TRX_OFF、RX_ON、BUSY 或 IDLE	原语执行的状态
EnergyLevel	整型	0x00～0xFF	当前信道的 ED 值
PIBAttribute	枚举型	所指定的物理层 PIB 属性标识符	表示操作的属性
PIBAttributeValue	变量	所得到指定的物理层 PIB 属性值	被操作的属性的值

2.5.3 物理层枚举型数据

上述确认原语和响应原语中大都带有反映请求原语执行的状态——status，在不同的情况下 status 的取值不同。表 2-9 列出的是各种可能的状态和对应的值。

表 2-9 物理层枚举型数据的描述

枚举型	数据值	功能描述
BUSY	0x00	CAA 检测到一个忙的信道
BUSY_RX	0x01	收发机正处于接收状态时，要求改变其状态
BUSY_TX	0x02	收发机正处于发送状态时，要求改变其状态
FORCE_TRX_OFF	0x03	强制将收发机关闭
IDLE	0x04	CAA 检测到一个空闲信道
INVALID_PARAMETER	0x05	SET/GET 原语的参数超出了有效范围
RX_ON	0x06	收发机正处于或将设置为接收状态
SUCCESS	0x07	原语成功执行
TRX_OFF	0x08	收发机正处于或将设置为关闭状态
TX_ON	0x09	收发机正处于或将设置为发射状态
UNSUPPORTED_ATTRINUTE	0x0A	不支持 SET/SET 原语属性标识符

第 3 章

MAC 层

ZigBee 的 MAC 层的主要功能是为两个 ZigBee 设备的 MAC 层实体之间提供可靠的数据链路，其主要功能包括如下一些方面：
- ◆ 通过 CSMA-CA 机制解决信道访问时的冲突；
- ◆ 发送信标或者检测、跟踪信标；
- ◆ 处理和维护保护时隙（GTS）；
- ◆ 连接的建立和断开；
- ◆ 安全机制。

本章主要叙述 MAC 层的功能及其实现、服务规范等。在 MAC 层之上可以是网络层或直接是应用程序，对此在叙述中不加区分，统称为 MAC 的上层。如前所述，ZigBee 的物理层和 MAC 层使用的是 IEEE 802.15.4 标准，下面的叙述中对此不作严格的区分。

3.1 媒体访问控制

无线信道属于共享信道，在任何时间，如果有一台设备正在使用该信道发送数据，那么其他的设备就不能使用该信道；否则就会因为冲突（碰撞）而产生错误。因此在使用共享信道的网络中必须解决多台设备同时使用信道产生的冲突问题，例如以太网使用的 CSMA-CD 就是一种解决冲突的机制。鉴于无线通信的特点，为尽量减少冲突的发生，ZigBee 采用 CSMA-CA 机制，称为载波检测多路访问冲突避免算法。

3.1.1 信标、超帧及其结构

"帧（Packet）"是数据通信的基本单位，它由需要传输的数据，附加上其他的一些必要信息，按规定格式形成的一组数据，又称为"包"。网络中各层都有自己的帧。ZigBee 的 MAC 层有一种包含了若干个不同类型帧的特殊帧,称为"超帧"。网络协调器通过超帧来限定和分配信道的访问时间。超帧包括"活动"部分和"非活动"部分。在活动部分各设备通过竞争或非竞争的方式使用信道,而在非活动部分各个设备进入睡眠状态,以达到节能的目的。网络协调器通过发送一个"信标帧"表示超帧的开始,如图3-1所示。

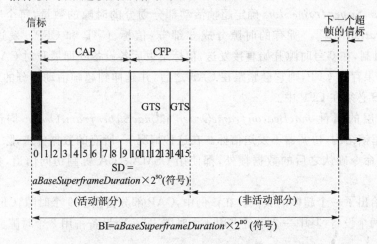

图3-1 超帧结构简图

超帧的活动部分分成16个相等的、称为"时隙(Slot)"的时间片,PAN中的所有设备只能在特定的时隙中进行数据收发。网络协调器在超帧的第一个时隙发送信标帧。信标帧是一个特殊的帧,它总是位于超帧的最前面,用来表示一个超帧的开始。信标帧里包含了有关PAN、超帧的一些重要信息,PAN中的设备通过检测信标帧识别超帧的开始,从而与网络协调器同步。超帧的其余15个时隙又分成两大部分:CAP(竞争部分)和CFP(非竞争部分)。每一部分占用多少个时隙由网络协调器根据情况分配。CFP里的时隙称为"保护时隙(Guaranteed Time Slot,GTS)",因为它们是保留给特定的设备使用的,所以这些设备使用自己的GTS时无须使用CSMA-CA算法与其他设备竞争。GTS由网络协调器根据情况动态维护。设备也可以使用CAP部分的时隙实现数据传输,在这种情况下设备必须使用CSMA-CA算法通过竞争取得时隙的使用权。

超帧的具体结构由MAC层PIB的一些属性确定。属性$macBeaconframeOrder$(BO)和$aBaseSuperframeDuration$的值按下述公式确定网络协调器发送信标的周期BI(Beacon Interval):

$$BI = aBaseSuperframeDuration * 2^{BO} \qquad 0 \leqslant BO \leqslant 14$$

计算得到的BI值是以符号为单位的。

属性$macSuperframeOrder$(SO)和$aBaseSuperframeDuration$的值按下述公式确定超帧活动部分的长度SD(Superframe Duration):

$$SD = aBaseSuperframeDuration * 2^{SO} \qquad 0 \leqslant SO \leqslant BO \leqslant 14$$

计算得到的 SD 值也是以符号为单位的。

如果 SO 的值取 15,则超帧不存在活动部分;如果 BO 的值取 15,则表示不发送信标。其适用不使用信标的网络,在这种情况下,SO 的值被忽略。

属性 $aNumSuperframeSlots$ 确定超帧活动部分划分的时隙的数量,每个时隙的长度为 $aBaseSlotDuration * 2^{SO}$。所有的时隙分成 3 部分:信标、CAP 和 CFP。发送信标不使用 CSMA-CA 机制,在 0 号时隙开始直接发送,信标结束后各设备立即展开对 CAP 部分时隙使用的竞争。如果存在 CFP,则它会紧跟在 CAP 之后,并延伸到超帧活动部分的结尾。分配给各设备的 GTS 必须在 CFP 中。

将 MAC 层的属性 $macBeaconframeOrder$ 和 $macSuperframeOrder$ 均设置为 15,则 PAN 不使用超帧结构,协调器不发送信标。在这种情况下,所有的数据传送,除了确认帧和紧跟在数据请求命令确认之后的数据帧外,都使用 CSMA-CA 机制访问信道,也不存在保护时隙。

图 3-1 给出了一个超帧的实例。在该例中,CAP 部分占用了 9 个时隙;CFP 部分有 6 个时隙,分配给两个设备,其中一个设备占用 4 个时隙,另一个设备占用 2 个时隙。

1. CAP

竞争期开始于信标帧之后,结束于 CFP 之前,竞争期的长度应至少有 aMinCAPLength 个符号。由于维护保护时隙的需要,临时调整信标帧中附加的空间,这时可以动态地增加或缩减,以满足 CFP 的需要。如果 CFP 的长度为 0,则竞争期在超帧的末尾结束。

aMinCAPLength 是 MAC 层的一个常量,其值为 440,单位为符号。除确认帧和紧跟在命令帧后的数据帧外,PAN 中的设备在 CAP 中发送数据都必须使用时隙 CSMA-CA 算法来同其他设备竞争时隙的使用权。数据的发送必须在 CAP 的最后一个时隙结束,若不能结束,则其余的数据须在下一个超帧的 CAP 中发送。

2. CFP

CFP 开始于紧接着 CAP 的时隙边界,结束于下一超帧之前。如果设备已经分配有自己的保护时隙,则该设备在 CFP 中发送数据无须执行 CSMA-CA 算法,直接在分配给自己的时隙中发送。一个设备可以在 CFP 中占用若干个连续的 GTS,CFP 的长度会随 GTS 个数的变化而变化。保护时隙的分配、收回,保护时隙数目的改变及"碎片"的合并等工作由网络协调器完成。

3.1.2 帧间隔

物理层接收到数据后,运行 MAC 的 MCU 需要一段时间来对接收的数据进行处理,故在发送的帧后面应跟随着一段间隔时间——IFS(InterFrame Space or Spacing)。IFS 的长度与传送的帧长度有关,如图 3-2 所示。CSMA-CA 算法应考虑到 IFS 的需求。

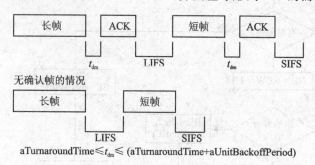

图 3-2　帧间隔

3.1.3　CSMA-CA 算法

CSMA-CA 算法是 ZigBee 技术的关键之一,在大多数情况下发送数据都应使用 CSMA-CA 算法实现无线信道的访问。所谓 CSMA-CA,就是载波侦听、多路访问、冲突退避的意思。退避的时间段称为退避周期,一个退避周期等于 aUnitBackoffPeriod 个符号,这是 MAC 层的一个常量,其值为 20。在 ZigBee 网络里可以有两种 CSMA-CA 算法:用于信标使能的 PAN,使用带时隙的 CSMA-CA;用于信标不使能的 PAN 或虽然使用信标但不能定位信标的情况,使用不带时隙的 CSMA-CA。

在有时隙的 CSMA-CA 的算法中,退避周期的边界都与 PAN 协调器超帧时隙的边界一致,即每个设备的第一个退避周期的起始时间应与信标传送的起始时间一致。MAC 层应保证物理层在退避周期边界处开始传输信息。

每个设备为实现 CSMA-CA 算法,需要维护 3 个变量:NB、CW 和 BE。NB 是在执行当前发送任务时,实现 CSMA-CA 算法需要进行退避的次数;在开始一次新的算法过程时被置为 0。CW 是竞争窗口长度,是开始传送信息之前连续检测到信道空闲的次数;每次 CSMA-CA 算法开始时,或检测到信道忙时被初始化为 2。CW 只用于时隙 CSMA-CA 算法。BE 是退避指数,它与设备在使用信道进行发送信息之前需要等待的退避周期有关。在非时隙的系统或者 macBattLifeExt 设置为 FALSE 的时隙系统中,BE 初始化为 macMinBE;在 macBattLifeExt 设置为 TRUE 的时隙系统中,该值初始化为 2 和 aMinBE 中的较小者。注意,如果 BE 被置为 0,则第一次执行 CSMA-CA 算法时不能实现冲突避免。下面结合图 3-3 叙述 CSMA-CA 算法。

在使用有时隙 CSMA-CA 算法时,MAC 层初始化 NB、CW 和 BE 这 3 个变量后,定位退避周期的边界,随即 MAC 层随机地延迟几个完整的退避周期,具体延迟周期的数量为 $2^{BE}-1$。

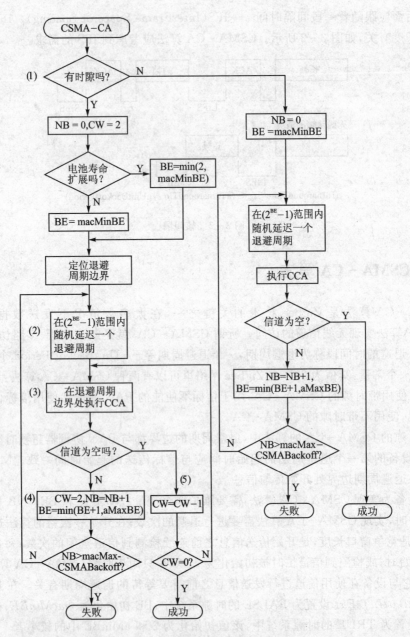

图 3-3 CSMA-CA 算法流程图

然后,请求物理层执行空闲信道评估,空闲信道评估也在退避周期的边界开始。如果发现信道空闲,则 MAC 层再检查竞争窗口是否终止,即 CW 是否为 0。如果等于 0,则 MAC 层在下一个退避周期的边界处开始传送帧;如果不等于 0,则 MAC 层将 CW 减 1,并重新在退避边界出开始空闲信道评估。如果在空闲信道评估时发现信道忙，则 MAC 层将 NB 和 BE 都加 1（但确保 BE 不大于 aMaxBE），将 CW 置为 0。如果 NB 的值小于或等于 $macMax\text{-}CSMABackoff$，则算法返回步骤(2)（见图 3-3），再次开始延迟一段随机的退避周期；如果 NB 大于 $macMaxCSMABackoff$，则算法以信道访问失败而结束本次操作。

在使用信标的情况下，上述 CSMA-CA 算法还必须考虑到所请求的操作必须在超帧的竞争期里完成，所以还应当有如下的要求：

在电池寿命扩展域置为 0 的情况下，MAC 层应确保在随机退避之后全部 CSMA-CA 算法能够执行完，并且整个发送任务应能够在竞争期结束之前完成。如果退避周期的次数大于竞争期里剩余的退避周期数，MAC 层将在竞争期结束时停止退避的倒计数，并在下一个超帧的竞争期开始时重新启动倒计数。如果退避周期的次数小于或等于竞争期里剩余的退避周期数，MAC 层将退避延时，并进一步评判是否继续延时。如果剩余的 CSMA-CA 算法（两次空闲信道评估）、帧的传输和确认能够在竞争期结束之前完成，MAC 层会继续执行并完成 CSMA-CA 算法；否则，MAC 层将等待并在下一个超帧的竞争期开始后重新开始 CSMA-CA 算法。

在电池寿命扩展域置为 1 的情况下，退避倒计数只能在信标的 IFS 结束后前 6 个退避周期中开始，MAC 层应确保在随机退避之后剩余的 CSMA-CA 算法和整个帧的发送、确认等任务能够在竞争期结束前完成，MAC 层将继续执行算法，要求物理层进行空闲信道评估，并在信标的 IFS 结束后前 6 个退避周期中的某个周期开始帧的传输；否则，MAC 层将等到下一个超帧的竞争期重新开始 CSMA-CA 算法。

无时隙的 CSMA-CA 算法与有时隙算法不同的地方主要有这样几点：BE 的值应初始化为 aMinBE；不使用竞争窗口，无须初始化 CW；在延迟退避周期和执行空闲信道评估时，不需要定位时隙的边界，而是立即开始（因为这时根本就没有时隙）；在检测到信道空闲时，MAC 层立即开始信息的传输。

上述过程可参看图 3-3。

3.2　PAN 的建立与维护

建立和维护 PAN 是网络协调器的任务。作为网络协调器的 FFD 上电后首先通过扫描信道，选择一个合适的信道及合适的 PAN 标识符，然后启动 PAN，允许设备连接。此后，网络中的设备就可与网络协调器连接，逐步建立起一个 PAN。

3.2.1 PAN 的启动与管理

1. 信道扫描

所谓扫描信道,就是检查信道的工作情况,分析判断是否有 PAN 工作在某信道上。扫描可以对某个或某几个特定的信道进行。有几种不同的信道扫描:ED 信道扫描、主动信道扫描、被动信道扫描和孤点信道扫描,各用于不同的情况。可以作为网络协调器的 FFD 必须能执行能量检测扫描和主动扫描,而所有的设备都应能执行被动扫描和孤点扫描。

当需要进行信道扫描时,上层向 MAC 层发送请求原语,要求对指定的若干个信道进行扫描,以便搜索出其个域内存在的 ZigBee 设备。发送的原语中包含相应的参数指明信道扫描的种类、欲扫描的信道和扫描进行的时间。扫描结束后,MAC 层管理实体向上层发送扫描确认原语,将扫描原语执行的情况向上层通告。扫描请求原语和扫描确认原语的格式如下。

扫描请求原语:

```
MLME - SCAN.request (
                    ScanType,
                    ScanChannels,
                    ScanDuration
                    )
```

扫描确认原语:

```
MLME - SCAN.confirm (
                    Status,
                    ScanType,
                    UnscanChannels,
                    ResultListSize,
                    EnergyDetectList,
                    PANDescriptorList
                    )
```

原语中的参数描述及取值范围如表 3-1 所列。PAN 描述符中的元素描述及取值范围如表 3-2 所列。

除孤点扫描外,扫描进行的最长时间由原语传送的参数 ScanDuration 和 MAC 层常量 aBaseSuperframeDuration 按公式 $[aBaseSuperframeDuration \times (2^n+1)]$ 计算。式中:n 为参数 ScanDuration 的值,以符号为单位。扫描的结果通过确认原语向上层返回。在扫描期间,设备停止发送信标,扫描结束后重新开始发送信标。

表 3-1　信道扫描服务原语参数

名称	类型	有效值范围	描述
ScanType	整型	0x00~0x03	表示执行的扫描类型： 0x00 = 能量检测扫描（仅 FFD） 0x01 = 主动扫描（仅 FFD） 0x02 = 被动扫描 0x03 = 孤点扫描
ScanChannels	位序列	32 位域	5 位最高有效位 MSB(b_{27},…,b_{31})保留，其余 27 位最低有效位(b_0,b_1,…,b_{26})表示被扫描的信道(1=扫描,0=不扫描)
ScanDuration	整型	0~14	此值用来计算在能量检测扫描、主动扫描和被动扫描上的时间。孤点扫描时，此参数忽略。每个信道扫描所用的时间为：$[aBaseSuperframeDuration \times (2^n+1)]$个符号，$n$ 为参数 ScanDuration 的值
UnscannedChannels	位序列	32 位域	表示信道是否扫描(1 = 未扫描,0 = 已扫描或未请求扫描)。此参数适用于被动和主动扫描
ResultListSize	整型	扫描执行结果	返回到相应结果列表中元素个数。孤点扫描时，此值为 NULL
EnergyDetectList	整型列表	0x00~0xFF	能量检测列表，每个值为每个信道能量检测值。主动、被动和孤点扫描时，此值为 NULL
PANDescriptorList	PAN 描述符值列表	见表 3-2	在主动和被动扫描期间，发现的每个信标的 PAN 描述符列表。能量检测和孤点扫描时，此值为 NULL
status	枚举型	SUCCESS、NO_BEACON、INVALID_PARAMETER	扫描请求的结果

表 3-2　PANDescriptor 元素

名称	类型	有效值范围	描述
CoordAddrMode	整型	0x02~0x03	协调器地址模式。取值:0x02 为 16 位短地址码;0x03 为 64 位扩展地址码
CoordPANId	整型	0x0000~0xFFFF	协调器的 PAN 标识符
CoordAddress	设备地址	与 CoordAddrMode 参数相应	信标帧中的协调器地址
LogicalChannel	整型	PHY 所支持的逻辑信道	网络选用的逻辑信道
SuperframeSpec	位	见 3.4.2 小节	信标帧中的超帧规范

续表 3-2

名称	类型	有效值范围	描述
GTSPermit	布尔型	TRUE 或 FALSE	如果来自 PAN 协调器的信标接受 GTS 请求,则为 TRUE
LinkQuality	整型	0x00～0xFF	信标传输的链路质量,值越小表示链路质量越低
TimeStamp	整型	0x000000～0xFFFFFF	信标帧接收到的时间,以符号表示。当接收到信标帧时,该值为提取的 TimeStamp。该值的精确度为 20 位,最低 4 位为最小有效位
SecurityUse	布尔型	TRUE 或 FALSE	表明接收的信标帧是否使用安全机制的选项。如果安全允许子域为 1,则此值置为 TRUE;如果安全允许子域为 0,则此值置为 FALSE
ACLEntry	整型	0x00～0x08	ALC 项的 *macSecurityMode* 参数值与数据帧的发送方相关。如果在 ALC 中未找到数据帧的发送方,则此值为 0x08
SecurityFailure	布尔型	TRUE 或 FALSE	在帧的安全处理过程中,若有错误,则此值为 TRUE;否则为 FALSE

1) ED 信道扫描

ED 扫描即能量扫描,扫描的结果是获得被扫描的信道中能量的峰值,供上层选择信道用,显然信道中的能量是由其他的设备辐射的。在扫描期间,MAC 层丢弃物理层上传的所有帧信息。

MAC 层接收到扫描原语后,对指定的信道中的每一个逻辑信道,MAC 层管理实体通过向物理层发送请求原语,指定被扫描的信道和扫描进行的时间,开始对该信道的扫描。扫描时间到后,MAC 层管理实体记录下测量得到的最大能量值,再切换到指定信道列表中的下一个信道进行扫描。当所有可能的信道或所指定的信道都扫描完或扫描的信道数量等于指定要扫描的最大数时,能量扫描完成。MAC 层应能记录最大数目信道的能量值,并通过确认原语将信道扫描能量值列表向上层报告。

能量扫描时序如图 3-4 所示。请注意,这种时序图是对参与通信各方发生的事件及其时间关系、触发事件的条件等一种最清楚、最准确的描述。下面的叙述是对时序图的文字描述,若发现有两者不一致的地方,应以图形的表达为准。图中带箭头的直线表示信息的传输及方向、目的等,并按事件发生的先后,从上向下排列。图中的小沙漏表示定时器。一般来说,所有类似问题的叙述都需要用时序图描述,但为节省篇幅,书中仅在一些较复杂的情况下给出时序图,而对于一些简单的场合就只用文字描述。如果需要,则可参考相应的原始文献。

2) 主动信道扫描

主动扫描的目的是发现并锁定一个协调器。在启动一个新的 PAN 或希望接入一个 PAN 之前,均可以开始主动扫描,并根据扫描结果选择 PAN 标识符。在主动扫描期间,MAC 层将

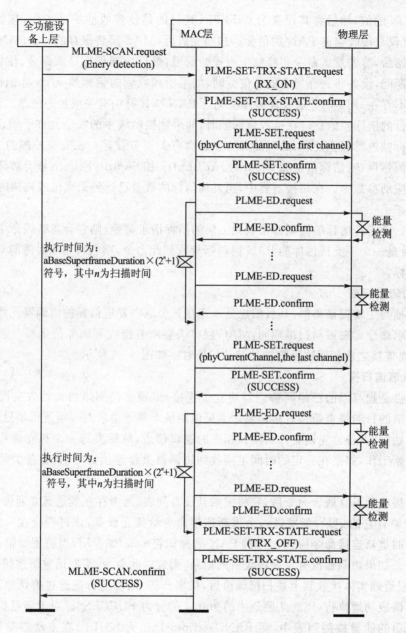

图 3-4 能量扫描时序图

丢弃所有的非信标信息。

应用程序可以使用扫描请求原语对一组逻辑信道进行主动扫描,原语中的参数须指明扫描的类型是主动扫描、扫描的信道和扫描持续的最长时间等。开始扫描之前,MAC 层须先保

存 $macPANId$ 的值,然后将其设置为 0xFFFF,其目的是使接收滤波器工作,接收所有的信标,而不是仅仅只接收当前 PAN 的信标。扫描完成后,MAC 层将保存的 $macPANId$ 恢复。

扫描开始后,首先发送命令切换到所选择的信道,然后发送信标请求命令,使接收机开始工作。在此期间,设备将丢弃所有的非信标帧,如果所接收到的信标的 PAN 标识符和源地址在扫描之前不存在,则 MAC 层管理实体将记录 PAN 描述符中有关信标的信息。设备应能够存储一定数目的信标帧信息。在接收信标帧时,如果帧控制域中的安全允许子域设置为 1,则设备将对信标帧进行安全处理,处理的方法在后面有关章节叙述。在安全处理的过程中忽略所产生的任何错误,将信标信息如 Security、ACLEntry 和 SecurityFailure 域等被记录到 PAN 描述符所对应的参数中。在扫描过程中,当发现信标的数量已达到最大值或扫描时间到时,主动扫描结束。

如果是一个支持信标的协调器接收到上层的信标请求命令,则它会忽略该命令,并继续发送信标;如果是一个不支持信标的 PAN 协调器接收到此命令,则它将用非时隙的 CSMA - CA 传送一个信标。

3) 被动信道扫描

被动扫描与主动扫描类似,其目的也是锁定在其个域内发送信标的协调器。然而,它不需发送信标请求命令。在被动扫描期间,MAC 层将丢弃所有接收到的非信标帧。通常,设备在与 PAN 建立连接之前使用这种扫描。被动扫描时序如图 3-5 所示。

4) 孤点信道扫描

所谓孤点是指与以前已经同协调器建立了连接,但现在与网络协调器失去同步的设备。孤点信道扫描的目的是重新锁定协调器。上层使用请求原语请求对一组逻辑信道进行孤点扫描。扫描开始后,设备首先设置并切换到相应的逻辑信道,然后发送一个孤立通告命令,最后使接收机开始工作,如果在一定的时间里接收到协调器重新连接命令,则设备关闭接收机,扫描结束。

协调器接收到孤立通告命令后,它将搜索其设备列表,是否存在发送孤立通告命令的设备的记录。如果有它的记录,则发送一个重新连接命令给孤立设备,该过程应在一定时间内完成。协调器的重新连接命令应包含当前 PAN 的标识符 $macPANId$、当前逻辑信道和孤立设备的短地址。如果协调器没有发现该设备的记录,则忽略此命令,不发送重新连接命令。

MAC 层管理实体接收到上述扫描原语后,根据分析、执行的情况通过确认原语向上层报告。如果原语成功地执行,则确认原语中的 status 的值为 SUCCESS。对于能量扫描,结果记录在确认原语的能量检测列表中,而 PANDescriptorList 为 NULL;在主动扫描和被动扫描时,确认原语中包含的是被发现的 PANDescriptor 值、未被扫描的信道列表等;孤点扫描时,确认原语中除 status 外,其余的为 NULL 或 0。

如果扫描请求原语中的参数不符合语义,或参数值超出范围,MAC 层管理实体就会发送一个带有 INVALID_PARAMENTER 状态的确认原语。

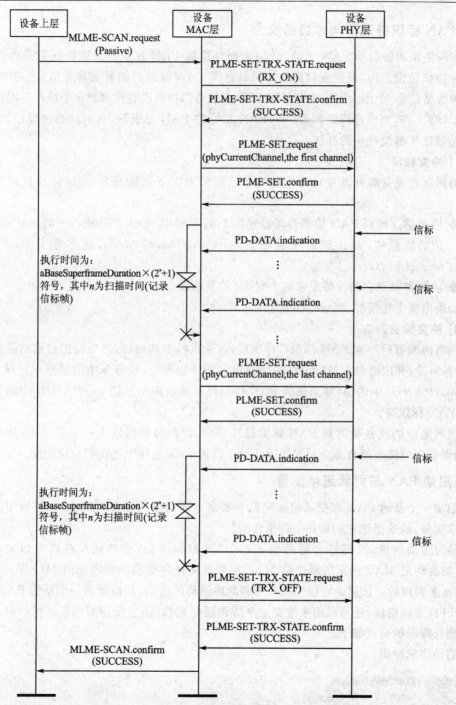

图 3-5 被动扫描时序图

2. PAN 标识符选择与冲突解决

在网络协调器启动 PAN 之前,必须选择自己的 PAN 标识符。选择标识符的算法不在 ZigBee 协议范围之内,但信道扫描的结果是选择 PAN 标识符的重要参考信息。有时还可能有这种情况:当一个作为网络协调器的 FFD 在信道扫描时没有检测到在个域网范围内的另一个 PAN 在工作,而误选择了和另一个 PAN 相同的 PAN 标识符,这时就会出现标识符冲突。ZigBee 规定了解决冲突的办法。

1) 冲突检测

协调器和设备都可以发现冲突的发生。如果发生下列情况之一,则协调器判断发生了冲突:

◆ 协调器接收到 PAN 协调器域设置为 1,其 PANID 等于 PIB 属性中的 $macPANID$ 的值的信标帧;并且地址既不等于 $macCoordShortAddress$,也不等于 $macCoordExtendedAddress$。

◆ 协调器收到它的设备发来的 PANID 冲突通告命令。

如果出现上述情况,则可得出发生 PANID 冲突的结论。

2) 冲突解决办法

网络协调器检测到 PAN 标识符冲突后,首先执行主动扫描,然后根据扫描结果选择新的 PAN 标识符,并广播包含新标识符的协调器重新连接命令,该命令中的源标识符域等于 PIB 属性 $macPANID$ 中的值(即原来的 PAN 标识符),最后协调器把 $macPANID$ 中的值设置为新的 PAN 标识符。

当网络中的设备检测到 PAN 标识符冲突后,即向协调器发送一个 PANID 冲突通告命令,协调器正确接收通告命令后发送确认帧予以确认,最后按上述过程解决冲突。

3. 启动 PAN 与更新超帧配置

启动一个新的 PAN 和更新超帧配置本来是不同类型的任务,但由于它们使用同一个原语请求服务,故这里把它们放在一起来介绍。

经过主动扫描,选择好合适的信道和 PAN 标识符后,全功能设备就可以启动 PAN。PAN 的启动是 MAC 的上层通过给 MAC 层管理实体发送启动请求原语 MLME - START.request 来实现的。该原语可以实现一个新的协调器的启动,从而激活一个新的 PAN,可以使一个 FFD 发送信标,还可以用来改变一个协调器的配置,使它按新的配置运行。启动请求原语和确认原语的格式如下。

启动请求原语:

```
MLME - START.request (
        PANId,
        LogicalChannel,
```

```
                    StartTime,
                    BeaconOrder,
                    PANCoordinator,
                    BatteryLifeExtension,
                    CoordRealignment,
                    SecurityEnable
                    )
```

启动确认原语:

```
MLME - START.confirm (
                    status
                    )
```

请求原语的使用有 3 种情况：一是 PAN 协调器启动一个新的 PAN；二是使协调器重新配置超帧；三是作为已连接在 PAN 上的设备开始发送信标。这几种情况原语的参数有所不同。若 PANCoordinator 置为 TRUE，CoordRealignment 置为 FALSE，则表示设备作为 PAN 协调器，使用原语中的其他参数启动一个新的 PAN；若 PANCoordinator 和 CoordRealignment 均置为 TRUE，则表示 PAN 将按新的配置发送超帧；若 PANCoordinator 和 CoordRealignment 均置为 FALSE，则将使设备在 PAN 上按给定的参数值开始传输信标。

在启动一个新的 PAN 时，应当先选择合适的 PAN 标识符，同时将 $macShortAddress$ 设置为小于 0xFFFF 的值。MAC 层管理实体接收到该原语后，将使用属性设置原语设置 $macBeaconOrder$、$macSuperframeOrder$ 和 $macPANID$，并向物理层发送原语设置 $phyCurrentChannel$ 的值，激活无线发射电路。无线发射电路激活后，MAC 层再向物理层发送原语开始传输信标。最后，MAC 层管理实体向上层发送 MLME - START.confirm 原语作为回应，原语中的参数 status 根据情况的不同而不同。此后该设备即作为一个协调器，按要求的超帧配置开始工作。

信标帧中协调器地址由 $macShortAddress$ 的值决定，它在发送该原语之前由 MAC 的上层设定。同样，MAC 层管理实体将其 PIB 属性 $macBattLifeExt$ 置为参数 BatteryLifeExtension 的值。原语中的参数 SecurityEnable 表示设定的信标帧中是否使用安全机制，若它为 TRUE，则使用安全机制传输信标。在这种情况下，MAC 层管理实体将安全允许子域置为 1，并从 PIB 的访问控制表中获取与广播地址参数相一致的密钥和安全信息，用这些密钥和安全信息对帧进行处理。若在访问控制表中不存在合适的密钥，或者加密处理后帧的长度过长，或者加密的过程中出现任何错误，则 MAC 层不发送帧，并向上层发送 status 分别为 UNAVAILABLE_KEY、FRAME_TOO_LONG 或者 FAILED_SECURITY_CHECK 的确认原语。

若参数 CoordRealignment 为 TRUE，则 MAC 层将对超帧按原语中的参数重新配置。MAC 层接收到该原语时，如果设备正在传输信标，则新的超帧配置在下一个超帧中生效；如果设备不是正在传输信标,则新的超帧配置立即生效。

MAC 层使用超帧配置确认原语向上层通告超帧配置原语的执行结果,上层接收到超帧配置确认原语后就知道了超帧配置原语执行的结果。上述原语的参数及其取值范围可参看表 3-3,这里不再赘述。

表 3-3 MLME—START.request 原语参数

名　称	类型	有效值范围	描　述
PANId	整型	0x0000~0xFFFF	信标所用的 PAN 标识符
LogicalChannel	整型	由 PHY 所支持的逻辑信道	开始传输信标的逻辑信道
StartTime	整型	0x0000~0xFFFFFF	设备发送信标帧的起始时间。该时间以符号为单位,精度为 20 位,最低 4 位为最小有效位
BeaconOrder	整型	0~15	传送信标。信标序号 BO 与信标间隔 BI 的关系如下:对于 $0 \leqslant BO \leqslant 14, BI = aBaseSuperframeDuration \times 2^{BO}$。若 BO = 15,协调器将不发送信标,忽略参数 SuperframeOrder
SuperframeOrder	整型	0~BO 或 15	包含信标帧中超帧的有效长度。超帧序号 SO 与超帧持续期 SD 的关系如下:对于 $0 \leqslant SO \leqslant BO \leqslant 14, SD = aBaseSuperframeDuration \times 2^{SO}$。若 SO=15,超帧在信标后将失效
PANCoordinator	布尔型	TRUE 或 FALSE	若此值为 TRUE,设备将成为一个新的 PAN 的协调器。如果此值为 FALSE,则设备将在一个已连接的 PAN 上开始传输信标
BatteryLife Extension	布尔型	TRUE 或 FALSE	如果此值为 TRUE,则在信标帧间隔期后整个退避期内不能接收信标;如果此值为 FALSE,则在整个 CAP 期间信标接收保持接收状态
CoordRealignment	布尔型	TRUE 或 FALSE	如果协调器重新分配命令的传输先于更改超帧配置,则为 TRUE;否则为 FALSE
SecurityEnable	布尔型	TRUE 或 FALSE	如果信标采用安全方式传输,则此值为 TRUE;否则为 FALSE
status	枚举型	SUCCESS, NO_SHORT_ADDRESS, UNAVAILABLE_KEY, FRAME_TOO_LONG, FAILED_SECURITY_CHECK, INVALID_PARAMETER	请求使用更新的超帧配置结果

4. 信标的产生

全功能设备既可以作为 PAN 协调器发送信标,也可以作为某一 PAN 中的设备发送信标。信标帧应该在每个超帧的开始发送,发送的间隔等于 $aBaseSuperframeDuration \times 2^n$,其中 $n = macBeaconOrder$。MAC 层发送信标时将 $macPANID$ 设置在信标的源 PAN 标识符域中。除非它的 $macShortAddress$ 等于 0xFFFE 或其他值;否则信标帧的源地址中包含 $aExtendedAddress$ 的值。

最新的信标帧的发送时间应记录在 $macBeaconTxTime$ 中,其值应当经过计算,使之位于相同的符号边界上,具体的值取决于特定的实现。

最后需要注意的是,只有当设备的 $macShortAddress$ 值不等于 0xFFFF 时,才能发送信标。信标的发送和接收比其他帧都有更高的优先级。

5. 发现设备

全功能设备通过发送信标帧表示它的存在,使其他的设备能够完成设备发现的任务。

6. 信标通告

在正常工作的情况下,如果 $macAutoRequest$ 置为 FALSE,或者接收的信标帧包含有载荷,则 MAC 层管理实体向上层发送信标通告原语。信标通告原语中的参数描述及取值范围如表 3-4 所列。参数中的 PANDescriptor 的结构及参数如表 3-2 所列。信标通告原语的格式如下:

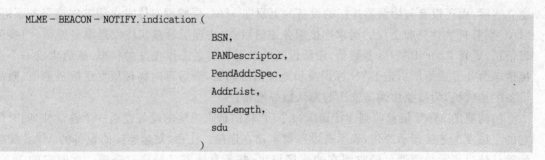

表 3-4 MLME-BEACON-NOTIFY.indication 参数

名　称	类　型	有效值范围	描　述
BSN	整型	0x00~0xFF	信标系列号
PANDescriptor	PANDescripto 的值	见表 3-2	所接收信标的 PANDescriptor
PendAddrSpec	位	见 3.4.2 小节	信标的未处理地址格式
AddrList	设备地址列表	—	具有信标源数据设备的地址列表
sduLength	整型	MaxBeaconPayloadLength	MAC 层接收信标帧的信标载荷域的字节长度
sdu	一组字节	—	由 MAC 层实体传输到上层的信标载荷

3.2.2 设备与网络协调器的连接与断开

1. 连　接

ZigBee设备需要和协调器建立连接加入PAN。为了建立连接,设备需要向协调器提出连接请求,协调器接收到设备的连接请求后根据情况决定是否允许其连接,然后对请求连接的设备做出回答。设备与协调器建立连接后,才能实现数据的收、发。已经与协调器建立连接的设备也可以随时断开与协调器的连接,断开连接的请求可以由设备提出,也可以由协调器提出。下面详细叙述连接建立的过程。由于建立连接需要设备和协调器双方相互交换信息,读者应结合时序图理解其工作过程。

设备经过主动扫描或被动扫描,获得了协调器的有关信息,这时就可以向协调器提出连接的请求。在有的情况下,设备经过扫描可能会发现若干个PAN,它需要选择与哪一个PAN建立连接,选择PAN的算法不在协议规定的范围内。在选择了合适的PAN后,上层将请求MAC层对物理层和MAC层的 $phyCurrentChannel$、$macPANID$、$macCoordExtendedAddress$ 或者 $macCoordShortAddress$ 等PIB属性进行相应的设置。开始连接时,希望与协调器建立连接,而还没有与协调器连接的设备的上层向MAC层管理实体发送请求连接服务原语,MAC层管理实体接收上层的请求连接服务原语后,向物理层管理实体发送服务原语,切换逻辑信道,更新CoordPANId参数值,激活设备的发射机使之工作在发射状态,然后生成一个连接请求命令发送给所指定PAN标识符和地址的协调器,最后再向物理层发送服务原语,激活设备的接收机,为接收协调器发送的确认做好准备。

协调器的MAC层接收到连接请求命令后,将向请求连接的设备发送一个确认帧,同时向它的上层发送连接指示原语,表示有设备请求建立连接。注意,发起连接的设备的MAC层收到确认帧只表示协调器已经收到它的连接请求,并不意味着已经建立连接。此时它的MAC层将等待一段时间,接收协调器的连接响应。在预定的时间内,如果接收到连接响应,则它将协调器响应的状态向它的上层用响应原语通告。协调器MAC层的上层接收到连接指示原语后,将根据自己的具体情况决定同意连接与否,然后给设备的MAC层发送响应。协调在决定是否允许设备连接时需要考虑自己是否有足够的资源,并在 aResponseWaitTime 个符号时间内作出决定。如果协调器的资源足够,则协调器会给设备分配一个短地址,并产生包含有新地址和连接成功状态的连接响应命令;如果协调器没有足够的资源,则生成一个包含失败状态的连接响应命令。连接响应命令用间接发送的方式发送给请求建立连接的设备,即将连接响应命令帧增加到协调器的未处理数据表中。如果协调器发现请求连接的设备在此之前已经连接在本PAN上了,则它将删除此前该设备的所有信息,对设备重新建立连接信息。

如果连接请求命令性能信息域的地址分配子域为1,则协调器将根据所支持的寻址模式为其分配16位地址；如果连接请求命令性能信息域的地址分配子域为0，则协调器将地址0xFFFF分配给它。短地址0xFFFE是一个特殊地址，这表示设备已经与协调器建立了连接，但还没有为它分配短地址。在这种情况下，设备只能用其64位地址在网络内工作。

请求连接的设备接收到协调器发送来的连接确认命令之后，它最多等待aResponseWaitTime个符号时间让协调器作出决定。如果设备跟踪了信标，则它试图从协调器的信标帧中提取连接响应命令；如果设备没有跟踪信标，它将在aResponseWaitTime个符号后试图从协调器提取连接响应命令。设备成功地得到连接响应命令后，它首先向协调器发送一个确认帧，以确认接收到连接响应命令。如果连接响应命令的连接状态域表明连接成功，则设备将会保存协调器的短地址和扩展地址。如果连接响应命令表示连接不成功，则设备将 *macPANID* 设置为缺省值 0xFFFF。设备的 MAC 层管理实体向它的上层发送连接确认原语，通告连接成功与否的信息。如果连接请求成功，则设备就会得到一个短地址码。如果短地址码在 0x0000～0xFFFD 范围之间，则设备可在 PAN 内用此地址实现正常通信。如果短地址码为 0xFFFE，则设备在 PAN 内只能使用其 64 位扩展地址进行通信。如果短地址码为 0xFFFF，则意味着连接失败，这种情况下确认原语的 status 必然为错误状态。

在上述连接的过程中，请求建立连接的设备的上层生成连接请求原语发送给设备的MAC层，如果是与有信标的协调器建立连接，那么它需要先跟踪信标。MAC层管理实体接收到这个原语后，先向物理层发送原语更新 *phyCurrentChannel* 和 *macPANID* 的值，然后生成一个含有建立连接请求的命令帧发送给指定的 PANID 和地址的协调器。设备在发送命令帧时应使用 CSMA - CA 算法。首先，MAC层管理实体向物理层发送状态为 TX_ON 的收发电路状态转换原语，激活发射电路，使其工作在发射状态。MAC层管理实体接收到物理层回答的状态为 SUCCESS 或者 TX_ON 的确认原语后，再向物理层发送数据请求原语来发送生成的命令帧。如果MAC层收到物理层的确认命令帧发送成功，则MAC层再次向物理层发送收发电路状态转换原语，将收发电路转换为接收状态，等待接收协调器发送的确认帧。如果设备没有接收到确认帧，那么它将重新传输连接请求命令帧。如果重新传输 aMaxFrameRetries 次后仍然没有接收到确认帧，则设备的物理层向上层发送状态为 NO_ACK 的连接请求确认原语，表示连接请求命令传输失败。

发送连接请求命令时是否采用安全措施，由原语的参数 SecurityEnable 指定。因为只有在知道所请求连接的协调器安全信息的情况下，才能采用安全措施。因此，通常在连接请求命令中不使用安全保密措施。如果参数 SecurityEnable 为 TRUE，即发送连接请求命令时采用安全措施，其过程和方法与上述相同，这里不再赘述。

上述过程中使用的原语中的参数及其取值范围如表 3-5 所列。设备发起连接信息的时序如图 3-6 所示，协调器允许连接的时序如图 3-7 所示。上述几种原语的格式如下。

连接请求原语：

MLME - ASSOCIATE.request（

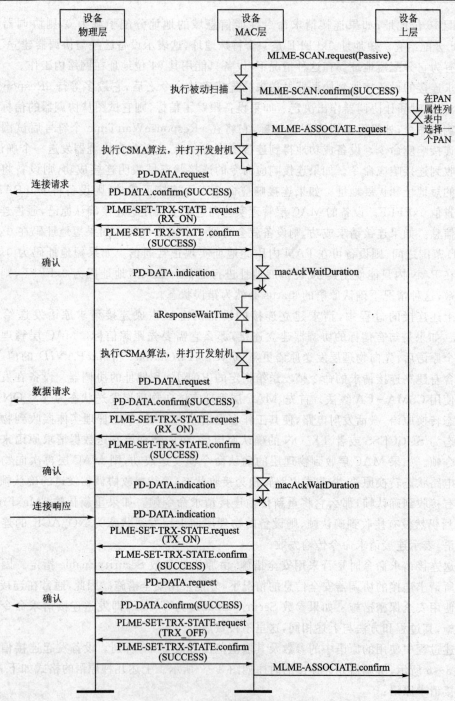

图 3-6 设备发起连接信息时序图

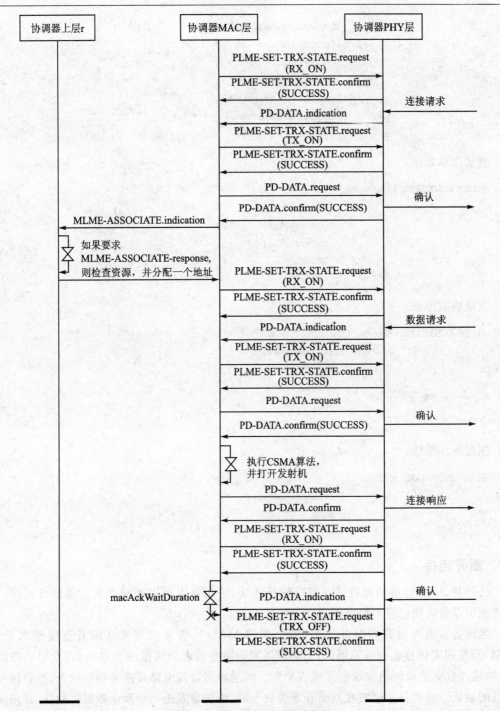

图 3-7 协调器允许连接时序图

```
                    LogicalChannel,
                    CoordAddrMode,
                    CoordPANID,
                    CoordAddrESS,
                    CapabilityInformation,
                    SecurityEnable
                    )
```

连接指示原语：

```
MLME - ASSOCIATE.indication (
                    DeviceAddress,
                    CapabilityInformation,
                    SecurityUse,
                    ACLEntry
                    )
```

连接响应原语：

```
MLME - ASSOCIATE.response (
                    DeviceAddress,
                    AssocShortAddress,
                    Status,
                    SecurityEnable
                    )
```

连接确认原语：

```
MLME - ASSOCIATE.confirm (
                    AssocShortAddress,
                    Status
                    )
```

2. 断开连接

已经与 PAN 连接的设备可以要求断开连接，协调器也可以主动使某设备断开连接。以下所说的设备均指已经与协调器建立连接的设备。

当设备希望与协调器断开连接时，上层向 MAC 层管理实体发送断开连接请求原语。MAC 层管理实体接收到该原语后，向物理层发送服务请求原语激活发射电路，发射电路激活后，再通过数据请求原语发送断开通告命令。然后再将收发电路转换为接收状态，准备接收协调器的确认。协调器正确接收到断开通告命令后，给设备发送一个确认帧加以确认，并用断开指示原语通知它的上层。设备 MAC 层管理实体发送了断开请求命令后，将等待接收到返回的响应。如果没有收到应答,则 MAC 层管理实体重新传送该断开请求命令,如果重传 aMax-FrameRetries 次后仍然没有接收到响应,那么 MAC 层管理实体向上层发送参数为 NO_ACK 的断开连接确认原语。

在使用信标的 PAN 中,设备发送断开请求原语需要使用 CSMA-CA 机制,在不使用信标的情况下,该命令立即发送。发送断开请求命令时是否使用安全措施,取决于 SecurityEnable 的设置,具体安全处理的方法、过程与其他服务原语的处理相似,这里不再赘述。

当协调器希望与某设备断开连接时,同样它的上层向 MAC 层管理实体发送断开连接请求原语,MAC 层管理实体以间接传输的方式发送断开请求命令,将欲断开设备的地址添加到信标的地址列表域中,表示存在一个未处理事件。这时需要把断开原语中包含的信息添加在事务未处理表中,如果协调器存储事务的容量不够,则 MAC 层管理实体将丢弃该命令,并向上层发送参数为 TRANSACTION_OVERFLOW 的指示原语。如果在 *macTransactionOersistenceTime* 时间内,该事务没有被处理,则 MAC 层向上层发送参数为 TRANSACTION_EXPIRED 的指示原语。上述几种原语的格式如下。

断开连接原语:

MLME-DISASSOCIATE.request (
     DeviceAddress,
     DisassociateReason,
     SecurityEnable
)

断开指示原语:

MLME-DISASSOCIATE.indication (
     DeviceAddress,
     DisassociateReason,
     SecurityUse,
     ACLEntry
)

断开确认原语:

MLME-DISASSOCIATE.confirm (
     status
)

上述原语中的参数描述及取值范围如表 3-5 所列,这里为节约篇幅不再赘述。

表 3-5 连接、断开服务原语参数

名 称	类 型	有效值范围	描 述
LogicalChannel	整型	从物理层所支持的可用信道中选者	用于连接的逻辑信道
CoordAddMode	整型	0x02～0x03	被请求连接的协调器地址模式。取值的含义如下： 0x02＝16 位短地址 0x03＝64 位长地址
CoordPADId	整型	0x0000～0xFFFF	被请求连接的 PAN 标识符
CoorAddress	设备地址	与 CoordAddMode 参数的描述相对应	被请求连接的 PAN 的地址
DeviceAddress	设备地址	扩展的 64 位 IEEE 地址	请求连接的设备地址
AssocShortAddress	整型	0x0000～0xFFFF	成功连接后协调器所分配的短码地址。如果连接不成功，则此参数置为 0xFFFF
CapabilityInformation	位	见 4.3.1 小节	描述已连接设备的操作性能
SecurityUse	布尔型	TRUE 或 FALSE	指示一个接收到的连接请求帧是否采用了安全措施。若安全允许子域为 1，则此值为 TRUE；为 0，则此值为 FALSE
SecurityEnable	布尔型	TRUE 或 FALSE	若使用传输的安全性，为 TRUE；否则为 FALSE
DisassociateReason	整型	0x00～0xFF	断开连接的原因
ACLEntry	整型	0x00～0x08	接入控制列表入口的 *macSecurity* 参数值与命令帧发送方相关联。如果 ACL 中没有命令帧的发送方，则此值为 0x08
status	枚举型	SUCCESS、TRANSACTION_OVERFLOW、TRANSACTION_EXPIRED、NO_ACK、CHANNEL_ACCESS_FAILURE、UNAVAILABLE_KEY、FAILED_SECURITY_CHECK 或 INVALID_PARAMETER	原语执行状态或结果

3.2.3 同 步

同步是指 PAN 的设备与 PAN 协调器之间的同步。在使用信标的情况下，设备是通过接收协调器发送的信标帧并对其分析实现的。在不使用信标的情况下，设备是通过向协调器轮询数据实现的。

1. 信标同步

设备通过向 MAC 层管理实体发送 MLME-SYNC.request 原语来获取、跟踪信标,达到与协调器同步的目的。该原语的格式如下:

```
MLME-SYNC.request (
                LogicalChannel,
                TrackBeacon
                )
```

MAC 层管理实体接收到该原语后,即向物理层发送服务原语设置逻辑信道,搜索当前协调器发送的信标。若原语中的参数 TrackBeacon 为 FALSE,则 MAC 层管理实体只锁定而不跟踪信标,即只试图获取信标一次,或者如果在前一次请求中进行了跟踪,则在下一个信标后结束跟踪。若原语中的参数 TrackBeacon 为 TRUE,则设备会通过有规律且适时地(即在预期的下一个信标到来前)激活接收机,定时接收、跟踪信标。如果接收到信标,设备将验证是否来自与它连接的协调器,即检查信标帧的 MHR 中源地址、PAN 标识符与它连接的协调器的源地址和标识符是否相同。如果接收到有效的信标帧,且 PIB 属性中 *macAutoRequest* 设置为 FALSE,则 MAC 层管理实体向它的上层发送 MLME-BEACON-NOTIFY.indicaton 原语,把信标参数传送给上层。如果 *macAutoRequest* 设置为 TRUE,且信标帧包含载荷信息,则 MAC 层管理实体一方面向上层发送 MLME-BEACON-NOTIFY.indicaton 原语,另一方面还将信标帧地址列表中的地址与自己的地址比较。如果列表中包含有自己的短地址或扩展地址,并且 PAN 标识符也匹配,则 MAC 层管理实体将按一定方法从协调器提取未处理数据。关于从协调器提出未处理数据的方法和过程在后面叙述。

在跟踪信标功能被激活的情况下,如果 MAC 层管理实体发现连续丢失的信标数达到 PIB 属性中的 *macMaxLostBeacon* 的值时,它将向上层发送同步丢失原语 MLME-SYNC-LOSS.indicaton,原语中的参数为 BEACON_LOSS,同时不再跟踪信标。MAC 的上层接收到这个原语后,就可知道设备已经与协调器失去同步。该原语的格式如下:

```
MLME-SYSNC-LOSS.indicaton (
                LossReason
                )
```

当设备的 MAC 层管理实体检测到 PAN 标识符冲突时,它会向协调器发送标识符冲突的信息,同时向它的上层发送 MLME-SYSNC-LOSS.indicaton 原语,但原语中的参数值为 PAN_ID_CONFLICT。如果设备接收到协调器发出的重分配命令,并且 MAC 层管理实体不是在执行孤点扫描命令,则它将向上层发送参数为 REALIGNMENT 的 MLME-SYSNC-LOSS.indicaton 原语。

如果安全允许子域设置为1,则按相应的安全规则处理。若安全处理失败,则丢弃此帧。MAC层管理实体向上层发送 MLME - COMM - STATUS. indicaton 原语表示出错。关于 MLME - COMM - STATUS. indicaton 原语见下面所述。

2. 无信标同步

在不使用信标的 PAN 上,设备按其上层的要求向协调器轮询实现同步。轮询原语的格式如下:

```
MLME - POLL. request (
                CoordAddRMode,
                CoordPANId,
                CoordAddress,
                SecurityEnable
                )
```

MAC层管理实体接收到它的上层发送的轮询原语后,用原语中的参数构造数据请求命令帧。

如果原语中的参数 SecurityEnable 为 TRUE,则构造的命令帧中的安全允许子域置为1,同时从 MAC 层 PIB 中的访问控制列表 ACL 中获取与 CoordAddress 相关的密钥,并对该帧进行加密处理。如果加密处理的过程出现了错误,则 MAC 层丢弃该帧,并向其上层返回状态为 FAILED_SECURITY_CHECK 的 MLME - POLL. confirm 原语。如果在 ACL 中没有发现相关的密钥,则 MAC 层也丢弃该帧,并向其上层返回状态为 UNAVAILABLE_KEY 的 MLME - POLL. confirm 原语。

如果原语中的参数不符合轮询原语的格式或超出范围,则 MAC 层向上层发送状态为 IN-VALID_PARARMETER 的 MLME - POLL. confirm 原语。

MAC 层生成命令帧后,使用 CSMA - CA 机制进行发送。如果 CSMA - CA 算法失败,则向上层发送状态为 CHANNEL_ACCESS_FAILURE 的 MLME - POLL. confirm 原语。为发送命令帧,MAC 层向物理层发送服务原语激活发射机,发射机准备好后,MAC 层管理实体即通过向物理层发送 PD - DATA. request 服务原语传送数据请求命令。然后再向物理层发送原语激活接收机,准备接收协调器发送的确认帧。详细过程请见3.2.4小节中的相关介绍。

设备接收到协调器发送的确认帧后,如果其载荷长度为0或者为命令帧,则 MAC 层向其上层发送状态为 NO_DATA 的 MLME - POLL. confirm 原语。如果接收帧的载荷长度不为0,则 MAC 层向上层发送状态为 SUCCESS 的 MLME - POLL. confirm 原语,并使用 MCPS - DATA. indication 原语将数据传送给上层。请求协调器数据原语的时序如图 3 - 8 所示。原语中的参数描述及其取值范围如表 3 - 6 所列。

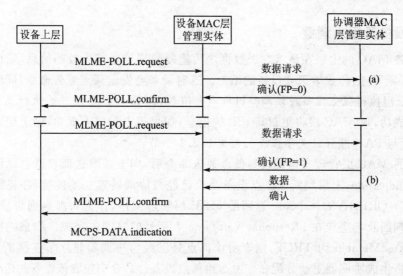

图 3-8 轮询原语时序

表 3-6 同步类服务原语参数

名 称	类 型	有效值范围	描 述
LogicalChannel	整型	PHY 所支持的逻辑信道	与协调器同步时所用的逻辑信道
CoordPANId	整型	0x0000~0xFFFE	请求轮询的协调器 PAN 标识符
CoordAddress	设备地址	CoordAddrMode 指定	请求轮询的协调器的地址
CoordAddrMode	整型	0x02~0x03	协调器的地址模式。取值的含义如下： 0x02 = 16 位短地址 0x03 = 64 位扩展长地址
TrackBeacon	布尔型	TRUE 或 FALSE	TRUE 表示 MLME 与下一个信标同步，并且跟踪所有后面的信标；FALSE 表示 MLME 仅与下一个信标同步
LossReason	枚举型	PAN_ID_CONFLICT、REALIGNMENT 或 BEACON_LOST	同步丢失的原因
SecurityEnable	布尔型	TRUE 或 FALSE	若传输设置安全，则为 TRUE；否则为 FALSE
Status	整型	SUCCESS、CHANNEL_ACCESS_FAILURE、NO_DATA、UNAVAILABLE_KEY、FAILED_SECURITY_CHECK 或 NO_ACK、INVALID_PARAMETER	状态

3. 孤立设备及重新调整

如果设备 MAC 的上层在请求发送数据之后重复地得到通信失败的信息,则可得出自己已经与 PAN 断开连接,成为孤立设备的结论。这时设备会发送孤点通告命令,同时设备的上层要求 MAC 层执行孤立设备重新调整过程或复位 MAC 层,MAC 层开始执行孤点扫描。如果孤点扫描成功,则 MAC 层将更新其 PIB 的信息;如果孤点扫描不成功,则上层或者决定继续扫描,或者与 PAN 断开。关于孤点扫描见 3.2.1 小节。

协调器的 MAC 层管理实体接收到孤点通告命令后,向上层发送孤点通告原语 MLME - ORPHAN.indication,上层判断该孤点设备是否已经与协调器建立了连接,并将结果用响应原语 MLME - ORPHAN.response 返回给 MAC 层管理实体,作为对孤点通告原语的响应。上层的上述判断及响应应在 aResponseWaitTime 个符号的时间内完成。如果响应原语中的参数 AssociatedMember 为 TRUE,则表明该孤点是已经与协调器建立了连接的设备,MAC 层管理实体将生成协调器重新分配命令发送给孤点设备。命令中包含该设备的短地址码。在支持信标的情况下,命令在竞争期间发送;在非信标的网络中,命令立即发送。发送命令时是否采用安全机制,由响应原语中的参数 SecurityEnable 决定。安全处理过程、命令的发送过程与其他命令的过程完全相同,这里不再赘述。

MAC 层管理实体成功地发送了命令并接收到确认帧后,向上层发送状态为 SUCCESS 的通信状态指示原语 MLME - COMM - STATUS.indication。

如果上层发送的响应原语中的参数 AssociatedMember 为 FALSE,则表示该孤点设备没有与协调器连接,MAC 层不作进一步的处理。如果响应原语中的参数不符合要求或超出范围,则 MAC 层管理实体向上层发送状态为 INVALID_PARAMETER 的通信状态指示原语 MLME - COMM - STATUS.indication。上述两种原语中的参数描述及取值范围如表 3-7 所列,原语的格式分别如下:

```
MLME - ORPHAN.indication (
                OrphanAddress,
                SecurityUse,
                ACLEntry
                )
MLME - ORPHAN.response (
                OrphanAddress,
                ShortAddress,
                AssociatedMember,
                SecurityEnable
                )
```

表 3-7 孤点指示、响应原语参数

名称	类型	有效值范围	描述
OrphanAddress	设备地址	64 位地址	孤点设备地址
SecurityEnable	布尔型	TRUE 或 FALSE	若传输设置安全,则为 TRUE;否则为 FALSE
SecurityUse	布尔型	TRUE 或 FALSE	已接收的 MAC 命令帧是否使用安全机制的选项。若安全允许子域为 1,则此值为 TRUE;若安全允许子域为 0,则此值为 FALSE
ACLEntry	整型	0x00～0x08	ALC 入口的 *macSecurityMode* 参数值与数据帧的发送方相关。如果在 ALC 中未找到数据帧的发送方,则此值置为 0x08
ShortAddress	整型	0x0000～0xFFFF	如果设备与协调器已连接,则此值为其分配的短地址码。若短地址码为 0xFFFE,表示设备没有分配到短地址码,设备将使用 64 位地址进行其所有的通信。如果设备没有与协调器连接,则此域值为 0xFFFF,并在接收时被忽略
AssociatedMember	布尔型	TRUE 或 FALSE	如果孤点设备与协调器已连接,则为 TRUE;否则为 FALSE

MAC 层管理实体使用通信状态指示原语向上层通告传输状态,例如在执行 MLME-ASSOCIATE. response 原语或 MLME-ORPHAN. response 原语后。该原语的状态是此前的原语执行的状态,可以是代表成功的 SUCCESS,也可以是各种错误代码(见表 3-8)。所有的设备都应提供发送该原语的能力。该原语的格式如下:

```
MLME-COMM-STATUS.indication (
                PANId,
                SrcAddrMode,
                SrcAddr,
                DstAddrMode,
                DstAddr,
                Status
                )
```

表 3-8 MLME-COMM-STATUS. indication 参数

名称	类型	有效值范围	描述
PANId	整型	0x0000～0xFFFF	16 位 PAN 标识符,表示帧的目的设备或帧的源设备
SrcAddrMode	整型	0x00～0x03	该原语的源地址模式。取值的含义如下: 0x00 = 无地址域或省略 0x01 = 保留 0x02 = 16 位短地址 0x03 = 64 位扩展地址

续表 3-8

名 称	类 型	有效值范围	描 述
SrcAddr	设备地址	由参数 SrcAddrMode 指定	产生错误帧的源设备地址
DstAddrMode	整型	0x00~0x03	该原语的目的地址模式。取值同 SrcAddrMode
DstAddr	设备地址	由参数 DstAddrMode 指定	帧的目的设备的地址
status	枚举型	SUCCESS、TRANSACTION_OVERFLOW、TRANSACTION_EXPIRED、CHANNEL_ACCESS_FAILURE、NO_ACK、UNAVAILABLE_KEY、FAILED_SECURITY_CHECK 或 INVALID_PARAMETER	通信状态

3.2.4 数据传输

1. 事务及其处理

所谓事务是指包含在传送请求中的信息。如前所述，为尽量降低设备的电源消耗，ZigBee 设备采取间接传输的方式，即一次信息的传输不是由协调器发起，而是由设备首先发起的。在这种方式中，或者是协调器在它发送的信标中标明有某设备的数据等待传输；或者由设备本身定时向协调器轮询协调器中是否有需要传输给它的数据。这样一来，设备就可以让接收电路大部分时间处于睡眠状态，从而大幅度地降低电能的消耗。

显然，协调器需要把传送设备的信息先存储起来。也就是说，协调器必须有存储事务的能力。协调器的上层通过服务原语发出传送数据或者命令的请求会先保存起来，并按照先到先处理的原则进行。如果 MAC 层没有足够的存储事务的容量，则使用状态为 TRANSACTION_OVERFLOW 的 MLME-COMM-STATUS.indication 原语向上层报告。事务在协调器中最多保存的时间是 *macTransactionPersistenceTime*，如果超出这个时间事务仍然没有被处理，则将该事务丢弃，并使用 MLME-COMM-STATUS.indication 原语向上层通告：该事务等待的时间耗尽。

在使用信标的网络中，当协调器中存储有事务时，它会将与事务关联的设备的地址放在一个待处理事务列表中。这时，如果一个设备在接收的信标的待处理事务列表中发现了自己的地址，则它将向协调器发出数据请求命令，从协调器中取得自己的数据。如果该设备分配有 GTS，则协调器直接在分配给该设备的 GTS 中将数据发送给该设备。在不使用信标的网络中，当设备接收到它上层的 MLME-POLL.request 原语时，向协调器发出数据请求的命令。在需要确认的情况下，设备接收到数据后应向协调器发出确认信息。

事务处理完成后,协调器将处理的结果向它的上层报告。

2. MAC 层数据服务

MAC 层通过数据服务原语向上层提供服务。当上层需要发送数据时,它将向 MAC 层发送 MCPS-DATA.request 服务原语,MAC 层管理实体根据原语中的参数构造协议数据单元(即 MAC 层帧),并按指定的方式发送出去,而且将传送的结果用 MCPS-DATA.confirm 原语向上层报告结果。当 MAC 层接收到远方设备发送给自己的数据时,MAC 层经过适当的过滤处理后,产生一个数据指示原语向上层通告,表示已经成功地接收到远方发送来的数据。当 MAC 层中存储的事务被处理后,或者由于其他原因需要将某个事务从事务队列中清除时,可以使用 MCPS-PURGE.request 原语请求 MAC 层将指定的事务清除,MAC 层使用 MCPS-PURGE.confir 原语报告清除的结果。这些原语中的参数及取值如表 3-9 所列,原语的格式分别如下:

```
MCPS-DATA.request (
                SrcAddrMode,
                SrcPANId,
                SrcAddr,
                DstAddrMode,
                DstPANId,
                DstAddr,
                msduLength,
                msdu,
                msduHandle,
                TxOptions
                )

MCPS-DATA.confirm (
                msduHandle,
                status
                )

MCPS-DATA.indication (
                SrcAddrMode,
                SrcPANId,
                SrcAddr,
                DstAddrMode,
                DstPANId,
                DstAddr,
                msduLength,
                msdu,
```

```
              mpduLinkQuality,
              SecurityUse,
              ACLEntry
              )
MCPS - PURGE.request (
              msduHandle
              )
MCPS - PURGE.confirm (
              msduHandle,
              status
              )
```

表 3-9　数据服务原语参数

名　称	类　型	有效值范围	描　述
SrcAddrMode	整型	0x00～0x03	MPDU 源地址模式,取值的含义如下: 0x00＝无地址(忽略地址字段) 0x01＝保留 0x02＝16 位短地址 0x03＝64 位长地址
SrcPANId	整型	0x0000～0xFFFF	源 MSDU 实体的 16 位 PAN 标识符
SrcAddr	设备地址	与 SrcAddrMode 参数的描述相同	源 MSDU 实体的独特设备地址
DstAddrMode	整型	0x00～0x03	MPDU 目的地址模式。取值的含义如下: 0x00＝无地址(忽略地址字段) 0x01＝保留 0x02＝16 位短地址 0x03＝64 位长地址
DstPANId	整型	0x0000～0xFFFF	目的 16 位 PAN 标识符
DstAddr	设备地址	与 DstAddrMode 参数的描述相同	目标 MSDU 实体的设备地址
msduLength	整型	≤aMaxMACFrameSize	MAC 层 MSDU 中的字节数
msdu	字节	—	MAC 层实体要发送 MAC 层服务数据单元
TxOptions	位	0000xxxx(x 可以是 0 或 1)	传输选项。为下列参数之一或多个参数的位"或"运算产生: 0x00＝应答模式 0x02＝GTS 模式 0x04＝间接模式 0x08＝安全模式
msduHandle	整型	0x00～0xFF	MPDU 句柄
msduLinkQuality	整型	0x00～0xFF	接收 MSDU 时所测得的 LQ 值。值越小,代表的链路质量 LQ 越差

续表 3-9

名称	类型	有效值范围	描述
SecurityUse	布尔型	TRUE 或 FALSE	数据帧是否使用安全性机制。如果安全性允许字段为 1,则该值就设为 TEUE;如果安全性允许字段为 0,则该值设置为 FALSE
ACLEntry	整型	0x00~0x08	与数据帧发送端相关的 ACL 入口的 *macSecurityMode* 参数值。如果在 ACL 中未找到数据帧的发送方,则此值置为 0x08
status	枚举型	SUCCESS,NVALID_HANDLE,TRANSACTION_OVERFLOW,TRANSACTION_EXPIRED,CHANNEL_ACCESS_FAILURE,INVALID_GTS,NO_ACK,UNAVAILABLE_KEY,FRAME_TOO_LONG,FAILED_SECURITY_CHECK 或 INVALID_PARAMETER	请求原语的执行结果

数据服务原语 MCPS-DATA.request 中的参数 TxOptions 决定了数据的传输方式。该参数由 4 位组成,它们分别代表 4 个控制位,参数的最终值是 4 个控制位的"或"(见表 3-9)。

当 TxOptions 参数中的保护时隙位为 1 时,该帧的传输在分配给设备的保护时隙中进行。在这种情况下,将忽略间接传输控制位的设置。MAC 层首先检查是否存在保护时隙,如果存在保护时隙,则 MAC 层将等待保护时隙的到来,并在保护时隙中完成数据的发送。如果应答控制位置 1,则应答过程也应在这个保护时隙中完成。如果不存在有效的保护时隙,则 MAC 层向上层发送状态为 INVALID_GTS 的 MCPS-DATA.confirm 原语;如果需要发送的信息过长,不适合在保护时隙中传输,则 MAC 层向上层发送状态为 FRAME_TOO_LONG 的 MCPS-DATA.confirm 原语。

如果 TxOptions 参数的间接传输位为 1,且保护时隙控制位为 0,接收该数据请求服务原语的是协调器的 MAC 层,则将需要传输的信息加入到未处理事务列表中,按间接传输方式进行。详见"事务及其处理"部分的介绍。

在其他情况下,如果网络支持信标的使用,则 MAC 层将需要发送的数据构造成帧,执行 CSMA-CA 算法后发送该帧;在不支持信标的网络中,MAC 层采用非时隙的 CSMA-CA 算法发送该帧。为了传输该帧,MAC 层首先向物理层发送状态为 TX_ON 的 PLME-SET-TRX-STATE.request 的服务原语,以激活发射电路。MAC 层接收到带有 SUCCESS 或者 TX_ON 状态的 PLME-SET-TRX-STATE.confirm 原语后,将通过 PD-DATA.request 原语将构造的 MAC 层帧发送给物理层。最后,当 MAC 层接收到物理层的 PD-DATA.confirm原语后,再决定下一步的操作。如果 TxOptions 参数的应答位为 1,即需要接收对方设备的确认信息,则 MAC 层应立即激活接收机,等待接收方的应答帧。等待的最长时

间为 *macAckWaitDuration*，如果在这段时间内不能接收到有效的应答帧，则 MAC 层将重新传送该帧。重传的次数最多为 aMaxFrameRetries。如果仍然接收不到应答帧，则 MAC 层将该帧丢弃，并向其上层发送状态为 NO_ACK 的 MCPS-DATA.confirm 原语，如果 MAC 层成功地发送了该帧，并且在需要确认的情况下接收到确认帧，则 MAC 层向上层发送状态为 SUCCESS 的 MCPS-DATA.confirm 原语，表示已成功地完成了该帧的传输。

如果上层提交的 MCPS-DATA.confirm 原语中的参数不符合要求或超出范围，MAC 层应向上层返回状态为 INVALID_PARAMETER 的 MCPS-DATA.confirm 原语。

如果参数 TxOptions 的安全控制位为 1，表示该帧的传输需要进行安全处理。这时，MAC 层将构造的 MAC 层帧中的安全子域置为 1，并从访问控制列表 ACL 中获得与该帧目的地址相对应的密钥，并使用这个密钥对构造的帧进行加密处理。如果加密后的帧的长度大于 aMaxMACFrameSize，则 MAC 层丢弃该帧，并向上层发送状态为 FRAME_TOO_LONG 的 MCPS-DATA.confirm 原语；在加密处理的过程中出现了任何错误，MAC 层也将丢弃该帧，并向上层发送状态为 FAILED_SECURITY_CHECK 的 MCPS-DATA.confirm 原语。最后，如果 MAC 层未能检索到与该帧目的地址对应的密钥，MAC 层也将丢弃该帧，并向上层发送状态为 UNAVAILABLE_KEY 的 MCPS-DATA.confirm 原语。

1) 发　送

MAC 层在构造数据或命令帧时，把 *macDSN* 的值复制到帧头（MHR）的序列号子域中，然后再将 *macDSN* 加 1。类似地，在发送信标帧时，MAC 层将 *macBSN* 的值复制到信标帧头（MHR）的序列号子域，然后再将其加 1。*macDSN* 和 *macBSN* 分别为数据或命令帧序列号和信标帧序列号。序列号是帧的一个标识号，用作刷新检查。

在生成帧时，应根据相应的设置填写源、目标地址域。如果存在源地址域，则帧中包含发送设备的地址。当设备已经与 PAN 建立了连接并且分配了短地址时，则尽可能优先使用短地址。在没有同 PAN 建立连接，或虽然已经建立连接但没有分配短地址的情况下，使用其扩展的 64 位地址。若源地址域不存在，则发送帧的设备被认为是协调器。目标地址是接收帧的设备的地址。这个地址可以是 16 位的短地址，也可以是 64 位扩展地址。如果目标地址不存在，则该帧应当是发送给协调器的。

在源地址域和目标地址域都存在的情况下，MAC 层将对源和目标的 PANID 进行比较，若二者的 PANID 相同，则说明发送和接收帧的设备在同一个 PAN 内。MAC 层将帧控制域的 PAN 内部子域置为 1，同时在发送的帧中忽略源 PANID。若二者的 PANID 不相同，则 MAC 层将帧控制域的 PAN 内部子域置为 0，此时在发送的帧中应包含源和目标 PANID。MAC 层生成一个帧后，就可以发送该帧。在使用信标的 PAN 的情况下，设备应首先发现和跟踪信标，并在适当的时间发送帧。在竞争期发送时，应先执行 CSMA-CA 算法，成功后即进行发送；在非竞争期发送时，不需要执行 CSMA-CA 算法。在不使用信标或没有跟踪到信标的情况下，设备在成功执行 CSMA-CA 算法后再发送。

2) 接收和拒绝

ZigBee 设备在空闲时可以开启它的接收机。根据无线信道的特点，设备接收机在工作时，除接收和解调所有符合 802.15.4 协议、工作在同一信道、在 POS 范围内的同一个网络中的设备发送的信号外，也会接收到其他的发射设备发射的信号。MAC 层应能够对这些信号进行分析，滤出自己所需要的帧，然后再将其传送给上层。

MAC 层作为滤波的第一级，滤除 CRC 校验不合格的帧。滤波的下一级取决于 MAC 层当前是否工作在混杂模式。如果工作在混杂模式，则经 MAC 层第一级滤波后就直接将帧传送给上层。如果 MAC 层工作在非混杂模式，则 MAC 层只将符合下列条件的帧向上传送：

- ◆ 帧类型满足规定；
- ◆ 如果为信标帧，则其源 PAN 标识符应与 $macPANId$ 匹配，或者 $macPANId$ 为 0xFFFF；
- ◆ 如果帧中有目标标识符，则它应与 $macPANId$ 匹配，或者为广播 PAN 标识符 0xFFFF；
- ◆ 如果帧中包含短目标地址，则它应与 $macShortAddress$ 或者广播地址（0xFFFF）相匹配；
- ◆ 如果帧中只包含源地址域，则该设备应为 PAN 协调器，并且源 PAN 标识符与 $macPANId$ 匹配。

如果上述条件不满足，则 MAC 层将丢弃该帧。对于有效的帧，将被传送到上层进一步处理。如果该帧是要求确认的，则 MAC 层将该帧的序列号复制到确认帧中，并立即发送确认帧，使帧的发送者得知接收者已经正确地接收了该帧。

在安全允许子域置为 1 的情况下，MAC 层将对接收到的帧进行安全处理，其过程见 3.5 节。在接收的帧被成功地处理后，MAC 层使用上述的数据指示原语将接收的数据传送给上层。

3. 从协调器提取未处理数据

如前所述，为了降低电池的消耗，ZigBee 网络的设备需要主动询问协调器，是否有需要发送给自己的数据，而不是协调器轮询各个设备。在支持信标的 PAN 中，设备通过检查接收到的信标帧的内容，就能够判断协调器里是否存在有等待发送给自己的数据。如果信标帧的地址列表中包含有自己的地址，则设备的 MAC 层管理实体将在竞争期发送数据请求命令给协调器，并设置帧控制域的确认请求子域为 1。此外，还有两种情况，设备的 MAC 层管理实体也会向协调器发送数据请求命令：一是在 MAC 层接收到它的上层发送的 MLME - POLL. request 服务原语；二是在 MAC 层管理实体发送了数据请求命令，但在 aResponeseWaitTime 个符号之后没有接收到确认。数据请求命令只有在不是发送给协调器的情况下才需要目的地址。

协调器接收到数据请求命令后,需发出确认帧。如果协调器有足够的时间来确定协调器中是否存储有该设备的未处理数据,并仍然能够在 $macAckWaitDuration$ 个符号的时间内发送确认帧,则协调器将确认帧控制域的未处理子域作相应的设置,表示协调器中有该设备的未处理数据。如果协调器没有足够的时间检查未处理数据,则将确认帧的未处理子域置为 1。这样处理的主要原因是防止在协调器不能及时处理的情况下也不至于丢失数据。

当设备接收到一个未处理数据子域设置为 1 的确认帧时,就知道协调器中可能存在着需要发送给自己的数据。因此,它立即打开接收电路,以接收协调器发送来的数据帧。在使用信标的网络中,接收机在 CAP 内打开最多为 aMaxFrameResponseTime 个符号时隙。而协调器将通过下述两种方式之一将数据帧发送给设备。

(1) 如果从退避时隙的边界处开始,在 aTurnaroundTime 和(aTurnaroundTime + aUnitBackoffPeriod)个符号的时间之间能够开始发送数据帧,并且在发送数据帧后,在竞争期内还有留给 IFS、确认帧的时间,则不使用 CSMA-CA 算法。如果在发送此数据帧后,没有接收到设备对数据帧的确认,则所有随后的重发都需要使用 CSMA-CA 机制。

(2) 其他情况均需采用 CSMA-CA 机制。

设备在接收到协调器发送的数据帧后,如果发现其帧控制域的未处理子域为 1,则意味着协调器中还存在着该设备的未处理数据。该设备需要再次发送数据请求命令,其处理过程与上述完全相同。如果协调器发送的数据帧需要确认,则设备应向协调器发送确认帧。

在使用信标的网络中,如果设备在 CAP 中的 aMaxFrameResponseTime 个符号的时间内,或者在不使用信标的网络中的 aMaxFrameResponseTime 个符号的时间内没有接收到协调器发送的数据帧,或者接收到一个数据长度为 0 的数据帧,则设备认为协调器中没有需要发送给自己数据。

4. 确认的使用

ZigBee 设备在发送数据或者命令帧时,根据需要可以要求接收设备作出确认。

如果发送帧的设备希望接收帧的设备在接收到有效的帧后作出确认,则发送设备可以将发送帧控制域的确认请求子域置为 1,这意味着发送数据或命令帧的设备需要确认。这时,如果目的设备正确地接收到该帧,则它将生成并发送确认帧。确认帧里的序列号(DSN)应该与接收到的数据或命令帧的序列号相同。在使用信标的情况下,将在执行 CSMA-CA 算法后,在退避时隙的边界处开始发送确认帧。不使用信标的 PAN 中,在接收到数据或命令帧的最后一个符号后的 aTurnaroundTime 符号时间之后开始发送。

如果帧控制域的确认请求子域置为 0,则接收帧的设备不需要发送确认帧。

5. 重 传

当帧控制域的确认子域置为 0 时,发送设备在发送成功后即认为接收方已正确接收,故不存在重传的问题。

当发送设备需要接收方确认,而在 $macAckWaitDuration$ 符号时间内又没有收到接收方的确认,或者接收到的确认帧的序列号(DSN)不等于原始发送帧的序列号时,发送设备认为发送失败。如果发送设备是协调器,并且是以间接方式发送,则协调器将该帧保留在协调器的事务处理队列中。在以直接传送方式发送时,设备将重发该数据或命令帧,并等待确认;但如果在重传 aMaxFrameRetries 次之后仍然没有收到确认,则 MAC 层认为通信失败,并通知其上层。在使用信标的 PAN 中,重传应能够在原始发送的竞争期或保护时隙内完成时才能进行重传;否则应等待到下一个超帧的相同位置时再进行重传。

6. 混杂模式

所谓混杂模式是指对接收的数据帧仅经过第一级滤波(CRC 检验)后即传送给上层。要使设备工作在混杂模式,必须将属性 $macPromiscuousMode$ 和 $macRxOnWhenIdle$ 设置为 TRUE,并使用 PLME - SET - TRXSTATE.request 请求原语,使接收电路处于工作状态。

7. 数据传送的几种可能情况

鉴于无线通信的特点,发送的帧并不是一定能到达目的设备,图 3-9 所示为在传送过程中可能出现的情况。

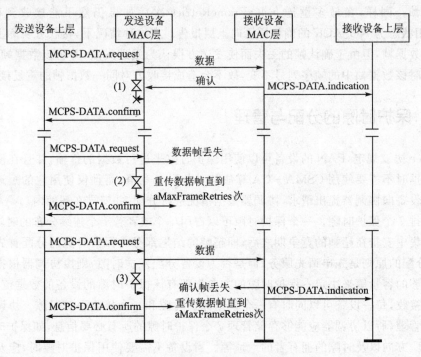

图 3-9 帧传送 3 种情况的时序图

1) 数据发送成功

发送设备通过其物理层的数据服务将数据帧发送给目的设备后,启动一个定时器,定时的时间长度为 macAckWaitDuration 个符号,并等待接收设备的确认帧。目的设备接收到有效的数据帧后,将该帧传送到它的上层,同时向发送设备发送一个确认帧。如果发送设备在定时时间到以前接收到确认帧,则将定时器复位并停止工作,这时数据帧的传送完成。MAC 层用状态为 SUCCESS 的确认原语向它的上层报告。

2) 数据帧丢失

开始时与"数据发送成功"情况相同,发送设备发送数据帧并启动定时器后等待接收确认帧。但数据帧没有正确地被目的设备接收到,因而接收设备也不会发送确认帧。如果发送设备在定时器时间到时还没有接收到确认帧,则本次数据传输失败。发送方会重新传送该数据帧,并最多重传 aMaxFrameRetries 次。如果仍然不能接收到确认帧,则 MAC 层用状态为 NO_ACK 的确认原语向上层报告。

3) 确认帧丢失

在有些情况下,数据的接收方成功地接收到数据帧,并发送了确认帧。但确认帧在传输的过程中丢失,造成发送设备在定时时间到时不能接收到确认信息。这时,发送设备也会重新传送该数据帧。同样,在最多重传 aMaxFrameRetries 次后如果仍然不能接收到确认帧,则 MAC 层用状态为 NO_ACK 的确认原语向上层报告。在这种情况下,接收方实际上已经正确地接收到数据帧,但由于确认帧的丢失而使发送方误认为发送失败,并将该数据帧进行重发。由于重发时该数据帧中的帧序列号不变,故不会造成接收方对同一数据帧的重复接收。

3.2.5 保护时隙的分配与管理

ZigBee 协议规定,PAN 的设备可以使用保护时隙来进行数据的传输,并且在使用保护时隙传输数据时不需要使用 CSMA-CA 算法与其他设备竞争,而且仅使用它的短地址。保护时隙是由设备向协调器提出请求,协调器根据情况进行分配,并安排在超帧内。一个超帧内最多可以安排 7 个保护时隙。一个保护时隙可以占用一个或者若干个连续分布的时隙。所有的保护时隙集中安排在超帧的竞争期之后,即超帧的结尾部分。保护时隙的分配首先由设备提出请求,分配的原则是先申请先服务;但是否为设备分配保护时隙,则由协调器根据当前超帧是否有足够的容量等来决定。保护时隙的方向与拥有该保护时隙的设备的数据流相关,分别为发送和接收,每一设备可以同时有一个发送保护时隙和一个接收保护时隙。协调器负责保护时隙的管理,所以协调器应能够存储管理 7 个保护时隙的所有必要信息,如保护时隙的起始时隙、长度、方向以及时隙的拥有者的地址等。当设备不需要使用保护时隙时,应及时释放保护时隙,协调器也可随时释放一个保护时隙。分配了用于接收的保护时隙的设备必须在整个保护时隙期间打开接收机。同样,如果存在发送保护时隙,协调器也应在保护时隙期间打开它的接收机。在保护时隙中接收到要求确认的数据帧后,设备按通常方式发出确认帧;当然,设备应能在发送保护时隙中接收确认帧。

注意:设备只有在跟踪信标时才能被分配和使用保护时隙。当设备失去与协调器的同步后,它将丢失所有分配给它的保护时隙。

1. 竞争期的维护

PAN 协调器保持竞争期长度不小于 aMinCAPLength 个符号。然而由于某些原因,例如为了对保护时隙进行维护,允许信标帧长度临时增加等,使这个最小长度值得不到满足,就应采取以下措施:

◆ 限制信标帧中待处理设备地址的数量;
◆ 使信标帧内不包含载荷域;
◆ 释放一个或多个保护时隙。

2. 分配保护时隙

设备通过向它的 MAC 层管理实体发送 MLME – GTS.request 原语,命令设备请求分配一个新的保护时隙或者释放一个已经存在的保护时隙。该原语的格式如下:

```
MLME – GTS.request (
                    GTSCharacteristics,
                    SecurityEnable
                   )
```

原语中参数 GTSCharacteristics 的结构见 3.4.2 小节。该参数用来指定是分配新的保护时隙还是释放一个已经存在的时隙和时隙的特性,如保护时隙的时间和方向等。

当设备希望分配一个保护时隙时,就向它的 MAC 层管理实体发送该原语,MAC 层管理实体接收到原语后,即生成一个包含了原语信息的保护时隙请求命令帧,通过物理层发送给协调器,并激活接收机等待接收协调器的确认。协调器正确接收到保护时隙请求命令帧后,将向提出请求的设备发出确认,同时根据竞争期中剩余的时隙和请求的保护时隙长度,检查当前超帧中是否有足够的容量。只要协调器中还没有达到能管理的最大保护时隙数,且所请求的保护时隙的长度不会将竞争期的长度减小到不允许的程度,即超帧具有足够的容量,协调器就在 aGTSDescPersistenceTime 时间内作出分配超帧的决定。如果成功地分配了设备所请求的保护时隙,则协调器就会把 GTS 描述器中的起始时隙设置为分配的保护时隙在超帧中的起始时隙,GTS 描述器中的长度设置为所请求分配的长度,同时向上层发送保护时隙请求指示原语。原语中包含有已分配的保护时隙的特性和请求设备的短地址码,通知上层分配了新的保护时隙。然后在其信标帧中包含此 GTS 描述器,并对信标帧中的 GTS 规范子域作出相应的更新。同时协调器还需要调整信标帧中超帧规范子域中的最终竞争期时隙子域,表示现在 CAP 已经减少了。GTS 描述器将在信标帧中保留 aGTSDescPersistenceTime 个超帧时间,此后将被删

除。该原语的格式如下:

```
MLME - GTS. indicaton(
                    DevAddress,
                    GTSCharacteristics,
                    SecurityUse,
                    ACLEntry
                    )
```

原语中的参数描述及取值范围如表 3-10 所列。

表 3-10 保护时隙服务原语参数

名 称	类 型	有效值范围	描 述
DevAddress	设备地址	0x0000～0xFFFD	已分配或取消 GTS 的设备短地址
GTSCharacteristics	GTS 特性	见 3.4.2 小节	GTS 请求特性
SecurityEnable	布尔型	TRUE 或 FALSE	若有安全设置,则为 TRUE;否则为 FALSE
SecurityUse	布尔型	TRUE 或 FALSE	已接收的帧是否使用安全机制的选项。如果安全允许子域为 1,则此值为 TRUE;如果安全允许子域为 0,则此值为 FALSE
ACLEntry	整型	0x00～0x08	ALC 入口的 *macSecurityMode* 参数值与数据帧的发送方相关。如果在 ALC 中未找到数据帧的发送方,则此值为 0x08
status	枚举型	SUCCESS、DENIED、NO_SHORT_ACCESS、CHANNEL_ACCESS_FAILURE、NO_ACK、NO_DATA、UNAVAILABLE_KEY、FAILED_SECURITY_CHECK 或 INVALID_PARAMETER	状态

请求保护时隙的设备发出保护时隙请求并得到确认后,它将检查所接收的信标帧中的保护时隙描述符,以得到所请求的保护时隙是否分配的信息。如果与请求命令帧的参数相匹配,则设备即认为保护时隙分配成功。它的 MAC 层管理实体即向上层发送确认原语 MLME - GTS.confirm,该设备可以开始使用 GTS 方式传送数据。该原语的格式如下:

```
MLME - GTS. confirm(
                    GTSCharacteristics,
                    status
                    )
```

在上述过程中,如果设备的 *macShortAddress* 等于 0xFFFE 或 0xFFFF,那么这时设备与 PAN 之间只能采用扩展的 64 位地址进行通信,不能申请保护时隙。在这种情况下,MAC 层管理实体给上层返回一个状态 NO_SHORT_ADDRESS 的确认原语,表示本设备不是 PAN 的一个网络设备。如果设备的物理层在发送 GTS 请求帧时由于 CSMA-CA 算法错误造成保护时隙请求命令传送失败,则 MAC 层管理实体会向上层发送一个状态为 CHANNEL_ACCESS_FAILURE 的确认原语,表示通信出错。如果成功地发送了 GTS 请求帧,但没有收到确认帧,则会重传该 GTS 请求帧。如果重传 aMaxFrameRetries 次仍没有收到确认帧,则 MAC 层管理实体将发送一个状态为 NO_ACK 的 MLME-GTS.confirm 原语。最后,如果设备的请求原语中的参数不符合要求或超出其取值范围,则 MAC 层管理实体向其上层发送带有 INVALID_PARAMENTER 状态的 GTS 确认原语。

如果协调器不能分配设备所请求的保护时隙,则它会产生一个包含零起始时隙和请求设备短地址的保护时隙描述符放在超帧中,并保留 aGTSDescPersistenceTime 个超帧符号期。

保护时隙请求原语中的 SecurityEnable 参数表示保护时隙请求命令帧是否采用安全机制,其过程、方法与其他原语类似,这里不再赘述。

3. 保护时隙的使用

当协调器的 MAC 层管理实体接收到用 GTS 传送方式的数据请求原语时,它会检查是否有有效的 GTS,即是否存在一个与请求目标地址相对应的 GTS。当设备的 MAC 层管理实体接收到这样的数据请求原语时,它也会确定是否已经分配了一个发送 GTS。如果是,则它将在该设备的 GTS 期间直接发送数据而不使用 CSMA-CA 算法。当然,MAC 层应能保证在该设备的 GTS 结束以前完成数据发送任务。如果请求的数据传送任务不能在当前 GTS 之前结束,则 MAC 层会延迟一段时间,直到下一个超帧的 GTS 出现时才开始发送。协调器使用 GTS 给设备发送数据时,不会将设备的地址加在未处理地址列表中。

如果设备有任何接收的 GTS,则 MAC 层会确保在 GTS 之前将它的接收机激活,并在整个 GTS 期间都处于接收状态。因为协调器将在 GTS 中向设备发送数据帧,所以其帧控制域的确认请求子域置为 1。每一个设备(包括协调器)在使用 GTS 发送之前,都应确保数据的传送、确认(如果需要的话)和 IFS(与数据帧的大小相当)能够在 GTS 结束之前完成。

4. 释放保护时隙

同样,设备使用 MLME-GTS.request 原语请求释放已存在的保护时隙。保护时隙的释放既可以由设备提出,也可以由协调器提出。

如果设备提出释放保护时隙的请求,则设备的 MAC 层管理实体将向协调器发送保护时隙请求命令,请求命令的 GTS 特性域的设置为释放 GTS,长度和方向域应根据要释放的 GTS 特性进行设置。协调器正确地接收到 GTS 请求命令后,它会给设备发送确认帧。设备收到确认帧后,它的 MAC 层管理实体会向上层发送状态为 SUCCESS 的 GTS 确认原语,原语的

GTS 特性类型子域置为 0。此后，设备便不能再使用这个保护时隙。如果协调器没有正确地接收到 GTS 请求命令，则协调器将根据其他的方法来确定设备是否已经停止使用保护时隙。

协调器接收到释放保护时隙的请求命令后，将试图释放保护时隙。它首先要检查请求命令中包含的 GTS 特性是否与已知的 GTS 特性相匹配。如果相匹配，则协调器的 MAC 层管理实体将释放所指定的保护时隙，并向它的上层发送包含被释放的 GTS 特性的参数、特性类型子域为 0 的 GTS 指示原语。同时，MAC 层管理实体还需要更新信标帧的 CAP 时隙值，表示竞争期的时隙增加了。释放保护时隙时不会在信标帧中增加描述器。

当协调器发起释放保护时隙时，MAC 层管理实体向它的上层发送 GTS 指示原语，将释放的保护时隙通知上层；同时在信标帧中加入被释放的 GTS 特性的描述器，但它的起始时隙为 0。当设备接收到包含 GTS 描述器的信标帧，并且描述器具有它的短地址、起始时隙为 0 时，设备将立即停止使用这个保护时隙。同时设备的 MAC 层管理实体立即向它的上层发送 GTS 指示原语，通告所释放的保护时隙。另外，在设备与协调器失去同步时，它也将丢失所有的保护时隙。

5. 保护时隙的重新分配

随着保护时隙的分配、释放，可能会导致非竞争区出现一些碎片，即在超帧中出现了无法使用的时隙。图 3-10 中描绘了已分配的保护时隙，删除保护时隙后出现碎片和重新安排保护时隙等 3 个阶段的情况。第一阶段中非竞争期分配有 3 个保护时隙：GTS3、GTS2 和 GTS1。它们的起始时隙分别为 8、10 和 14，长度分别为 2、4 和 2。第二阶段是删除了保护时隙 2 的情况。如果不重新安排，则原 GTS2 占用的 4 个时隙将无法使用。第三阶段是对仍然存在的保护时隙重新进行了安排，使 GTS3 和 GTS1 连接在一起。这样一来就增加了 CAP 的长度。

6. 保护时隙的期限

协调器 MAC 层管理实体按一定的规则来检测设备什么时候停止使用保护时隙。

对于发送保护时隙，如果协调器至少在每 $2 \times n$ 个超帧的 GTS 中没有接收到来自设备的数据帧，则协调器的 MAC 层管理实体认为设备不再使用这个保护时隙。

对于接收保护时隙，如果协调器在至少每 $2 \times n$ 个超帧中没有接收到来自设备的确认帧，则协调器的 MAC 层管理实体将认为设备不再使用该保护时隙。

上面的 n 按下式计算：

$$n = \begin{cases} 2^{(8-macBeaconOrder)} & 0 \leqslant macBeaconOrder \leqslant 8 \\ 1 & 9 \leqslant macBeaconOrder \leqslant 14 \end{cases}$$

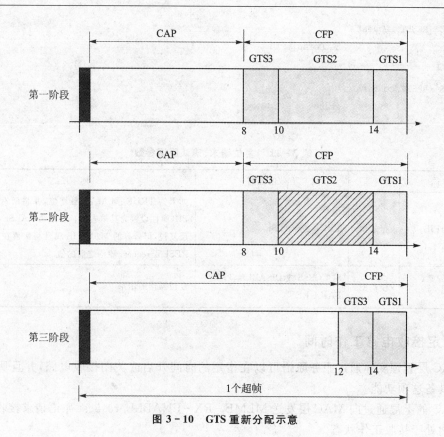

图 3-10 GTS 重新分配示意

3.2.6 MAC 层其他功能

1. 复位 MAC 层

复位操作将 MAC 层置为初始状态,所有的设备都应具备这项功能。MAC 的上层通过发送复位原语使 MAC 层复位。在实际的应用中,设备上电开始工作时须执行这项操作。另外,在上层需要时也可要求 MAC 层复位。MAC 层管理实体在接收到该原语后,如果设备已经同协调器连接,或者本身是协调器,则需要先执行断开连接服务原语,然后再执行复位原语。执行复位操作时,MAC 层首先向物理层发送 PLME-SET-TRX-STATE.request 原语,关闭设备的收发电路,然后将 MAC 层复位。如果复位请求原语中的参数 SetDefaultPIB 为 TRUE,则需要将 MAC 层 PIB 属性设为缺省值。复位操作完成后,MAC 层向上层发送状态为 SUCCESS 的确认原语。如果物理层的收发电路没有关闭,无法执行复位操作,则发送状态为 DISABLE_TRX_FAILURE 的确认原语。原语中的参数如表 3-11 所列,原语的格式如下:

```
MLME - RESET.request (
                    SetDefaultPIB
                    )

MLME - RESET.confirm (
                    status
                    )
```

表 3-11 复位请求、确认原语参数

名称	类型	有效值范围	描述
SetDefaultPIB	布尔型	TRUE 或 FALSE	如果为 TRUE,则 MAC 层复位,并将所有的 MAC PIB 属性设置为其缺省值。如果为 FALSE,则 MAC 层复位,但所有的 MAC PIB 属性将保留在 MLME_RESET.request 原语之前的值
Status	枚举型	SUCCESS 或 DISABLE_TRX_FAILURE	复位操作的结果

2. 指定接收电路工作时间

MAC 层管理实体通过服务原语可以在指定的时间开启或关闭接收电路,并且所有的设备都应具备这项功能。

MAC 的上层通过向 MAC 层发送 MLME - RX - ENABLE.request 原语请求接收机在一段时间内处于接收工作状态。

在不使用信标的网络中,上层可以在任意需要的时间发送该原语。MAC 层接收到原语后立即将接收电路开启,并保持 RxOnDuration 个符号的时间。而参数 DeferPermit、RxOnTime 被忽略。

在使用信标的网络中,发送原语的时刻与超帧的起始时间相关。MAC 层接收到原语后,首先确定参数 RxOnTime 和参数 RxOnDuration 的和是否小于信标间隔。如果两参数之和小于信标间隔,则 MAC 层将决定能否在当前的超帧内打开接收电路,使其处于接收状态,并在 RxOnDuration 个符号的时间之后关闭接收电路。如果从超帧开始到现在经过的符号数(时间)小于(RxOnTime—aTurnaroundTime),则 MAC 层管理实体将在当前超帧内开启接收电路,使其处于接收状态。如果原语参数 DeferPermit 设置为 TRUE,则 MAC 层将延迟在下一个超帧中打开接收电路;否则,MAC 层向上层发送状态为 OUT_OF_CAP 的确认原语。

当原语中的参数 RxOnDuration 为 0 时,表示需要关闭接收电路。

接收电路的打开和关闭由 MAC 层向物理层发送 PLME - SET - TRX - STATE.request 服务原语完成,并接收物理层返回的确认原语来确定执行的结果。

MAC 层成功地执行 MLME - RX - ENABLE.request 原语后,使用 MLME - RX -

ENABLE.confirm 原语向上层报告原语执行的结果。

该原语执行时的时序图如图 3-11 所示，原语中的参数如表 3-12 所列，原语的格式如下：

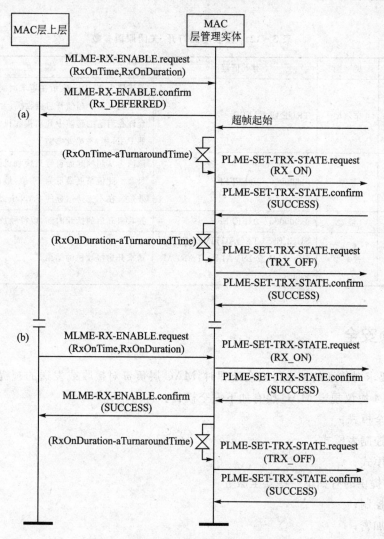

图 3-11 指定接收电路工作时间时序

```
MLME - RX - ENABLE.request (
                DeferPermit,
                RxOnTime,
                RxOnDuration
                )
```

```
MLME - RX - ENABLE.confirm (
                status
                )
```

表 3 - 12　接收电路打开、关闭原语参数

名　称	类　型	有效值范围	描　述
DeferPermit	布尔型	TRUE 或 FALSE	若该值为 TURE,表示在请求时间超时情况下,可延迟到下一个超帧开启接收机;为 FALSE,表示只允许在当前的超帧中开启接收机。在不支持信标的 PAN 中,忽略此参数
RxOnTime	整型	0x000000~0xFFFFFF	该值为从超帧起始符号到接收机开始接收前的符号数。此值精度最低为 20 位,最低 4 位为最小有效位。在不支持信标的 PAN 中,忽略此参数
RxOnDuration	整型	0x000000~0xFFFFFF	接收机开启的持续时间,以符号数表示
Status	枚举型	SUCCESS、TX_ACTIVE、OUT_OF_CAP 或 INVALID_PARAMETER	请求开启接收机的结果

3.2.7　帧安全

当上层要求对传送的帧进行安全处理时,MAC 层负责对接收或发送的帧提供安全服务。IEEE802.15.4 协议规定 MAC 层有如下安全模式:

◆ 非安全模式;
◆ 访问控制表模式;
◆ 安全模式。

MAC 层提供的有如下一些安全服务:

◆ 访问控制;
◆ 数据加密;
◆ 帧完整性;
◆ 序列号更新。

具体使用何种安全模式,采用什么安全服务,取决于 PIB 中的属性设置,并由上层决定。

1. MAC 层安全服务

1) 访问控制

访问控制不对发送和接收的帧进行任何修改和检查,也不执行加密操作,只是让接收帧的

设备根据接收帧中的源地址对帧进行过滤。MAC 层的 PIB 中有一个缺省的 ACL 实体描述符和一组附加的 ACL 实体描述符。除缺省的描述符外，每一个描述符中包含有某设备的 64 位扩展地址、16 位短地址、PANID、安全方案以及加密元素等。在使用访问控制安全服务时，MAC 层管理实体对接收到的帧进行检查——该帧发送者的地址是否在 ACL 中。如果 ACL 中包含有接收帧的源地址，则 MAC 层使用数据指示原语将该帧上传，原语中的参数 ACLEntry 设置为 $macSecurityMode$ 的值。如果在 ACL 中没有发现帧的源地址，MAC 层管理实体将数据指示原语中的 ACLEntry 置为 0x08。关于 MAC 层对数据帧、信标帧和 MAC 层在执行主动或被动扫描时如何进行安全处理，请参见相关部分。

PAN 中的每一个设备都知道缺省的 ACL 实体描述符。当设备需要与第二个设备或者与多个互相不了解的设备通信时，可以使用这个缺省的 ACL 实体描述符。但是当设备与某一特定的设备共享一个密钥的情况下，应使用单独的 ACL 描述符。缺省的 ACL 实体描述符中元素的设置决定了不在单独的 ACL 实体描述符表中的设备是否使用安全服务，使用何种安全服务及加密方式等。

2）数据加密

数据加密是使用指定的密钥对帧中的载荷进行加密处理，并将加密后的数据重新放在帧的载荷部分；但对帧的其他部分不进行加密处理。如果帧中不包含有效载荷，则不进行加密处理。加密处理完成后，MAC 层将重新计算帧的 FCS。如果加密过程中产生错误，或者加密后的帧长度大于 aMaxMACFrameSize，则 MAC 层丢弃该帧，同时向上层发送通信状态原语作出通告。

具体加密的方法由所选择的加密方案决定。

3）帧完整性

帧完整性提供的安全服务使用信息完整码（MIC），可以防止对信息的非法修改。这种方法可以进一步提供对来自成员的数据的安全保证。数据、信标或命令帧均可用这种服务进行处理。帧完整性使用的信息完整码可以由一组设备共享，在这种情况下将其作为缺省信息完整码。两个设备之间也可以使用自己特定的信息完整码，这时信息完整码存放在 ACL 中。

4）序列号更新

如前所述，MAC 层的帧头中有一个序列号域，其值为该帧的唯一的序列号。根据帧的类型是信标帧还是数据、命令帧，该子域中分别是 PIB 属性 $macBSN$ 或者 $macDSN$ 的值。MAC 层每产生一个帧其相应属性的值会加 1。帧的接收方将接收的帧的序列号保存，当接收到一个新的帧时，MAC 层管理实体将接收的帧的序列号与保存的序列号进行比较。如果接收的序列号比保存的序列号新，则保留、上传接收的帧，同时更新保存的序列号；否则，丢弃该帧。这种方法能够保证接收的帧是最新的，但序列号并不具备任何时间意义。

2. 安全模式功能

这种模式同时使用访问控制和帧载荷密码保护，提供较完善的安全服务。在该模式下，

MAC 层对发送和接收的帧按如下方式处理。

1) 在安全模式下处理输出(发送)帧

MAC 层管理实体首先检索 ACL，当发现 ACL 中某描述符的 PANID、ACLExtendedAddress 或者 ACLShortAddress 与所发送帧的目的地址信息相匹配时，MAC 层管理实体从该描述符的 ACLSecuritySuite 中选择安全方案，从 ACLSecurityMaterial 取得安全要素。然后将帧的安全允许子域置为 1，再对帧进行处理。如果安全方案是加密方式，则 MAC 层管理实体将帧中的有效载荷加密。如果加密方案是完整性代码，则 MAC 层管理实体将计算得到的完整性码附加在帧的载荷域。如果安全操作失败或加密后帧长度超长，则 MAC 层不发送该帧，并向上层发送响应状态的通信状态指示原语。如果安全加密成功，MAC 层须重新计算帧的 FCS。加密的具体过程、方法在 3.5 节有专门介绍。

如果在 ACL 中没有发现与所发送帧的目的地址相匹配的描述符，则 MAC 层管理实体尝试使用缺省的 ACL 描述符。但若 PIB 属性 $macDefaultSecurity$ 被置为 0，则 MAC 层管理实体向上层发送状态为 UNAVAILABLE_KEY 的通信状态指示原语。

2) 在安全模式下处理输入(接收)帧

MAC 层管理实体首先对接收的帧进行过滤处理，然后检查该帧是否使用安全机制。

如果所接收帧的安全允许子域为 0，则不使用安全机制，MAC 层对接收的帧按照其类型进行相应的处理。如果接收的是数据帧，则 MAC 层将向上层发送数据指示原语 MCPS-DATA.indication，将帧中的载荷传送给上层。原语中的 SecurityUse 设置为 FALSE，ACLEntry 设置为与发送该帧的设备关联的 ACL 中 $macSecurityMode$ 的值，如果发送帧的设备不在 ACL 中，则 MAC 层将 ACLEntry 设置为 0x08。

如果帧的安全允许子域为 1，则 MAC 层管理实体首先在 $macACLEntryDescriptorSet$ 中查找与接收帧的 ACLPANID、ACLExtendedAddress 和 ACLSgortAddress 相匹配的实体。如果查找到相匹配的实体，则 MAC 层从中获得安全方案及安全要素，对接收的帧进行安全处理。如果没有发现相匹配的实体，则可以使用缺省的安全方案和安全要素对输入帧进行处理，即在 $macDefaultSecurityMaterial$ 寻找安全方案及安全要素。当不能使用缺省的安全模式时，MAC 层发送 SecurityUse 为 TRUE、ACLEntry 为 0x08 的指示原语将帧信息传送给上层。

MAC 层在使用指定的安全方案对接收的帧进行解密时只处理帧的载荷域，并将其插入帧中原始的位置，而对帧的其余部分不进行任何处理。如果安全方案采用的是完整性码，则 MAC 层首先删除帧载荷域中的完整性码和任何其他安全方案的数据，然后检查、验证完整性码。执行解密、完整性验证和载荷域内安全数据的定位等具体方法，在相应的安全方案中讨论。

在上述过程中，如果成功地进行了安全操作，而且适当地修改了 MAC 层载荷，则设备继续对该帧进行处理。在向上层传送时，将 SecurityUse 设置为 TRUE。如果在 $macACLEntryDescriptorSet$ 中找到密钥，则将 ACLEntry 域设置为 TRUE；如果在 $macDefaultSecuri$-

tyMaterial 中找到密钥，则将 ACLEntry 域设置为 FALSE。

如果安全处理操作失败，并且设备不是在执行主动或被动扫描，则 MAC 层丢弃该帧，并向上层发送状态为 FAILED_SECURITY_CHECK 的通信状态通告原语。设备在执行主动或被动扫描时对安全处理失败的处理，请见 3.2.1 小节。

3.3 MAC 层常量及 PIB 属性

MAC 层工作时需要根据一些参数进行各种控制，这些参数有一些是常量，而有一些描述工作属性的参数是可以改变的，它们分别称为 MAC 层常量和 MAC PIB 层属性。PIB 中的每一个属性都可以分别读取或设置，其操作通过 PIB 属性读取原语和 PIB 设置原语等来实现。

读取属性的操作由 MAC 的上层发起，它通过向 MAC 层的管理实体发送 PIB 属性读取原语(MLME-GET.request)来实现，原语中的参数指明了希望读取的属性，通常用其标识符表示。MAC 层管理实体接收到该原语后，就试图在 PIB 中读取所请求的属性值，并向其上层发送回答原语(MLME-GET.confirm)。如果 MAC 层管理实体在 PIB 中发现所请求读取的属性，则在回答原语中给出所请求的属性标识符、相应的属性值和表示读取成功的状态值(SUCCESS)。如果 MAC 层管理实体在 PIB 中未发现所需读取的属性，则回答原语的状态置为 UNSUPPORTED_ATTRIBUTE。

与此类似，当 MAC 的上层希望改变 PIB 的某个属性时，可以通过向 MAC 层管理实体发送 PIB 属性设置操作原语来实现。PIB 属性设置操作原语(MLNE-SET.request)带有属性标识符及其属性值。MAC 层管理实体接收到该原语后，就试图将该属性值写入到 PIB 中，并通过向上发送确认原语(MLME-SET.confirm)作为回答，确认原语中包含属性标识符和操作状态。如果成功地写入了属性值，则确认原语的返回状态为 SUCCESS；如果所指定的属性不存在，则确认原语中的状态值为 UNSUPPORTED_ATTRIBUTE；如果希望写入的属性值超出了该属性所允许的范围，则确认原语的状态为 INVALID_PARAMENTER。

PIB 属性读取、设置、确认原语的格式分别如下：

```
MLME - GET.request (
                    PIBAttribute
                    )
MLME - GET.confirm (
                    status,
                    PIBAttribute,
                    PIBAttributeValue
                    )
```

```
MLME - SET.request (
                PIBAttribute,
                PIBAttributeValue
                )
MLME - SET.confirm (
                status,
                PIBAttribute
                )
```

其中：PIBAttribute 是需要操作的属性，用其标识表示；PIBAttributeValue 是属性值；status 是原语执行的状态。原语中的参数描述及取值范围如表 3-13 所列。

表 3-13　属性操作原语参数

名　称	类　型	有效值范围	描　述
PIBAttribute	整型	见表 3-15 和表 3-16	要操作的 PIB 属性的标识符
PIBAttributeValue	可变型	属性值。见表 3-15 和表 3-16	MAC PIB 属性值
status	枚举型	SUCCESS 或 UNSUPPORTED_ATTRIBUTE	MAC PIB 属性操作状态

MAC 层的常量、PIB 属性、标识符及其取值范围等详细结构如表 3-14～表 3-17 所列。大家阅读时可以随时查阅、对照。

表 3-14　MAC 层常量

常　量	描　述	值
aBaseSlotDuration	超帧系列为 0 时，组成超帧的时隙符号数	60
aBaseSuperframeDuration	超帧系列为 0 时，组成超帧的符号数	aBaseSlotDuration × aNumSuperframeSlots
aExtendedAddrss	分配给设备的 64 位(IEEE)地址	由设备确定
aMaxBE	在 CSMA-CA 算法中退避指数的最大值	5
aMaxBeaconOverhead	MAC 层加到其信标帧有效载荷上的最大字节数	75
aMaxBeacon PayloadLength	信标有效载荷的最大字节数	aMaxPHYPacketSize − aMaxBeaconOverhead
aGTSDescPersistenceTime	PAN 协调器信标帧中所存在的 GTS 描述器的超帧数目	4

续表 3-14

常量	描述	值
aMaxFrameOverhead	无安全机制时,MAC 层增加到有效载荷的最大字节数。如果在一个帧中启用安全机制,则它的安全处理可能增加帧的长度,使其大于此值。在这种情况下,通过 appropriate. confirm 或 MLME - COMM - STATUS. indication原语产生一个错误	25
aMaxFrameResponseTime	在支持信标的 PAN 中,数据请求帧发送后,等待响应帧的最大时间为 CAP 符号数;或者在不支持信标的 PAN 中,数据请求帧发送后,等待响应帧的最大符号数	1220
aMaxFrameRetries	发送失败后,最大的重试次数	3
aMaxLostBeacons	导致接收设备的 MAC 层宣布失去同步所需要的连接丢失的信标数	4
aMaxMACFrameSize	MAC 帧载荷能够传送的最大字节数	aMaxPHYPacketSize — aMaxFrameOverhead
aMaxSIFSFrameSize	能够跟随短帧间空隙时间 MPDU 最大长度,以字节为单位	18
aMinCAPLength	组成 CAP 的最小符号数。当使用 GTS 时,这个最小符号数确保 MAC 命令能够传送到设备。此外,该最小值能够满足维护 GTS 时,信标帧长度临时增加	440
aMinLIFSPeriod	长帧间空隙时间的最小符号数	40
aMinSIFSPeriod	短帧间空隙时间的最小符号数	12
aNumSuperframeSlots	任何超帧中包含的时隙数	16
aResponseWaitTime	设备发出请求命令后,在得到响应命令之前需要等待的最大符号数	32×aBaseSupeframeDuration
aUnitBackoffPeriod	形成 CSMA - CA 算法所使用的基本时间段的符号数	20

表 3-15 MAC 层 PIB 属性

属性	标识符	类型	范围	描述	缺省值
macAckWaitDuration	0x40	整型	54 或 120	发送数据帧之后,得到应答帧之前等待的最大符号数。此值依赖于当前所选择的逻辑信道: $0 \leqslant phyCurrentChannel \leqslant 10$ 时,该值为 120 $11 \leqslant phyCurrentChannel \leqslant 26$ 时,该值为 54	54

续表 3-15

属 性	标识符	类 型	范 围	描 述	缺省值
macAssociationPermit*	0x41	布尔型	TRUE 或 FALSE	协调器当前是否允许连接的标志。TRUE 表示允许连接	FALSE
macAutoRequest	0x42	布尔型	TRUE 或 FALSE	当地址被列在信标帧中时,设备是否自动发送数据请求命令的标志。TRUE 表示自动发送数据请求命令	TRUE
macBattLifeExt	0x43	布尔型	TRUE 或 FALSE	电池寿命扩展标志。该标志是通过减少 CAP 期间协调器接收机工作时间实现的。TRUE 表示启用电池寿命扩展	FALSE
macBattLifeExtPeriods	0x44	整型	6 或 8	电池寿命扩展模式下,信标之后接收机打开时的回退时间数。此值依赖于当前选择的逻辑信道: $0 \leqslant phyCurrentChannel \leqslant 10$ 时,该值为 8; $11 \leqslant phyCurrentChannel \leqslant 26$ 时,该值为 6	6
macBeaconPayload*	0x45	字节组	—	信标载荷的内容	NULL
macBeaconPayloadLength*	0x46	整型	0～最大信标载荷长度	信标载荷的长度,以字节为单位	0
macBeaconOrder*	0x47	整型	0～15	协调器发送信标的频率。macBeaconOrder、BO 和信标间隔 BI 的关系如下: 如果 $0 \leqslant BO \leqslant 14$,则 $BI = aBaseSuperframeDuration \times 2^{BO}$ 符号; 如果 BO=15,则协调器不发送信标	15
macBeaconTxTime*	0x48	整型	0x000000～0xFFFFFF	设备发送最后一个信标帧的时间,以超帧周期为单位。此值在每一个发送的信标帧内相同的符号边界处进行测量得到,其位置随应用而定。此值的精度为 20 位,最低 4 位是最小有效位	0x000000
macBSN*	0x49	整型	0x00～0xFF	加到发送信标帧上的序列号	取值范围内的随机值
macCoodExtendedAddress	0x4A	IEEE 地址	扩展的 64 位 IEEE 地址	协调器的 64 位地址,设备按照此地址连接	—
macCoordShortAddress	0x4B	整型	0x0000～0xFFFF	分配给协调器的 16 位短地址,设备按照此地址与协调器连接。0xFFFE 表示协调器只使用其 64 位扩展地址;0xFFFF 表示此值未知	0xFFFF

续表 3-15

属 性	标识符	类型	范 围	描 述	缺省值
macDSN	0x4C	整型	0x00～0xFF	加到发送数据或 MAC 命令帧上的序列号	取值范围内的随机值
macGTSPermit*	0x4D	布尔型	TRUE 或 FALSE	如果 PAN 协调器接受 GTS 请求，则为 TRUE；否则为 FALSE	TRUE
macMaxCS-MABackoffs	0x4E	整型	0～5	CSMA-CA 算法宣布信道访问失败之前试图访问信道的最大退避次数	4
macMinBE	0x4F	整型	0～3	CSMA-CA 算法中退避指数的最小值。注意，如果此值设置为 0，则在算法的第一次循环中不能实现冲突避免。而且，对于带有电池寿命扩展的时隙 CSMA-CA 算法来说，退避指数的最小值是 2 和 macMinBE 之间的较小者	3
macPANId	0x50	整型	0x0000～0xFFFF	设备正在其上工作的 PAN 的 16 位标识符。如果此值为 0xFFFF，则设备没有连接	0xFFFF
macPromiscuousMode*	0x51	布尔型	TRUE 或 FALSE	表示 MAC 层是否处于混杂模式（全部接收）。TRUE 表示 MAC 层接收所有来自 PHY 的帧	FALSE
macRxOnWhenIdle	0x52	布尔型	TRUE 或 FALSE	表示 MAC 层是否在空闲时间开启其接收机	FALSE
macShortAddress	0x53	整型	0x0000～0xFFFF	设备在 PAN 中通信使用的 16 位地址。如果设备是 PAN 协调器，此值在 PAN 启动之前就选择好；否则此值在连接期间由协调器分配。0xFFFE 表示设备已经连接但还没有分配地址。0xFFFF 表示设备还没有短地址	0xFFFF
macSuperframeOrder*	0x54	整型	0～15	定义超帧活动部分的长度，包括信标帧。$macSuperframeOrder$，SO 与超帧持续时间 SD 的关系如下：$0 \leqslant SO \leqslant BO \leqslant 14$ 时，$SD = aBaseSuperframeDuration \times 2^{SO}$ 个符号。如果 SO=15，则超帧在信标之后不会活动	15
macTransactionPersistenceTime*	0x55	整型	0x0000～0xFFFF	协调器存储一次事务处理，并在信标中指示的最大时间（以超帧周期为单位）	0x01F4

* 表示该属性在 RFD 中是可选的。

表 3-16　MAC 层 PIB 安全属性

属　性	标识符	类　型	范　围	描　述	缺省值
macACLEntryDescriptorSet	0x70	ACL 描述符表（见表 3-17）	可变	一组 ALC 实体，每一个 ALC 都包含地址信息、安全方案信息和用来保护 MAC 层与特定的设备之间的帧的安全要素	NULL 组
macACLEntryDescriptorSetSize	0x71	整型	0x00～0xFF	ACL 描述符数目	0x00
macDefaultSecurity	0x72	布尔型	TRUE 或 FALSE	表示设备是否能够向在 ACL 中没有明确列出的设备发送安全帧，或者接收来自这些设备的安全帧。它还用于与多设备同时通信。TRUE 表示允许这样的传送	FALSE
macDefaultSecurityMaterialLength	0x73	整型	0x00～0x1A	ALCSecurityMaterial 中包含的字节数	0x15
macDefault-SecurityMaterial	0x74	字节串	可变	特定安全要素，用来保护 MAC 层与在 ACL 中没有列出的设备之间的帧	空字节串
macDefaultSecuritySuite	0x75	整型	0x00～0x07	安全方案的唯一标识符，用来保护 MAC 与在 ACL 中没有列出的设备之间的通信，如 3-17 所列	0x00
macSecurityMode	0x76	整型	0x00～0x02	所定义的安全模式的标识符。0x00 = 无安全模式；0x01 = ACL 模式；0x02 = 安全模式	0x00

表 3-17　ACL 标识符元素

属　性	类　型	范　围	描　述	缺省值
ACLExtendedAdress	IEEE 地址	有效的 64 位设备地址	在 ACL 记录中，设备的 64 位 IEEE 扩展地址	随设备而定
ACLShortAdress	整型	0x0000～0xFFFF	在 ACL 记录中，设备的 16 位短地址。0xFFFE 表示设备仅使用其 64 位扩展地址；0xFFFF 表示此值未知	0xFFFF
ACLPANId	整型	0x0000～0xFFFF	在 ACL 记录中，设备的 16 位 PAN 标识符	随设备而定
ACLSecurityMaterialLength	整型	0～16	ACLSecurityMaterial 中包含的字节数	21
ACLSecurityMaterial	字节串	可变	特定关键要素，用于保护 MAC 层和连接由 ACLExtendedAdress 指定的设备之间的帧	空字节串
ACLSecuritySuite	整型	0x00～0x07	安全方案的唯一标识符，用于保护 MAC 层和连接由 ACLextendedAdress 指定的设备之间的通信	0x00

3.4 MAC 层帧及其结构

"帧"是网络上两个对等层之间通信的基本数据单元,各层都有自己的帧,一个完整的帧由几部分组成。我们在用某种软件包开发 ZigBee 应用时,一般不用直接去构造 MAC 层的帧,只须调用相应的 API 函数即可。但为了完整地理解网络的工作,还是有必要了解帧的结构。本节详细介绍 MAC 层帧的结构。在叙述帧结构时全部用表格的形式列出,表格的各列为帧或帧的"域"的组成部分;第一行是该部分的长度,以字节或位为单位;第二行为各组成部分的名称。在文字叙述中,十六进制数一律以 0x 为前缀,二进制数一律在双引号内。用斜线隔开的几个数字,表示在不同的情况下其长度的可能取值。

3.4.1 MAC 层帧结构概述

一个完整的 MAC 层帧由帧首部、帧载荷(即数据)和帧尾 3 部分构成。其中帧首部又有若干个域按一定顺序排列,但并不是所有的帧中都包含有全部的域。MAC 层帧结构如图 3-12 所示。由图可见,帧首部有帧控制域、序列号、地址域等,其中地址域又包含目的 PAN 标识符、目的地址、源 PAN 标识符和源地址等。

2字节	1字节	0/2字节	0/2/8字节	0/2字节	0/2/8字节	可变	2字节
帧控制	序列号	目的PAN标识符	目的地址	源PAN标识符	源地址	帧载荷	FCS
			地址域			MAC Payload (MAC载荷)	MFR (帧尾)
MHR(MAC层帧首部)							

图 3-12 MAC 层帧结构

1. 帧控制域

帧控制(Frame Control)域的长度为 16 位,其结构如图 3-13 所示。

位序	0~2	3	4	5	6	7~9	10~11	12~13	14~15
	帧类型	安全允许控制	未处理数据标记	请求确认	PAN内部标记	保留	目的地址模式	保留	源地址模式

图 3-13 帧控制域格式

(1) 帧类型(Frame Type)子域的长度为 3 位,其代表的类型如表 3-18 所列。

表 3-18 帧类型子域描述

帧类型 b2 b1 b0	描 述	帧类型 b2 b1 b0	描 述
000	信标帧(Beacon)	001	数据帧(Data)
010	确认帧(Acknowledgement)	011	MAC 命令(Command)
100~111	保留(Reserved)		

(2) 安全允许控制(Security Enabled)子域的长度为 1 位,如果该位置 1,则对该帧按预定的方案进行加密处理后再传送到物理层;为 0 时,不进行加密处理。

(3) 未处理数据标记(Frame Pending)子域的长度为 1 位,如果该位置 1,则表示除该帧的数据外,本设备中还有应发送给对方的数据。因此,接收该帧的设备应向发送方再次发送请求数据命令,直到所有的数据都传送完。若发送设备中已没有要发送给接收方的数据,则该位为 0。

(4) 请求确认(Ack Request)子域的长度为 1 位,置 1 时,接收方接收到有效帧后应向发送方发送确认帧;为 0 时接收方不需发送确认帧。

(5) PAN 内部标记(Intra PAN)子域的长度为 1 位,置 1 时,表示该 MAC 帧在本身所属的 PAN 内传输,这时帧的地址域中不包含源 PAN 标识符;为 0 时,表示该帧是传输到另外一个 PAN,帧中必须包含源和目的的 PAN 标识符。

(6) 目的地址模式(Dest Addressing Mode)子域的长度和源地址模式(Source Addressing Mode)子域的长度均为 2 位,表示的意义如表 3-19 所列。

表 3-19 地址模式

地址模式值 b1 b0	描 述	地址模式值 b1 b0	描 述
00	PAN 标识符和地址子域不存在	01	保留
10	包含 16 位短地址子域	11	64 位扩展地址子域

2. 序列号子域

帧序列号子域的长度为 8 位,它是帧的唯一序列标识符。MAC 层 PIB 中有两个属性:macDSN 和 macBSN。其中 macDSN 是用于数据帧、命令帧或确认帧的序列号,而 macBSN 是用于信标帧的序列号。在协议栈初始化时,软件将它们置为随机的值,在通信过程中,每生成一个帧,其相应的序列号加 1,并将其值插入到帧的序列号子域。如果需要确认,则接收方将接收到的数据帧或者命令帧中的序列号作为确认帧的序列号。如果发送方在规定的时间里没有接收到对方的确认,则发送方使用原来的序列号重新发送该帧。可见,接收方可以根据帧中的序列号来判断接收的帧是否是新的。

3. 目的 PAN 标识符子域

目的 PAN 标识符子域的长度为 16 位,它是接收该帧的设备所在 PAN 的唯一标识符。当标识符的值为 0xFFFF 时,代表该帧为广播方式,即在同一信道上的所有设备都可以接收该帧。仅在帧控制子域的目的地址模式为非 00 时,本子域才存在。

4. 目的地址子域

该地址是接收帧设备的地址。根据帧地址控制子域不同的情况,目的地址为 16 位或 64 位。地址 0xFFFF 是广播地址。同样,仅在帧控制子域的目的地址模式为非 00 时,本子域才存在。

5. 源 PAN 标识符子域

源 PAN 标识符子域的长度为 16 位,它是发送该帧的设备所在 PAN 的唯一标识符。仅在帧控制子域的源地址模式为非 00 和内部 PAN 标记位为 0 时,本子域才存在。PAN 标识符在 PAN 建立时有 PAN 协调器确定,若与其他的 PAN 标识符冲突,协调器应能自行解决。

6. 源地址子域

该地址是帧发送设备的地址。与目的地址子域相同,根据帧地址控制子域不同的情况,源地址为 16 位或 64 位。同样,仅在帧控制子域的源地址模式为非 00 时,本子域才存在。

7. 帧有效载荷

帧有效载荷即帧传送的数据,其长度视具体帧而定,最长为 aMaxMACFrameSize 个字节。若帧的安全控制域为 1,则有效载荷采用相应的加密方式进行处理。

8. 帧校验子域

帧校验子域包含一 16 位的 ITU-T CRC 校验码。校验码由帧头和载荷部分按下述的多项式生成:

$$G_{16}(x) = x^{16} + x^{12} + x^5 + 1$$

生成算法如下:

(1) 令 $M(x) = b_0 x^{k-1} + b_1 x^{k-2} + b_{k-2} x + b_{k-1}$ 表示待计算校验码的序列;

(2) 令 $M(x)$ 乘以 x^{16} 得 $x^{16} M(x)$;

(3) 将多项式 $x^{16} M(x)$ 与 $G_{16}(x)$ 进行以 2 为模的除法运算,得余式 $R(x)$;

(4) 余式 $R(x)$ 即为校验码。

例如一个没有载荷的确认帧,仅有帧头的字节为:

0100 0000 0000 0000 0101 0110

  控制域   序列号

计算后得到的校验码为:

0010 0111 1001 1110

注意：上述序列都是按其发送时的顺序低位在前排列的。

3.4.2 帧结构分析

ZigBee 的 MAC 层有 4 种不同的帧：信标帧、数据帧、确认帧和命令帧。

1. 信标帧结构

在使用信标的网络中，网络协调器周期性地发送信标，表示一个超帧的开始。信标帧中包含了 PAN 的基本信息，其总体结构与 MAC 层帧相同，如图 3-14 所示。下面首先介绍帧头中各域的结构。

长度(字节)	2	1	4/10	2	变量	变量	变量	2
	帧控制	序列号	源地址模式	帧特性描述域	保护时隙	未处理设备地址描述	信标有效载荷	FCS
	MHR(MAC层帧头)				MAC帧载荷			MFR(校验码)

图 3-14 信标帧结构

1) 帧头

帧控制域（Frame Control）中的帧类型子域的值为 000，表示这是一个信标帧。源地址模式子域（Addressing Fields）设置与协调器的地址相一致。视使用安全机制与否，安全控制子域进行相应设置。

序列号域（Sequence Number）为当前的 MAC 层信标帧序号。

信标帧中没有目的地址域，仅有源地址域，分别包含传输信标帧的设备的 PAN 标识符和地址。

2) MAC 帧载荷

(1) 帧特性描述域（Superframe Specification）

信标帧中重要的内容是其载荷中的超帧特性描述、GTS 描述等。超帧特性描述域的长度为 16 位，结构如图 3-15 所示。

① 信标序号 BO（Beacon Order）子域的长度为 4 位，用于指定信标的传输间隔 BI，计算公式如下：

$$BI = aBaseSuperframeDuration \times 2^{BO} \qquad 0 \leqslant BO \leqslant 14$$

当 BO=15 时，协调器不传输信标，除非接收到请求传输信标的命令。

② 超帧序号 SO（Superframe Order）子域的长度为 4 位，用于指定超帧活动部分的时间长

位序	0~3	4~7	8~11	12	13	14	15
	信标序号B0	超帧序号S0	最终竞争接入期时隙	电池寿命扩展	保留	协调器	连接允许

图 3-15 超帧描述域结构

度,只有在这段时间内协调器才能与 PAN 设备之间进行交互。超帧时间长度 SD(Superfeame Duration)按下述公式计算：

$$SD = aBaseSuperframeDuration * 2^{SO} \quad 0 \leqslant SO \leqslant BO \leqslant 14$$

若 SO=15,则表示超帧在传输信标帧后将处于非活动状态。

③ 最终竞争接入期时隙(Final CAP Slot)子域的长度为 4 位,指定了超帧内竞争接入期(CAP)中分配的时隙数。

④ 电池寿命扩展(Battery Life Extension)子域的长度为 1 位。在信标的帧间隔(IFS)之后,如果要求在竞争接入期中传输的信标帧在第 6 个退避期或该时间之前开始传输,则将该域置为 1;否则置为 0。

⑤ PAN 协调器(PAN Coordinator)子域的长度为 1 位。本信标帧是 PAN 协调器传输的,该位置 1;否则为 0。

⑥ 连接允许(Assciation Permit)子域的长度为 1 位。如果置 1,则表示协调器允许网类设备的连接。该位的状态由 MAC 层 PIB 的属性 *macAssociationPermit* 决定。

(2) 保护时隙域(GTS Fields)

保护时隙域对超帧中的 GTS 进行全面的描述。它有 3 个子域,其结构如图 3-16 所示。

长度(字节)	1	0/1	可变
	GTS特性	GTS方向	GTS描述符表

图 3-16 GTS 信息域结构

① GTS 特性(GTS Specification)子域有 3 部分,如图 3-17 所示。

位序	0~2	3~6	7
	GTS描述符计数	保留	GTS允许

图 3-17 GTS 描述域结构

◆ GTS 描述符计数(GTS Descriptor Count)子域的长度为 3 位。

◆ GTS 允许(CTS Enabled)子域的长度为 1 位,其值由 MAC 层 PIB 中的属性 *macGTSPermit* 确定。

② GTS 方向(GTS Direction)子域的长度 8 位,但仅其中的低 7 位有效,最高位保留不用,分别用来指定可能的 7 个 GTS 的传输方向,最低位对应第一个 GTS。若相应的位为 1,则表示设备用该 GTS 的来接收数据;反之,用这个 GTS 来发送数据。

③ GTS 描述符表(GTS List)的长度根据分配的 GTS 数量而定,每个 GTS 使用一个 3 字节的描述符来描述自己的特性。因为超帧中最多可以有 7 个 GTS,所以 GTS 描述符表的长度最长为 21 字节。GTS 描述符的结构如图 3-18 所示。

位序	0~15	16~19	20~23
	设备短地址码	GTS 起始时隙	GTS 长度

图 3-18 GTS 描述符结构

- ◆ 设备短地址是使用该 GTS 的设备的 16 位地址。
- ◆ GTS 起始时隙指明该 GTS 在超帧中的位置(即是第几个时隙),长度为 4 位。
- ◆ GTS 长度表示该设备占用的超帧中连续的 GTS 的数量,长度为 4 位。

(3) 未处理设备地址描述域(Pending Address Field)

所谓未处理的含义是:在使用信标的情况下,数据的传输只能使用分配或竞争的时隙,但若需要发送给某设备的数据较多,一次不能发送完,这些数据只能暂时保存在发送方,但需要通知数据的接收方,还有数据需要传输,该设备便称为未处理设备。未处理设备地址描述域长度为 8 位,结构如图 3-19 所示。

位序	0~2	3	4~6	7
	未处理短地址码个数	保留	未处理扩展地址码个数	保留

图 3-19 未处理设备地址描述域结构

2. 数据帧

数据帧包含目的地址子域或(和)源地址子域,取决于帧控制域的配置,帧序列号应为当前 *macDSN* 的值,数据帧载荷子域的内容是上层要求 MAC 层传输的数据。

发送数据帧时,如果要求采用安全措施,则 MAC 层根据目的地址对应的安全方案进行加密处理。如果没有目的地址域,将根据 *macCoorderExtendedAddress* 确定安全方案。对于接收的帧,如果没有进行安全处理,则直接将其传送到上层;否则,按指定的安全方案对帧载荷处理后再传送给上层。数据帧结构与 MAC 层标准帧结构完全相同(见图 3-12)。

3. 确认帧

确认帧仅包括帧控制域、序列号和校验码,如图 3-20 所示。控制域里的帧类型取 010,表示这是一个确认帧。未处理帧子域根据情况设置,其余全部

长度(字节)	2	1	2
	帧控制	序列号	FCS
	MHR		MFR

图 3-20 确认帧结构

为 0。而序列号为被确认的帧的序列号。

4. 命令帧

命令帧结构如图 3-21 所示。

长度(字节)	2	1	1	1	可变	2
	帧控制	序列号	地址域	命令帧标识符	命令帧载荷	FCS
	MHR			MAC载荷		MFR

图 3-21 MAC 命令帧结构

3.4.3 命令帧详解

MAC 所支持的全部命令及其命令标识符如表 3-20 所列。全功能设备(FFD)需要支持所有的命令,而精简功能设备只需要支持表中标记有 X 的部分命令。在支持信标的网络内,命令帧必须在竞争接入期使用 CSMA-CA 算法发送;在不支持信标的网络内,可以在任何时间使用 CSMA-CA 算法发送。

表 3-20 MAC 命令帧

命令帧标识符	命令名	RFD	
		TX	RX
0x01	连接请求	X	
0x02	连接响应		X
0x03	断开连接报告	X	X
0x04	数据请求	X	
0x05	PAD ID 冲突通告	X	
0x06	独立报告	X	
0x07	信标请求		
0x08	协调器重新调整		X
0x09	GTS 请求		
0x0A~0xOFF	保留		

1. 连接请求命令

ZigBee 设备通过发送该命令与协调器建立连接,命令结构如图 3-22 所示。
帧控制子域中的帧类型为 011,表示这是一个命令帧。源地址模式为 11,表示使用 64 位

MHR域	MAC帧载荷		FCS
(17/23字节)	命令帧标识符(见表3-20)	性能信息	

图 3-22　连接请求命令的结构

扩展地址,因为这时设备还没有与协调器连接,也就没有短地址,所以只能使用64位地址。目标地址模式应与欲连接的协调器发送的信标帧中的地址模式一致。如果连接命令用安全方式发送,则安全允许子域为1,同时根据目标地址所要求的安全方案,对该命令帧进行安全加密处理;否则安全允许子域为0。帧未处理子域为0;确认请求子域为1。

命令帧标识符为0x01,表示请求连接命令。

性能信息子域指明了欲建立连接的设备的一些信息,如图3-23所示。

位序	0	1	2	3	4～5	6	7
	备用PAN协调器	设备类型	电源	空闲时接收机打开	保留	安全性能	分配地址

图 3-23　性能信息子域结构

备用 PAN 协调器标志位(Alternate PAN Coordinator)为 1 位。如果本设备具备成为协调器的能力,则该位置 1;否则为 0。

设备类型标志位(DeviceType)为 1 位。该位为 1,表示这是一台全功能设备;为 0,表示它是精简功能设备。

电源类型标志位(Power Source)为 1 位。若本设备使用稳定供电的交流电源,则置 1;否则为 0。

空闲时接收机打开标志位(Receive on While Idle)为 1 位。如果该设备在空闲时仍然打开接收机,则该位置 1;否则,如果希望节电而在空闲时关闭接收机,则该位置为 0。

安全性能标志(Security Capability)位为 1 位。如果设备采用规定的安全方案发送和接收帧,则该位置 1;否则置 0。

分配地址控制(Allocation Address)位为 1 位。如果设备希望在接入过程中由协调器分配一个短地址,则该位置 1;如果该位为 0,则协调器为设备分配一个特殊的短地址 0xFFFE,在这种情况下,设备只能使用它的 64 位扩展地址进行通信。

2. 连接响应命令

协调器接收到设备的连接请求命令后,将会发送连接响应命令作为对设备的回答,这个命令只能由协调器发送给当前试图连接的设备。精简功能设备不需要具备发送这个命令的能力,但所有的设备都应能接收和处理该命令。连接响应命令的结构如图 3-24 所示。

MHR 中各子域内容按下述方式填入:

MHR域 (23字节)	MAC帧载荷		
	命令帧标识符(见表3-20)	短地址	连接状态

图 3-24 连接响应命令结构

- ◆ 命令帧标识符应为 0x02,表示这是一个连接响应帧。
- ◆ 帧控制子域的目的和源地址模式均置为 11,即 64 位扩展地址。
- ◆ 安全允许子域根据连接响应命令是否采用安全措施进行响应设置。同时,如果采用安全措施,则根据目的地址安全方案定义的方法对本帧进行处理。
- ◆ 帧未处理位为 0,确认请求位为 1。
- ◆ 目标和源 PAN 标识符包含 macPANID 的值。目标地址子域应该是请求连接的设备的扩展地址,源地址是 aExtendedAddress 的值。
- ◆ 如果协调器允许设备连接,则短地址子域中应该是协调器为其分配的在 PAN 中通信时使用的短地址,并且该设备与 PAN 断开连接以前将一直使用这个短地址。如果协调器不能为设备分配一个短地址,则它将短地址子域的值置为 0xFFFE。在这种情况下,设备只能使用扩展的 64 位地址进行通信。如果协调器不能接受设备的连接,则连接响应帧的短地址子域为 0xFFFF,并在连接状态子域中包含连接失败的原因。
- ◆ 连接状态子域长度为 8 位,反映了设备的连接请求命令执行的状态,其有效值如表 3-21所列。

表 3-21 连接状态子域的有效值

连接状态	描述	连接状态	描述
0x00	连接成功	0x01	PAN 正在接收
0x02	PAN 拒绝访问	0x03~0x7F	保留
0x80~0xFF	为 MAC 原语列枚举保留		

3. 连接断开通告命令

PAN 协调器和设备都可以发送和接收该命令。命令帧 MHR 中的大部分子域的填写与连接请求命令相同,这里不再叙述。但 MHR 中的目标地址子域按下述方式,其中命令帧标识符应为 0x03。连接断开通告命令的结构如图 3-25 所示。

MHR域 (17字节)	MAC帧载荷	
	命令帧标识符	断开连接的原因

图 3-25 连接断开通告命令的结构

如果本命令由协调器发出,需要让已经连接的设备断开,则目标地址子域为被断开连接的设备的 64 位扩展地址。如果命令由已经连接的设备发出,需要与协调器断开连接,则目标地址为协调器的 64 位扩展地址,源地址为设备的 64 位扩展地址。

连接断开原因(Disassociate Reason)子域为 1 字节,其有效值意义如表 3-22 所列。

表 3-22　有效的断开连接原因的有效值

断开连接原因	描　述	断开连接原因	描　述
0x00	保留	0x03~0x7F	保留
0x01	协调器希望与 PAN 断开	0x80~0xFF	为 MAC 原语枚举保留
0x02	设备希望与 PAN 断开		

4. 数据请求命令

数据请求命令用于 ZigBee 设备向协调器发出请求,以得到数据。数据请求命令帧载荷仅 1 字节,即命令帧标识符 0x04。

在以下几种情况下,设备发送数据请求命令帧:

◆ 在使用信标的 PAN 中,当设备的 *macAutoRequest* 置为 TRUE,并且在协调器发送的信标中发现协调器中有自己的未处理数据时,设备发送该命令帧。

◆ MAC 接收到上层发送的 MLME-POLL.request 原语时,设备也会发送本命令帧。

◆ 设备对一个请求命令进行确认、应答后,再等待 aResponseWaitTime 个符号后,也可能发送该命令。例如请求命令是连接请求或 GTS 请求等。

如果该命令是发送给协调器的,则帧控制域的目标寻址模式子域应为 0,即不存在目标寻址信息,或者根据协调器的情况设置。设备的 *macShortAddress* 如果为 0xFFFF 或 0xFFFE,则源寻址模式应为"3",使用扩展 64 位地址;否则源寻址模式为"2",采用 16 位短地址。如果帧控制域的目标寻址模式为"2",则目标 PAN 标识符和目标地址子域应分别包含 *macPANID* 和 *macCoordShortAddress* 的值。

如果数据请求命令使用安全机制,帧控制域的安全允许子域应置为 1,并根据相应的安全方案对帧进行安全处理;否则,安全允许子域为 0。帧的未处理子域置 0,应答请求子域只为 1。

5. PAN ID 冲突通告命令

当设备检测到 PAN 标识符冲突时,它将向协调器发送该命令帧。精简功能设备可以不接收、处理本命令帧,但所有的设备都应具备发送本命令帧的能力。

命令帧控制域的目标寻址模式和源寻址模式子域应置为 3,即采用 64 位扩展地址。发送时,按帧的安全方案进行安全处理。帧控制域的未处理子域应为 0,接收该帧的命令将忽略此位;应答请求子域置为1;目标和源的 PAN 标识符子域都应包含 PIB 中 $macPANID$ 的值;目标地址子域应包含 $macCoordExtendedAddress$ 的值;而源地址子域则包含 aExtendedAddress 的值。

PANID 冲突通告命令帧的载荷仅1字节,就是命令帧标识符。显然其值应为 0x05。

6. 孤立通告命令

一个已经与 PAN 连接的设备发现自己与协调器失去同步时,它将立即发送孤立通告命令。命令帧控制域源寻址模式应为"3",即64位扩展地址;目标寻址模式为"2",即采用16位短地址。目标和源 PAN 标识符都应该是广播 PAN 标识符,即 0xFFFF;目标地址则是广播短地址 0xFFFF;源地址应是 aExtendedAddress 的值。未处理子域和应答请求子域置为0,接收时该子域被忽略。

孤立通告命令帧的载荷也是1字节,就是命令帧标识符。显然其值应为 0x06。

7. 信标请求命令

在主动扫描期间,设备通过发送信标请求命令来确定在它的 PAN 工作范围内的所有协调器。帧控制域的目标地址模式置为 10(即16位短地址),源地址模式为 00(源地址不存在);目标和源 PAN 标识符都应该是广播 PAN 标识符,即 0xFFFF;目标地址则是广播短地址 0xFFFF;未处理子域和应答请求子域置为0,接收时该子域被忽略。

信标请求命令帧的载荷也是1字节,就是命令帧标识符。显然其值应为 0x07。

本命令对于精简功能设备而言是可选的。

8. 协调器重新同步命令

当协调器接收到来自设备发送的孤立通告命令,或者协调器的 PAN 的配置发生任何改变时,协调器将发送重新同步命令。对于第一种情况,协调器将重新同步命令直接发送给孤立设备;对后一种情况,协调器以广播的方式向所有具有接收能力的设备发送重新同步命令。精简功能设备不需要具备发送本命令的能力,但应能够接收本命令。协调器重新同步命令的结构如图 3-26 所示。

MHR域 (17/23字节)	MAC帧载荷(8字节)			
	命令帧载荷			
命令帧标识符	PAN标识符	协调器短地址	逻辑信道	短地址

图 3-26 协调器重新同步命令的结构

MHR 部分按下述方式填写:

在直接发送给孤立设备时,帧控制域的目的寻址子域和源地址子域都应置为"3",使用64

位扩展地址；目的 PAN 的标识符应是广播 PAN 标识符，即 0xFFFF；目的地址域则是孤立设备的扩展地址；源 PAN 标识符应包含 *macPANID* 的值；源地址应包含 aExtendedAddress 的值。如果采用安全机制，则帧控制域的安全允许子域应置为 1，并按目标地址所对应的安全方案对命令帧进行安全处理；否则安全子域置为 0。帧未处理子域置 0。应答请求子域为 1。

以广播方式发送给 PAN 的所有设备时，帧控制域的目的寻址模式子域为"2"，即采用 16 位短地址；源寻址模式为"3"，使用 64 位扩展地址。其中目的 PAN 标识符是广播 PAN 标识符 0xFFFF，目的地址是广播短地址 0xFFFF，源 PAN 标识符和源地址与直接发送给孤立设备时相同。应答请求子域应为 0。

协调器重新同步命令帧的载荷长 8 字节，命令帧载荷中的 PAN 标识符长 16 位，它是协调器在未来通信中使用的 PAN 标识符；协调器短地址也是 16 位，是 *macShortAddress* 的值；逻辑信道是 8 位的数据，它是协调器在未来的通信中使用的逻辑信道；短地址部分长 16 位，在以广播方式发送本命令时为 0xFFFF；在向孤立设备发送时应为该设备在网络中使用的短地址。如果该设备还没有分配短地址，则它只能使用扩展地址，这时该地址域应为 0xFFFE。

命令帧标识符应为 0x08。

9. GTS 请求命令

GTS 请求命令用来管理保护时隙。当一个设备已经与协调器建立了连接，并且分配了一个 16 位的短地址时，它可以通过向协调器发送 GTS 请求命令来请求分配一个新的 GTS 或者解除已经存在的 GTS。该命令的结构如图 3-27 所示。

命令帧载荷长 2 字节，其中命令帧标识符应为 0x09。GTS 特性域长 1 字节，其结构如图 3-28 所示。

MHR域 (7字节)	MAC帧载荷(2字节)	
	命令帧标识符	GTS特性

图 3-27 GTS 请求命令的结构

位序	0~3	4	5	6~7
	GTS长度	GTS方向	特性类型	保留

图 3-28 GTS 特性域结构

其中：GTS 长度子域为 4 位，表示请求为 GTS 分配的时隙数，最大为 16 个时隙；GTS 方向子域为 1 位，表示请求的 GTS 的方向，用于发送数据时，该位为 0，用于接收数据时，该位为 1；特性类型也为 1 位，为 1 表示请求分配 GTS，为 0 则表示解除已分配的 GTS。

3.5 MAC 层安全方案

当 MAC 的上层要求对传输的帧进行安全处理时，MAC 层按指定的安全方案进行相应的安全处理。安全方案由对帧载荷进行安全处理的操作组成，安全方案的名称指明了对称加密算法、模式、完整性码位长度等。完整性码的位长度应小于或等于对称加密算法的块长度,它决定了该完整码能被正确猜测出的概率,但与执行的算法加密的强度没有关系。在 ZigBee 协议标准中,所有的安全方案都应当是高级加密算法(AES)。所有实现安全方案的设备都应当支持 AES-CCM-64 安全方案,或者再支持若干附加的安全方案。每一个安全方案用相应的标识符表示,各标识符所代表的安全方案如表 3-23 所列。

表 3-23 安全方案列表

标识符	安全方案名称	安全服务			
		访问控制	数据加密	帧的完整性	序列刷新(可选)
0x00	无				
0x01	AES-CTR	X	X		X
0x02	AES-CCM-128	X	X	X	X
0x03	AES-CCM-64	X	X	X	X
0x04	AES-CCM-32	X	X	X	X
0x05	AES-CBC-MAC-128	X		X	
0x06	AES-CBC-MAC-64	X		X	
0x07	AES-CBC-MAC-32	X		X	

3.5.1 安全方案相关知识

安全方案中涉及以下的概念和方法:
◆ 位顺序;
◆ 串接;
◆ 整数编码和计数器;
◆ 计数模式(CTR)加密;
◆ 密码链块-信息认证码(CBC-MAC)认证;
◆ 计数模式和密码链块-信息认码加密及认证;
◆ 高级加密标准(AES)加密;
◆ 个域网 PIB 的安全要素。

1. 位顺序

在 ZigBee 安全方案的描述中,位被定义为集合{0,1}的一个元素。8 个按顺序排列的位串组成 8 位元组,也称为字节。位串排列的顺序与被发送的顺序一致。

2. 串　接

两个长度分别为 m 和 n 的字节串 a 和 b 的串接表示为 $a||b$，这是一个长度为 $m+n$ 的字节串。其中最左边的 m 个字节串等于 a，右边的 n 个字节等于 b。

3. 整数编码和计数器

除非另外声明，对于本节所叙述的安全操作而言，涉及的整数按如下方式用字节串表示。第 1 个字节为最高字节，第 1 个字节的第 1 位（位 7）为最高位——MSB。有 n 个字节的串 A 可表示为 $A = a_{0,7}a_{0,6}a_{0,5}\cdots a_{n-1,1}a_{n-1,0}$，在将其转换为整数时按二进制规则进行。例如有一个整数 11146，它对应着两个字节组成的串 0x2B8A，它的高字节为 0x2B，低字节为 0x8A。它也可以表示为位串 0010 1011 1000 1010，其最高位为 0，最低位也为 0。

标准中的计数器加 1 操作是以上述的字节串为基础的，每执行一次计数操作，其值加 1。在计数操作中，如果计数的值小于 2^{8n}（n 是串的字节数）则给出正常的计数值；否则给出的值为 $2^{8n}-1$，并返回一个错误（溢出）。

4. CTR 模式加密

MAC 层的 CTR 加密模式由下列部分组成：使用 CTR 中的块密码生成密钥流，它带有给定的密钥和 Nonce；将密钥流、明文和整数编码进行"异或"运算，得到加密的数据。解密用生成的密钥流与密文的"异或"运算实现。上述的 Nonce 是一个时间标签。关于 CTR 加密的详细运算方法，可参见 IEEE 802.15.4 附录 B。

5. CBC–MAC 认证

MAC 层使用密码链块-信息认证码——CBC–MAC（Cipher Block Chaining Message Authentication Code）对称认证算法。算法中，使用 CBC 模式的块密码对信息进行计算，得到完整性码。认证操作包括计算完整性码，并将其与接收的完整性码进行比较。

6. 带 CCM 的加密和认证

这种方式将 CTR 和 CCM 结合起来实现加密和认证，它包括生成完整性码、加密的明文和完整性码等操作。加密处理得到的结果是加密后的载荷和完整性码。认证是对接收数据计算得到的完整性码与帧中的完整性码进行比较。

7. 高级加密标准

MAC 层中使用的 AES 加密算法采用 NIST FIPS Pub 197 给出的标准。算法中采用 128 位的块作为参数，密钥长度也选择 128 位。

8. 个域网 PIB 的安全要素

个域网 PIB 的安全要素包括密钥、帧计数器、密码序列计数器等。

ACL 实体的 AES 密钥是对称密钥，只能用来执行 CTR 加密、CCM 加密与认证或 CBC-MAC 认证。一个 AES 密钥不能用于不同的安全方案。

帧计数器是一个运行计数器，其计数值包含在 MAC 层帧的载荷中。每发送一次经过安全处理的帧，该计数器的值加 1；并且该计数器不会"回卷"（即计数器到达最大值后再次加 1，将使其回到 0），以确保 CCM Nonce 的唯一性。接收端通过检查该计数值可以识别接收帧的唯一性。

密钥序列计数是由上层给定的，它被包含在 MAC 层帧的载荷中。在帧序列计数已达最大值时，密钥序列计数可以用来保证 CCM Nonce 的唯一性，接收方可以利用它实现帧序列的刷新。如果用来刷新，则上层不会使它进行计数，以免造成接收方刷新失败。

ACL 中存储有可选的外部帧计数和可选的外部密钥序列计数，它们分别是与最后接收的加密帧相对应的帧计数和外部密钥序列计数。如果 ACL 中包含有可选的外部帧计数和可选的外部密钥序列计数，则 MAC 层使用它们对接收的帧进行检验。详情请参考 3.5.2~3.5.4 小节的介绍。

3.5.2 AES-CTR 安全方案

AES-CTR 安全方案包括 3 种安全服务：接入控制、数据加密和序列刷新。

在本方案中，加密操作由 AES-CTR 加/解密处理、帧计数和密码序列计数组成。其中 AES-CTR 加密主要是对帧载荷进行操作。

1. 数据结构

1) MAC 层 PIB 中安全要素的结构

加密的安全要素由 1 个对称密钥、1 个帧计数器和 1 个密钥序列计数器以及可选的外部帧计数器和可选的序列计数器等组成。图 3-29 为这些要素的长度和存放顺序。

长度(字节)	16	4	1	(4)	(1)
	对称的密钥	帧计数器	密钥序列计数器	可选的外部帧计数器	可选的外部密钥序列计数器

图 3-29 AES-CTR 安全要素的结构

2) 加密后的帧载荷结构

加密后的 MAC 帧载荷的组成、各部分长度和顺序如图 3-30 所示。加密后载荷的长度与加密前相同。

3) CTR 输入块

在 AES-CTR 安全方案中，用于 CTR 加密函数生成密钥流的输入块由标志字节、发送帧

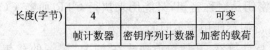

图 3-30 加密后帧载荷的结构

设备的地址、帧计数器、密钥序列计数器及块计数器等组成,图 3-31 所示为输入块各子域的顺序及长度。其中标志域的结构如图 3-32 所示,它可用于将 AES-CTR 与 AES-CCM 区分开。

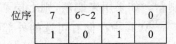

图 3-31 AES-CTR 输入块的结构　　　　图 3-32 AES-CTR 标志域的结构

2. 安全参数

AES-CTR 安全方案的要点如下:

◆ AES 加密算法的基础是块密码。

◆ 计数输入块的结构如上所述,每一个输入块的块计数不同。第一个输入块的计数为 0,每一个后续的输入块的计数值加 1,例如输入块 T_i 的块计数值是 i。

3. 安全操作

1) 输出帧操作

所谓输出帧就是需要发送的帧。在使用 AES-CTR 安全方案时,MAC 层将对输出帧执行如下操作:

① 从 MAC PIB 中获得自身的 64 位扩展地址、帧计数值和序列计数值,用于建立计数块。

② 按 CTR 加密方法,使用已建立的计数输入块,对帧载荷进行加密处理。

③ 将帧计数、序列计数和已加密的载荷按顺序进行组合,得到新的载荷,并将其插入原来的帧中。

④ 增加帧计数器的值,如果操作成功,则把新的计数器值插入到 MAC 层的 PIB 中;否则将退出操作,并向其上层发送状态为 FAILED_SECURITY_CHECK 的通信状态原语。

2) 输入帧操作

所谓输入帧就是接收的帧。在使用 AES-CTR 安全方案时,MAC 层将对输入帧执行如下操作:

① 如果可选的外部帧计数和外部帧序列计数包含在相应的 *macDefaultSecurityMaterial* 或 ACLSecurityMaterial 中,则检查通过认证的密钥序列计数是否大于或等于外部帧计数和外部帧序列计数,以保证接收到的帧是新的。如果验证失败,则丢弃该帧,向上层发送状态为

FAILED_SECURITY_CHECK 的 MLME-COMM-STATUS. indication 原语。

② 从帧或者 ACL 中取得 64 位扩展地址,从帧中提取帧计数和序列计数值,按规定构造计数输入块。

③ 采用 CTR 解密算法,按规定的参数和获得的输入计数块对加密的载荷进行解密。如果由于数据无效而不能构造 Nonce,则设备向上层发送状态为 FAILED_SECURITY_CHECK 的 MLME-COMM-STATUS. indication 原语。

④ 用解密后的数据取代接收帧的载荷。如果执行了步骤①并通过验证,则将得到的帧计数和序列计数设置为接收值。

3.5.3 AES-CCM 安全方案

AES-CCM 安全方案提供 4 种服务:访问控制、数据加密、帧完整性检查和序列更新(可选)。

1. 数据结构

本方案中涉及的数据及其结构如下。

1) MAC 层 PIB 结构

与 CTR 模式相似。

2) 加密后的帧载荷结构

与 CTR 模式相比,增加了完整性码,其结构如图 3-33 所示。

长度(字节)	4	1	可变	4、8或16
	帧计数器	密钥序列计数器	加密的载荷	加密的完整性码

图 3-33 AES-CCM MAC 载荷域的结构

3) CCM Nonce 的结构

AES-CCM Nonce 的结构如图 3-34 所示。

长度(字节)	8	4	1
	源地址	帧计数器	密钥序列计数器

图 3-34 AES-CCM Nonce 的结构

2. 安全参数

AES-CCM 安全方案的 CCM 操作的参数化描述如下:

- ◆ AES 加密算法的基础是块密码；
- ◆ 长度域的长度是 2 字节；
- ◆ 确认域的长度根据需要可以是 4 字节、8 字节或 16 字节；
- ◆ Nonec 的结构如图 3-34 所示。

3. 安全操作

1) 输出帧操作

在使用 AES-CCM 安全方案时，对输出帧执行如下操作：

① 从 MAC 层 PIB 中获得自身的 64 位扩展地址、帧计数值和序列计数值，构造一个 Nonce。

② 使用 CCN 加密方法加密帧的 MHR 和载荷。

③ 将帧计数值、序列计数值和步骤②产生的输出组合起来，作为加密后帧的载荷。

④ 帧计数器执行加 1 操作，如果操作成功，则更新 PIB 中的帧计数值；否则，计数器溢出，中止该操作，并向上层发送状态为 FAILED_SECURITY_CHECK 的 MLME-COMM-STATUS.indication 原语。

2) 输入帧操作

在使用 AES-CCM 方案时，对接收到的帧按如下步骤进行处理：

① 如果 *macDefaultSecurityMaterial* 或 ACLSecurityMaterial 中有可选的外部帧计数和外部帧序列计数，则检查通过认证的密钥序列计数是否大于或等于外部帧计数和外部帧序列计数，以保证接收到的帧是新的。如果验证失败，则丢弃该帧，向上层发送状态为 FAILED_SECURITY_CHECK 的 MLME-COMM-STATUS.indication 原语。

② 从帧或 ACL 中获得源设备的 64 位扩展地址，删除帧载荷中的帧计数和序列计数，构造 Nonce。如果因为无效的数据而不能构造 Nonce，则丢弃该帧，并向上层发送状态为 FAILED_SECURITY_CHECK 的 MLME-COMM-STATUS.indication 原语。

③ 对加密帧的载荷使用 CCM 进行解密，验证完整性码。如果完整性码无效，则丢弃该帧，向上层发送状态为 FAILED_SECURITY_CHECK 的 MLME-COMM-STATUS.indication 原语。

④ 用解密后得到的数据取代帧原来的载荷。如果成功地执行了步骤①，则更新 PIB 中的外部帧计数值和外部帧序列计数值。

3.5.4　AES-CBC-MAC 安全方案

AES-CBC-MAC 安全方案提供 2 种服务：访问控制和帧完整性。

1. 数据结构

1) MAC 层 PIB 结构

对于 AES-CBC-MAC 安全方案,安全方案包括一个长度为 16 位的对称密钥。

2) 加密后的帧载荷结构

与 CTR 模式相比,增加了长度为 4 字节、8 字节或者 16 字节的完整性码。

3) CBC-MAC 输入块

在 AES-CBC-MAC 安全方案中,用于生成完整性码的 CBC-MAC 认证函数的输入,包括被认证数据的长度、帧的 MHR 和 MAC 载荷。该输入被分成 16 字节长的块,按照从左到右的顺序进行处理,直到最后的块。最后一个块的长度可能小于 16 字节,这取决于总输入的长度。图 3-35 所示为 CBC-MAC 输入块子域的顺序和长度。

长度(字节)	1	变量=n	变量=m
长度=$n+m$	MHR	MAC载荷

图 3-35 AES-CBC-MAC 输入块的结构

2. 安全参数

AES-CBC-MAC 安全方案的 CBC-MAC 操作的参数化描述如下:

◆ AES 加密算法的基础是块密码;
◆ CBC-MAC 函数的输入结构如图 3-35 所示;
◆ 完整性码的长度根据需要可以是 32 位、64 位或 128 位。

3. 安全操作

1) 输出帧操作

在使用 AES-CBC-MAC 安全方案时,对输出帧进行如下操作:

① 得到 MAC 层帧 MHR 以字节为单位的长度(未安全处理前),用 1 字节表示。
② 采用 CBC-MAC 认证,计算帧载荷和 MHR 的完整性码。
③ 将帧中的载荷和步骤②的输出组合成新的载荷。

2) 输入帧操作

在使用 AES-CBC-MAC 安全方案时,对输入帧进行如下操作:

① 得到 MAC 层帧 MHR 以字节为单位的长度(未安全处理前),用 1 字节表示。
② 将帧载荷分成载荷和完整性码,并验证完整性码。如果完整性码无效,则丢弃该帧,向上层发送状态为 FAILED_SECURITY_CHECK 的 MLME-COMM-STATUS.indication 原语。
③ 将帧中的完整性码删除。

第 4 章

网络层

网络层通过使用 MAC 层提供的各种功能，保证 IEEE 802.15.4 标准 MAC 层各种功能的正确执行，完成建立、维护网络的任务，并向应用层提供服务。本章介绍 ZigBee 网络层提供的网络维护、数据服务等功能，并叙述网络层各种帧的结构与应用。

4.1 网络层概况

网络层内部在逻辑上由两部分组成，即网络层数据实体（NLDE）和网络层管理实体（NLME），如图 4-1 所示。网络层数据实体通过访问服务接口 NLDE-SAP 为上层（通常是应用支持子层 APS）提供数据服务。网络层管理实体通过访问服务接口 NLME-SAP 为上层提供网络层的管理服务，另外还负责维护网络层信息库（NIB）。下面先简单介绍这两个实体的概况。

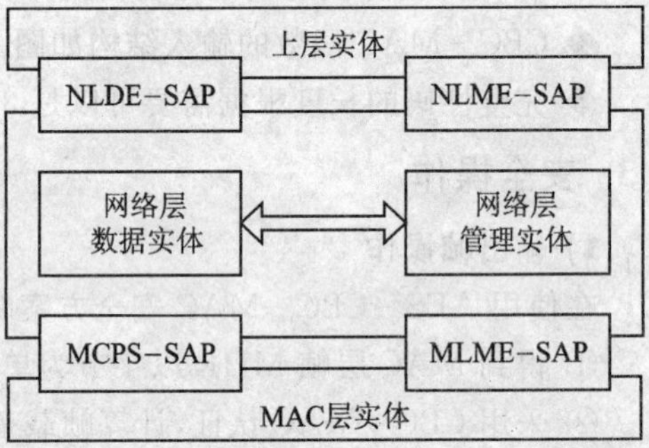

图 4-1 网络层参考模型

1. 网络层数据实体

网络层数据实体为上层提供数据传输服务，在两个或多个设备的对等层之间实现协议数据单元的传输。其内容如下：

- 通过为应用支持子层协议数据单元 PDU 增加适当的协议信息，构造网络层协议数据单元 NPDU。
- 将 NPDU 传输到某设备，该设备可以是数据传输的最终目的；也可以是到达最终目设备路由中的下一个设备。

2. 网络层管理实体

网络层管理实体提供网络管理服务。其内容如下：

- ◆ 配置和初始化设备,保证该设备有能力完成它在网络中的功能。
- ◆ 如果设备是协调器,则它应能初始化并启动一个新的网络。
- ◆ 如果设备是协调器或者路由器,则它应能支持其他设备的连接,也可以要求某设备离开网络。如果设备是路由器或者终端设备,则它应能实现与协调器和其他路由器的连接。
- ◆ 协调器或者路由器应能够为设备分配网络地址。
- ◆ 应具备发现、报告和记录与其相隔 1 跳的邻居设备的信息。
- ◆ 协调器和路由应具备发现、记录通过网络有效传送信息的路由的能力。
- ◆ 应能控制设备的接收电路处于接收状态持续时间,使 MAC 层实现同步或直接接收。

4.2 网络层功能及其实现

ZigBee 网络协调器和路由器应该具备下述功能:允许设备加入网络和离开网络;为设备分配网络内部的逻辑地址;建立和维护邻居表等。此外,网络协调器还需要有建立一个新网络的能力。而 ZigBee 设备只需要有加入和离开网络的能力即可。

4.2.1 网络的形成和维护

1. 启动网络协调器

具有网络协调器能力(必须是 FFD),同时还没有与网络建立连接的设备可以尝试建立、启动一个新的 ZigBee 网络,而 RFD 只能是与某一网络建立连接。建立网络的要求通过设备的上层发出 NLME - NETWORK - FORMATION.request 服务原语来实现。网络层接收到该原语后开始执行建立网络的工作,其具体过程如下:

开始建立网络前,网络层首先向 MAC 层发出请求原语,对所指定的信道或者默认的信道进行能量检测,以避开可能的干扰。能量检测完成后,MAC 层将检测结果使用确认原语返回给网络层,网络层对检测的结果按各信道能量值的大小进行排序,并将那些能量值超过了允许水平的信道丢弃;然后对剩余信道进行主动扫描,以检查所在的区域中有没有其他的 ZigBee 网络存在。主动扫描完成后,获得了设备所在区域内已有的各 ZigBee 网络的网络标识符(PANID),网络层根据这些信息选择自己的 PANID。要求所选择的 PANID 在使用的信道中应是唯一的,不能和其他的 ZigBee 网络冲突。在选择 PANID 时,网络层首先检查原语 NLME - NETWORK - FORMATION.request 中是否指定了 PANID。如果指定的 PANID 与存在的 PANID 都没有冲突,这个 PANID 就可以使用;否则,设备就随机选择一个 ID 值,但需要保证所选择的 ID 值与现存的 PANID 没有冲突。其次,由于 PANID 的最高两位保留为将来使用,所以选择的 PANID 应该小于或等于 0x3FFF。网络层确定了 PANID 后,它将向 MAC 层发送服务请求原语,将选择的 PANID 写入到 MAC 层的 *macPANID* 属性中。然后网络层选择一个等于 0x0000 的 16 位网络地址作为自己的短地址,并使用服务原语将这个短地址写入到 MAC 层的 *macShortAddress* 属性中。最后,网络层通过向 MAC 层发送 MLME - STATRT.request 原语启动一个新的 PAN,原语中的参数 PANCoordinator 设置为 TRUE, BeaconOrder 和 SuperframeOrder 按 NLME - NETWORK - FORMATION.request 中的相应值进行设置。MAC 层使用 MLME - STATRT.confirm 原语返回启动 PAN 的状态,网络层再使用 NLME - NETWORK - FORMATION.Confirm 原语向它的上层报告新网络建立的状态。

在上述过程中,如果设备本身不具备协调器的能力,或者能量检测时没有发现可用的信道,或者无法选择可用的 PANID,网络层将中止启动 PAN 的过程,并使用 NLME - NETWORK- FORMATION.confirm 原语向它的上层报告。

协调器建立新网络的时序图如图 4-2 所示。

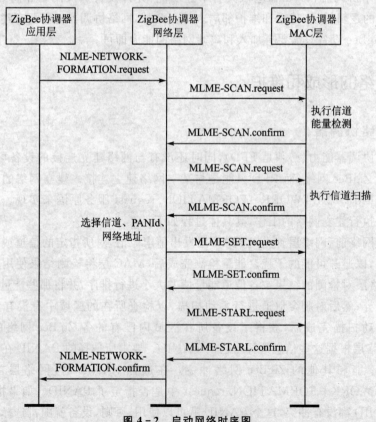

图 4-2 启动网络时序图

该原语的格式如下:

```
NLME-NETWORK-FORMATION.request(
                    ScanChannels,
                    ScanDuration,
                    BeaconOrder,
                    SuperframeOrder,
                    PANId,
                    BatteryLifeExtension
                    )
NLME-NETWORK-FORMATION.confirm(
                    Status
                    )
```

原语中的参数描述及其取值如表 4-1 所列。

表 4-1 启动网络原语参数

名 称	类 型	有效值范围	描 述
ScanChannels	位	32 位	最高 5 位(b27～b31)保留。低 27 位(b0～b26)分别代表 27 个有效信道。该位为 1,表示扫描该位对应的信道;为 0,表示不扫描
ScanDuration	整型	0x00～0x0E	计算检查每个信道的时间。检查每个信道占用的时间为 $aBaseSuperframeDuration \times (2^n+1)$ 其中:n 是参数 ScanDuration 的值
BeaconOrder	整型	0x00～0xFF	上层所希望形成的网络信标帧序号
SuperframeOrder	整型	0x00～0xFF	上层所希望形成的网络超帧序号
PANId	整型	0x000～0x3FFF 或 NULL	如果上层希望建立一个有预定标识符的网络,则可选择一个可选的个域网标识符。如果个域网标识符不确定,比如,给定一个 NULL 值,那么网络层会选定一个个域网标识符。该参数的最高两位保留,并设置为 0
BatteryLifeExtension	布尔型	TURE 或 FALSE	如果值为 TURE,则 NLME 会请求 ZigBee 协调器支持延长电池寿命的模式初始化;如果值为 FALSE,则 NLME 会请求 ZigBee 协调器不支持延长电池寿命的模式初始化
Status	状态值	INVALD_REQUEST、STARTUP_FALUR 或 MLME-START.confirm 原语返回的状态	初始化 ZigBee 协调器的结果

2. 允许设备与网络连接

ZigBee 的协调器或者路由器可以允许设备与自己建立连接。为此上层需要向网络层发送服务原语 NLME-PERMIT-JOINING.request，原语中的参数 PermitDuration 决定允许连接的时间。如果该参数的值为 0x00，则网络层通过服务原语 MLME-SET.request 将 MAC 层 PIB 属性 *macAssociationPermit* 设置为 FALSE。如果参数的值在 0x01～0xFE 之间，则网络层先将 *macAssociationPermit* 设置为 TRUE，然后按参数值启动一个定时器。定时时间到达后，网络层再将 *macAssociationPermit* 设置为 FALSE，同时停止定时器。也就是说，只有在这一段时间内，协调器或者路由器才允许设备连接。如果参数的值为 0xFF，则表示允许连接的时间没有限制，除非有新的服务原语将该属性作了改变。

注意：这里所说的允许连接时间指的是协调器或者路由器可以接受设备连接请求的时间，而设备一旦同协调器或者路由器建立了连接，只要没有其他的情况发生，则连接会一直有效，而不受任何时间的限制。

允许设备建立连接时序图如图 4-3 所示。

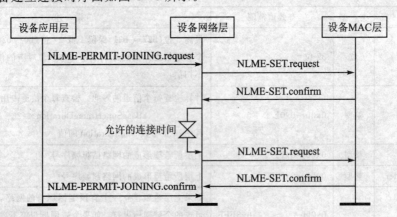

图 4-3 允许设备建立连接时序图

允许设备连接请求及确认原语的格式分别如下：

```
NLME - PERMIT - JOINING.request (
                    PermitDuration
                    )
NLME - PERMIT - JOINING.confirm (
                    Status
                    )
```

请求原语中的参数 PermitDuration 的有效值范围为 0x00～0xFF，表示协调器或者路由器允许接受连接的时间，以 s 为单位。确认原语的参数 Status 反映了网络层执行请求原语的状态。如前所述,允许连接请求原语只能由具备协调器或者路由器能力的设备的应用层发出,这时返回的参数 Status 的值为 MAC 层返回网络层的值;如果 ZigBee 终端设备的应用层发送该原语,则 Status 为 INVALID。

原语中的参数描述及其取值如表 4-2 所列。

表 4-2 允许连接原语参数

名 称	类 型	有效值范围	描 述
PremitDuration	整型	0x00~0xFF	ZigBee 协调器或路由器允许连接的时间,以 s 为单位。0x00 表示不允许连接;而 0xFF 表示没有确定的时间限制,设备可以随时连接
Status	状态值	INVALD_REQUEST 或 MLME - SET. confirm 原语返回的状态	与请求状态相对应

3. 与网络建立连接

网络中建立的设备具有父设备和子设备的从属关系。当一个新的设备向网络中已经存在的设备发出连接请求并建立了连接后,则新设备称为子设备,原来的设备称为父设备。连接的建立需要父设备与子设备相互之间进行交互操作。下面的描述中分别按父设备和子设备的操作进行,但需要注意它们之间的交互过程。子设备可以通过两种不同的方法加入到网络中。

1) 以请求连接方式建立连接

下面首先叙述子设备与网络建立连接过程中的操作,然后介绍父设备相应的操作。

当某设备希望同网络建立连接成为一个子设备时,网络层的上层(一般是应用层)向网络层发送 NLME - NETWORK - DISCOVERY. request 服务原语,原语中的参数包括需要扫描的信道、扫描持续的时间等。网络层接收到该原语后,将向 MAC 层发送服务请求原语开始执行主动扫描。MAC 层按指定的信道、扫描持续的时间等参数开始主动扫描。在扫描的过程中,一旦接收到有效长度不为 0 的信标时,MAC 层会将信标设备的地址、是否允许连接和信标的载荷等信息通过原语 MLME - BEACON - NOTIFY. indication 发送给网络层,网络层检查信标载荷中的协议标识符是否与 ZigBee 协议标识符相符。如果相符,则将接收到的信标中的有关信息复制到邻居表中(关于邻居表将在稍后叙述);否则丢弃该信标。MAC 层完成扫描后,向网络层管理实体发送 MLME - SCAN. confirm 原语,网络层再向其上层发送包括 ZigBee 版本号、栈结构、PANID、逻辑信道、安全设置和是否允许连接等信息的确认原语。上层根据这些信息就可以了解其邻居设备的情况。为了发现更多的网络或者设备,上层可以再次发送 NLME - NETWORK - DISCOVERY. request 原语。然后,上层从所发现的网络中选择一个网络进行连接,向网络层发送 NLME - JOIN. request 原语,网络层在其邻居表中选择一个合适的父设备后,向 MAC 层发送 MLME - ASSOCIATE. request 原语开始建立连接,原语中的参数为所选择的父设备的地址。MAC 层用 MLME - ASSOCIATE. Confirm 原语向网络层报告连接建立的情况。一个合适的父设备必须具备 3 个条件:希望的 PANID,允许连接,最大链路成本为 3。满足这些条件的父设备成为潜在的父设备,在邻居表中这些父设备的相应子域置为 1。如果连接成功,则原语中包含有一个在该网络内唯一的 16 位逻辑地址,这个地址就是父设备为其分配的且可在未来的通信中使用的网络地址。最后,设备的网络层将其父设备加入到它的邻居表中。至此,该设备已经与其父设备建立了连接。

如果建立连接的设备是路由器,则建立了连接后其上层将会向网络层发送服务原语,配置并启动路由器开始工作。网络层再向 MAC 层发送服务原语配置超帧,开始传送信标。如果被连接的网络是安全的,则必须等待父设备对其进行验证并建立连接后才能发送信标。

只有那些目前还没有同网络建立连接的设备才能开始建立连接的过程;否则网络层管理实体将会中止这个连接过程。在连接过程中,如果邻居表中有不止一个合适的父设备,则选择到达协调器的深度最小的那个连接;如果存在多个深度最小的合适的潜在父设备,则网络层可任意选择其中的一个。如果没有合适的父设备,则网络层管理实体将向上层发送状态为 NOT_PERMITTED 的确认原语。

如果 MAC 层发送的连接确认原语中的参数表明连接不成功,则网络层将邻居表中该设备的潜在父设备子域置为 0。此后,设备便不会再试图与它建立连接了。在这种情况下,如果邻居表中还存在其他的潜在父设备,则网络层重复上述连接过程,直到成功地与网络连接或者已尝试了所有的潜在父设备为止。如果请求连接的设备是路由器,而父设备不允许连接新的路由器(如已经连接的路由器超过了其允许的最大路由器数),则也会使连接不能成功。这时设备可以作为终端设备与父设备建立连接。

最后,如果设备不能成功地连接其上层所指定的网络,则网络层中止连接过程,并向上层发送包括错误状态代码的确认原语,该设备将不能在网络中通信。

图 4 - 4 所示为连接过程中子设备时序图,图 4 - 5 所示为连接过程中父设备时序图。

当 ZigBee 协调器或者路由器接收到设备的连接请求时,其 MAC 层会向网络层发送连接指示原语,如果它又能够接受设备的连接请求,则开始执行连接过程。网络层管理实体首先检查该设备是否已经同网络建立了连接。方法是在它的邻居表中查找是否有与该设备相匹配的 64 位地址。如果发现了相匹配的 64 位地址,则得到与这个 64 位地址对应的 16 位网络短地址,并向 MAC 层发送连接响应。如果在邻居表中没有发现相匹配的 64 位扩展地址,而协调器或者路由器还有可供分配的 16 位短地址,则为请求连接的设备分配一个 16 位短地址,向 MAC 层发出连接响应,并将该设备的信息登记在邻居表中。MAC 层再返回一个通信状态指示原语后,网络层用连接指示原语向上层报告建立连接的状态,表明子设备已经成功地建立了连接。

如果潜在的父设备已经用完了它的地址空间,它将向 MAC 层发送连接响应原语,表明自

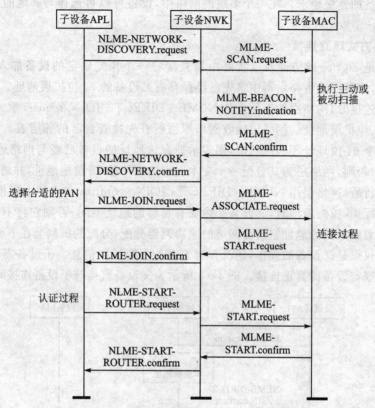

图 4-4 子设备连接时序

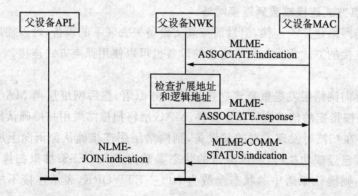

图 4-5 父设备时序

已无法接受设备的连接请求。在一个多跳的网络中,设备可以再选择与其他的潜在父设备建立连接。

2) 以直接方式建立连接

这种方式是 ZigBee 的协调器或者路由器直接将一个预先确定的设备加入到网络中来。在这种情况下,协调器或者路由器中事先已经保存有某设备的 64 位扩展地址。

开始建立连接时,网络层的上层发送 NLME-DIRECT-JOIN.request 服务原语,原语中包含有一个 64 位扩展地址。网络层接收到该原语后首先检查自己的邻居表。如果在邻居表中发现了与这个 64 位地址相匹配的值,则表示拥有该地址的设备已经与网络连接,网络层中止原语的执行;否则,网络层为其分配一个在本网络内唯一的 16 位短地址,并将其加入到邻居表中。原语执行后,网络层用 NLME-DIRECT-JOIN.confirm 向它的上层报告执行结果。在为子设备分配 16 位短地址时,父设备必须要有足够的地址空间;否则它将不能接受连接请求。协调器或者路由器的地址空间由网络的主协调器分配,分配的机制会在下面介绍。

上述过程仅仅是父设备的操作,还没有与子设备交换任何信息。子设备需要执行孤点连接过程才能实现与设备的真正连接。图 4-6 所示为父设备直接与子设备连接时序图。

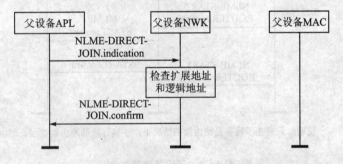

图 4-6 父设备直接与子设备连接时序图

3) 通过孤点方式连接或重新连接网络

一个已经与网络建立了连接,但目前与其父设备失去联系的设备,可以使用孤点方式重新连接。用直接连接的方式实现与网络连接的设备也可以使用孤点方式连接。下面先叙述子设备的连接流程。

首先应用层向网络层发送重新建立连接的服务原语,然后网络层向 MAC 层发送服务原语请求 MAC 层按指定的信道进行孤点扫描,MAC 层将扫描结果用扫描确认原语向网络层报告。如果子设备在扫描时发现了它的父设备,则网络层用连接确认原语向上层报告本次的连接或者重新连接已经成功执行,确认原语的状态参数为 SUCCESS;如果扫描不成功(即没有发现其父设备),则确认原语中的状态参数为 NO_NETWORK,表示连接不成功。上述过程的流程图如图 4-7 所示。

当设备接收到其 MAC 层的孤点指示原语时,就可知道存在一个孤点设备。如果接收指

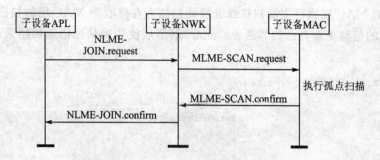

图 4-7 孤点连接子设备时序图

示原语的设备是协调器或者路由器,则它将开始父设备的孤点连接流程;否则它将中止该流程的执行。连接过程开始后,网络层管理实体应检查该孤点是否是自己的子设备。方法是将孤点设备的 64 位扩展地址和邻居表中所记录的子设备的地址进行比较。如果存在相匹配的 64位扩展地址,则网络层管理实体从邻居表中获得该孤点设备的 16 位网络地址,并向 MAC 层发送孤点响应原语,此后会接收到 MAC 层发送的通信状态指示原语。如果邻居表中不存在孤点设备的 64 位扩展地址,则表明该孤点不是它的子设备。上述过程的流程图如图 4-8所示。

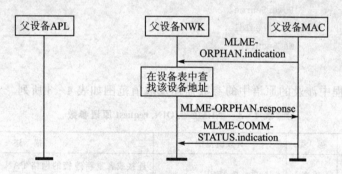

图 4-8 孤点连接父设备时序图

上述网络连接过程需要用到的原语如下。

孤点设备在建立连接以前首先要发现在其工作范围内的协调器或者路由器。这可以使用下述网络发现原语实现。原语的格式如下:

```
NLME - NETWORK - DISCOVERY.request (
                    ScanChannels,
                    ScanDuration
                    )
```

该原语由应用层产生并发送给网络层,请求网络层发现在其无线工作范围内的 ZigBee 网络。网络层管理实体接收到该原语后,根据设备的种类及功能,按原语中指定的信道和扫描持续的时间,通知 MAC 层执行主动扫描或者被动扫描。在接收到 MAC 层的扫描确认原语后,根据扫描返回的信息更新自己的邻居表。此后,网络层使用确认原语返回结果。返回原语的格式如下:

```
NLME - NETWORK - DISCOVERY.confirm (
                    NetworkCount,
                    NetworkDescriptor,
                    Status
                    )
```

在执行发现原语时,如果设备是 FFD,或者虽然是 RFD 但是实现了主动扫描,则它执行主动扫描;否则执行被动扫描。设备请求与网络连接原语的格式如下:

```
NLME - JOIN.request (
                    PANId,
                    JoinAsRouter,
                    RejoinNetwork,
                    ScanChannels,
                    ScanDuration,
                    PowerSource,
                    RxOnWhenIdle,
                    MACSecurity
                    )
```

上述连接过程中涉及的原语中的参数描述及取值范围如表 4-3 所列。

表 4-3　NLME-JOIN.request 原语参数

名 称	类 型	有效值范围	描 述
PANid	整型	0x0000～0x3FFF	连接或者重新连接的网络 PAN 标识符,最高两位保留,并设置为 0
JoinAsRouter	布尔型	TURE 或 FALSE	如果设备企图以路由器接入网络,则该参数为 TURE;反之为 FALSE。该参数只有在通过联合方式连接的网络请求时有效,而在其他两种方式将忽略该参数
RejoinNetwork	布尔型	TURE 或 FALSE	通过直接连接或者孤点重新连接的网络,该参数为 TURE;通过联合连接的网络,该参数为 FALSE
ScanChannels	位	32 bit	最高 5 位(b27～b31)保留。低 27 位(b0～b26)分别表示 27 个有效信道。该位为 1,表示扫描该参数;为 0,表示不扫描。该参数在联合连接请求中将被忽略

续表 4-3

名称	类型	有效值范围	描述
ScanDuration	整型	0x00～0x0E	该参数用于计算检查每个信道所花费的时间。检查每个信道占用的时间为 $aBaseSuperframeDuration \times (2^n + 1)$ 其中，n 是参数 ScanDuration 的值
PowerSource	整型	0x00～0x01	当成功执行网络层连接原语后，生成 MLME-ASSOCIATE.request 原语，该参数的一部分传送给此原语 0x01＝市电供电的设备 0x00＝其他电源供电的设备
RxOnWhenIdle	整型	0x00～0x01	该参数表示设备在超帧的空闲活动部分中是否接收无线传送的数据包 0x01＝空闲时，接收机有效 0x00＝空闲时，接收机无效 在非标准网络中，当设备为 ZigBee 路由器或协调器时，该参数值为 0x01
MACSecurity	整型	0x00～0x01	当成功执行网络层连接原语后，生成 MLME-ASSOCIATE.request 原语，该参数作为 CapablityInformation 参数的一部分传送此原语 0x01＝MAC 层安全性有效 0x00＝MAC 层安全性无效
CapabilityInformation	位		指定可选连接网络设备的功能
ShortAddress	网络地址	0x0000～0xFFFF	已连接网络的实体网络地址
ExtendedAddress	64 位 IEEE 地址	任何一个 64 位 IEEE 地址	已连接网络的实体 IEEE 地址
DeviceAddress	64 位 IEEE 地址	64 位 IEEE 地址	要求直接连接网络的设备 64 位 IEEE 地址
Status	状态值	SUCCESS、ALREADY_PRESENT、TABLE_FULL、INVLID_REQUES、NOT_PERMITTED 或者 MAC 层确认原语的返回状态值	请求原语的响应状态值

注：表中 CapabilityInformation 为有关设备能力的属性，它是字段结构的，如表 4-4 所列。

表 4-4 位段的性能信息

位序	名称	描述
0	备用 PAN 协调器	在 ZigBee 的 v1.0 中,该位为 0
1	设备类型	如果连接设备为 ZigBee 的路由器且参数 JoinAsRouter 的值为 TURE,则为 1;如果设备为 ZigBee 终端设备或者作为终端设备连接的具有路由能力的设备,则为 0
2	电源	该位为 NLME - JOIN.request 原语中参数 PowerSource 的最低位 0x01=主电源设备 0x00=其他电源
3	空闲接收机工作状态	该位为 NLME - JOIN.request 原语中参数 RxOnWhenIdle 的最低位 0x01=空闲接收机工作 0x00=空闲接收机关闭
4,5	保留	在 ZigBee 的 v1.0 中,这些位为 0
6	安全性能	该位为 NLME - JOIN.request 原语中参数 MACSecurity 的最低位 0x01= MAC 层安全性有效 0x00= MAC 层安全性无效
7	分配地址	在 ZigBee 的 v1.0 中,该位为 1,表示连接的网络设备必须分配一个 16 位的短地址

4. 邻居表

设备的邻居表中包含有该设备无线传输范围内每一个相邻设备的信息。每个邻居占一项,每一项又分为若干个域,分别描述设备的不同特性。表中包括必要信息和可选信息,凡前面有"*"号者为可选项,其余是必选项。有些设备的邻居表可以只包含必选项。邻居表信息及其描述如表 4-5 所列。

表 4-5 邻居表信息及其描述

名称	类型	有效值范围	描述
PANId	整型	0x0000~0x3FFF	邻居设备的 16 位 PAN 识别符。每一个邻居表中都存在该子域
ExtendedAddress	整型	IEEE 扩展地址	唯一的 64 位 IEEE 地址。如果邻居设备是父设备或是子设备,则存在该子域
NetworkAddress	网络地址	0x0000~0x3FFF	邻居设备的 16 位网络地址。每一个邻居表中都存在该子域
Devicetype	整型	0x00~0x03	邻居设备类型: 0x00=ZigBee 协调器 0x01=ZigBee 路由器 0x02=ZigBee 终端设备 每一个邻居表中都存在该子域

续表 4-5

名　称	类型	有效值范围	描　述
*RxOnWhenIdle	布尔型	TURE 或 FALSE	表示邻居设备接收机在超帧活动期的空闲期是否工作： TURE＝接收机关 FALSE＝接收机开
Relationship	整型	0x00～0x03	邻居设备与当前设备之间的关系： 0x00＝邻居设备为父设备 0x01＝邻居设备为子设备 0x00＝邻居设备为同属设备 每一个邻居表中都存在该子域
*Depth	整型	$0x00 \sim nwkcmax\text{-}depth$	邻居设备的树状深度。0x00 表明设备为网络的 ZigBee 协调器
*Premit joining	布尔型	TURE 或 FALSE	表示邻居设备是否正在接受连接请求： TURE＝邻居设备正在接受连接请求 FALSE＝邻居设备没有接受连接请求
*Transmit Failure	整型	0x00～0xFF	表明以前设备的传送是否成功。值越大则表明越失败。该项为可选项
*Potential patent	整型	0x00～0x01	表示是否将连接失败的邻居设备设置为潜在的父设备 0x00＝邻居设备不是潜在的父设备 0x01＝邻居设备是潜在的父设备
*LQI	整型	0x00～0xFF	RF 传输链路质量的平均值
*Logical channel	整型	PHY 支持的可用逻辑信道	邻居设备工作的逻辑信道
*Inconming beacon timestamp	整型	0x000000～0xFFFFFF	邻居设备接收到的最后一个信标帧的时间标记
*Beacon transmission time offset	整型	0x000000～0xFFFFFF	邻居设备信标与其父设备信标之间的传输时间差。从相应的输入信标时标减去该偏差可计算出邻居的父设备传送信标的时间

5．断开与网络的连接

在 ZigBee 技术中有两种基于 MAC 层的使设备与网络断开的方法，即子设备向其父设备发出断开请求和父设备向子设备发出断开命令的方法。

1）子设备请求断开连接的方法

当子设备希望断开与其父设备的连接时，其应用层向网络层发送参数 DeviceAddress 为

NULL 的 NLME – LEAVE. request 服务请求原语。网络层接收到该原语后即向 MAC 层发送 MLME – DISASSOCIATE. request 请求原语,尝试执行断开连接的操作。MAC 层执行断开连接的操作后,用服务原语向网络层报告断开连接操作执行的结果。网络层结束断开流程,向应用层返回 NLME – LEAVE. confirm 原语,并将 MAC 层返回的操作状态向应用层报告。

ZigBee 网络协调器或者路由器接收到子设备断开连接的请求后,MAC 层向网络层发送断开连接指示原语,父设备的网络层首先检查邻居表,以确定网络中是否存在这个子设备。如果存在这个子设备,则从邻居表中将该设备删除,并向应用层发送 NLME – LEAVE. indication 原语,表示该子设备已经断开连接。如果在邻居表中查找不到该子设备,则中止流程的执行。

2) 父设备强行将子设备断开连接

当父设备因为某些原因需要将一个子设备断开与自己的连接时,它的应用层会首先向网络层发送 NLME – LEAVE. request 服务请求原语,原语中的参数为需要断开的子设备的 64 位扩展地址。网络层接收到该原语后先检查其邻居表是否存在这个子设备的地址。如果搜索到相匹配的地址,则网络层将其从邻居表中删除,并向 MAC 层发送断开连接请求原语。当接收到 MAC 层的确认原语后,网络层将 MAC 层执行原语的状态向应用层报告。

在上述流程中,如果请求执行断开操作的设备不是协调器或者路由器,则网络层会中止该流程,并向应用层发送参数为 INVALID – REQUEST 的确认原语。如果网络层管理实体在邻居表中没有发现匹配的 64 位扩展地址,也中止该流程,并向应用层发送状态参数为 UNKNOWN_DEVICE 的确认原语。

上述断开连接请求、断开连接指示和断开连接确认原语的格式分别如下:

```
NLME – LEAVE.request (
                DeviceAddress
                )

NLME – LEAVE.indication (
                DeviceAddress
                )

NLME – LEAVE.confirm (
                DeviceAddress,
                Status
                )
```

其中:在子设备希望与其父设备断开连接时,请求原语中的参数 DeviceAddress 应取为 NULL;而父设备希望断开它的某一子设备的连接时,参数 DeviceAddress 应为该设备的 64 位扩展地址。详情见表 4 – 6。

表 4-6 断开连接原语参数

名　称	类　型	有效值范围	描　述
DeviceAddress	64 位 IEEE 地址	任何 64 位 IEEE 地址	在请求原语中,该参数是被断开设备的 64 位 IEEE 地址。当设备请求将自身与网络断开时,为空地址(NULL);在指示和确认原语中,如果发送该原语的设备已经同其父设备断开连接,则 64 位设备为空地址(NULL)
Status	状态值	INVALID_REQUEST、UNKNOWN_DEVICE 或者为 MLME-DISASSOCIATE.confirm 原语返回的状态值	原语的状态值

6. 分布式地址分配机制

在树簇形网络中,设备与设备之间形成父子关系,有一个网络主协调器和若干路由器以及数量不等的终端设备。网络中的每个设备都可以有一个网内唯一的 16 位短地址,这个短地址是由它的父设备分配的,父设备应拥有一定数量的地址段。

协调器确定在本网络内最多可以拥有的子设备的个数,这些设备包括有路由能力的设备和简单的终端设备;路由器的最大个数由 NIP 属性 $nwkMaxRouters$ 确定,其余的为终端设备。每一个设备有一个连接深度,表示的是终端设备将一个帧传送到协调器中所需的最小跳数。协调器本身的连接深度为 0,它的子设备的连接深度为 1,其余设备的连接深度大于 1。协调器决定网络的最大深度。

假如父设备能够拥有的子设备的数量的最大值为 $nwkMaxChiidren(C_m)$,网络的最大深度为 $nwkMaxDepath(L_m)$,子设备中允许路由器的最大个数为 $nwkMaxRouters(R_m)$,则函数 $Cskip(d)$ 是父设备所拥有的地址数。其公式如下:

$$Cskip(d) = \begin{cases} 1 + C_m \cdot (L_m - d - 1) & (若 R_m = 1) \\ \dfrac{1 + C_m - R_m - C_m \cdot R_m^{L_m - d - 1}}{1 - R_m} & (其他) \end{cases}$$

地址分配按如下方式进行:

如果一台父设备的 $Cskip(d)$ 值大于 0,则该设备就可以允许其他设备连接,并为连接的设备分配地址。如果连接的设备是路由器,则可以为它分配一组地址;否则为它分配一个唯一的地址。在为具有路由能力的若干子设备分配地址时,第一台路由器的地址比自己的地址大 1,其余地址的分布以 $Cskip(d)$ 为间隔。即如果父设备本身的地址为 10,则第一台路由器的地址为 11,第二台路由器的地址为 $Cskip(d)+11$,第三台路由器的地址则为 $2*Cskip(d)+11$ 等。网络中终端设备的地址则跟在最后一台路由器的后面安排,如下式所示:

$$An = \text{Aparent} + \text{Cskip}(d) * R_m + n$$

式中：An 是第 n 个设备的地址；Aparent 是其父设备的地址；R_m 是路由器数量；$1 \leqslant n \leqslant (C_m - R_m)$。图 4-9 所示为一个 ZigBee 网络地址分布示例，其中主协调器允许的最大子设备数为 4，最大路由器数也为 4，网络深度为 3。图中给出了各设备的地址和 $\text{Cskip}(d)$ 值。表 4-7 所列为网络深度与偏移量取值。

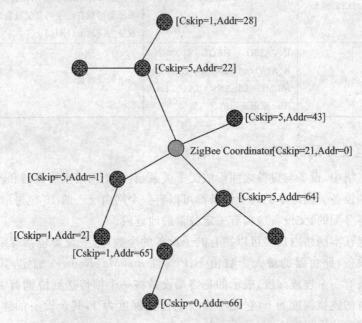

图 4-9 网络地址分配图例

表 4-7 网络深度与地址偏移量

网络深度 d	偏移 $\text{Cskip}(d)$	网络深度 d	偏移 $\text{Cskip}(d)$
0	21	2	1
1	5	3	0

在上述地址安排方式中，由于各路由器的子地址块不能共享，因此可能会出现这样的情况，一台父设备已经用完了它自己可以分配的地址，但另一台父设备还有剩余的地址没有使用。当某父设备没有空余的地址可供分配时，它便不能再接受其他设备的连接。在这种情况下，希望连接的设备可以搜索其他的父设备，如果在它的无线收发范围内没有发现其他的、可以接受它的连接请求的父设备，则该设备将无法接入网络。当然，如果网络结构发生了一些变化，如该设备的位置发生了移动，或出现了允许它连接的父设备，就可以接入网络。由于 ZigBee 协议的 1.0 版本不支持动态地址分配，所以可能会出现网络的地址远远没有使用完，但某些父设备又没有足够的地址来接受子设备的连接请求的情况，从而造成网络地址资源的浪费。

ZigBee 协议的 1.0 版本提供了一种可以由设备的高层安排地址的方法，当网络层属性

$nwkUseTreeAddrAlloc$ 置为 TRUE 时,父设备按上述方法为连接的路由器分配地址。当该属性置为 FALSE 时,设备的地址块可以由上层设置。

在一个树簇形网络里,可以认为网络层属性 $nwkMaxDepth$ 大致决定了从树的根节点(即协调器)到最远的端节点之间的距离,也基本上确定了网络的"直径"。在理想的情况下,当协调位于网络的中心位置时,网络的直径为 $2*nwkMaxDepth$。但在实际的应用中,节点的安置和部署由具体的应用决定,所以实际的网络直径要小一些。在最坏的情况下,$nwkMaxDepth$ 就是网络直径的最小值,而最大值是 $2*nwkMaxDepth$。

7. 改变 ZigBee 协调器配置

协调器配置包括以下组成部分:
◆ 设备是否希望成为一个协调器;
◆ MAC 层超帧序号;
◆ MAC 层信标序号;
◆ 是否使用电池寿命扩展模式。

网络层管理实体接收到 NLME - START - ROUTER.request 服务原语后,开始执行操作,并用确认原语向应用层报告原语执行的状态。如果执行成功,则协调器或者路由器按新的配置开始工作。原语的格式见本小节的"1. 启动网络协调器"部分的介绍。

8. 设备复位

复位使设备从初始状态开始工作。设备在以下 3 种情况下需要复位:
① 设备上电时;
② 在试图与网络建立连接前;
③ 在同网络断开连接后。

在复位过程中,网络层执行这样一些操作:首先向 MAC 层发送服务原语,将 MAC 层属性设置为默认值;然后将 NIB 中的属性和常用的变量也设置为默认值,路由表中的路由项设置为空白。有些设备在 ROM 中保存有网络层的信息,这些信息复位后也被恢复。复位后,设备需要与网络建立连接后才能与网络内的其他设备进行通信。

应用层通过发送复位请求原语实现设备复位,复位操作执行后,网络层用确认原语向应用层报告复位操作执行的结果。

设备复位请求原语的格式如下:

NLME - RESET.request()

该服务原语没有任何参数。
设备复位确认原语的格式如下:

NLME - RESET.confirm(

Status
)

当复位操作成功执行后,原语中的参数 Status 为 MLME‑RESET.confirm 返回的状态,如果复位不成功,则返回参数为错误代码 DISABLE_TRX_FAILURE。

网络层复位操作时序如图 4‑10 所示。

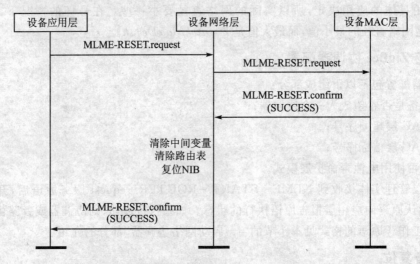

图 4‑10 网络层复位时序

4.2.2 发送和接收数据

1. 发送数据

设备与网络建立了连接后就可以向网络上的其他设备发送数据了。网络层接收到应用层要求发送的数据后,即将数据构造成网络层协议数据单元 NPDU(网络层帧),传输的帧中包含有一个目的地址和一个源地址。如果需要对帧进行安全处理,则根据安全方案对数据进行相应的处理。当构造好网络层帧并根据路由算法确定了传输路由后,网络层即向 MAC 层发送原语 MCPS‑DATA.request,请求发送网络层协议数据单元。MAC 层将通过确认原语返回数据发送的结果。

如果网络层信息库(NIB)确定的网络安全级别为非 0 值——即需要使用安全机制,并且属性 *SecurityEnable* 的值为 TRUE,则在发送数据帧之前需要对帧进行相应的安全处理。如果安全处理失败,在发送数据帧的情况下,网络层用原语 NLDE‑DATA.confirm 向应用层报告,并丢弃该帧;如果发送的是命令帧,则网络层简单地将其丢弃。

2. 接收和拒绝

为了接收数据,设备必须让收发电路处于接收状态。

应用层向网络层发送 NLME - SYNC. request 原语,使设备进入接收状态。在一个使用信标的网络中,该原语将设备与它的父设备的下一个信标同步,或者跟踪信标。为此,网络层将向其 MAC 层发送 MLME - SYNC. request 原语。在不使用信标的网络中,网络层使用 MLME - POLL. request 原语向其父设备轮询。

在不使用信标的网络中,ZigBee 协调器或者路由器必须在最大程度上保证设备在非发射状态时总是处于接收状态。在使用信标的网络中,网络层应确保设备在其超帧活动期和其父设备的超帧活动期。如果设备不处于发射状态,就必须在接收状态。为实现这一点,网络层可以将 MAC 层 PIB 属性 $macRxOnWhenIdle$ 设置为 TRUE。接收电路处于接收状态时,MAC 层就会将接收到的目的地址与自身网络地址相符合的帧或者广播帧,并使用数据指示原语传送给网络层。网络层将帧的 Radius 域的值减 1,如果结果为 0,则不再重发,但可能将该帧传送给上层,或者由网络层进行处理。如果接收帧的目的地址与设备地址相符,则使用数据指示原语 NLDE - DATA. confirm 将该帧传送给上层;广播帧也应向上层传送,同时还需按路由算法将其转发。有关路由算法和路由器对接收帧的处理将在稍后介绍。

网络层管理实体首先检查帧控制子域中的安全控制子域,并对接收到的帧进行相应的处理。然后,网络层将接收到的帧用数据服务原语传送给应用层。对于广播帧,还需将其继续传送。如果接收的地址不相符合,又不是广播帧,则直接将其丢弃。

3. 发送和接收数据服务原语

网络层数据实体服务接入点支持请求、确认和指示 3 种服务原语。

1) NLDE - DATA. request 原语

该原语实现应用支持子层(APS)之间的数据传输。原语的格式如下:

```
NLDE - DATA.request (
                DstAddr,
                NsduLength,
                Nsdu,
                NsduHandle,
                BroadcastRadius,
                SiscoverRoute,
                SecurityEnable
                )
```

当设备需要发送数据时,其应用层就会产生该原语,并将其通过网络层数据服务接入点发送给网络层数据实体。网络层接收到该原语后,首先构造网络层协议数据单元,然后使用

4.2.3小节所描述的算法确定传输路由,并向 MAC 层发送 MCPS-DATA.request 服务原语实现 NSDU 的传送。网络层在接收到 MAC 层的 MCPS-DATA.confirm 原语后,将其返回的状态用 NLDE-DATA.confirm 原语向应用层报告。

2) NLDE-DATA.confirm 原语

网络层用该原语向应用层报告 NLDE-DATA.request 原语执行的结果。原语的格式如下:

```
NLDE-DATA.confirm (
                NsduHandle,
                Status
                )
```

3) NLDE-DATA.indication 原语

网络层接收到一个数据帧时,就产生该原语,并将其传送给应用层。应用层接收到这个原语后,就可得到传送给自己的数据。原语的格式如下:

```
NLDE-DATA.indication (
                SrcAddress,
                NsduLength,
                Nsdu,
                LinkQuality
                )
```

上述原语中的参数描述及其取值范围如表 4-8 所列。

表 4-8 数据传送原语参数

名称	类型	有效值范围	描述
Dstaddr	网络地址	0x0000~0xFFFF	NSDU 目的地址
NsduLength	整数		传输的 NSDU 的长度(字节)
Nsdu			传输的 NSDU 本身
NsduHandle	整数	0x00~0xFF	NWK 层实体传送有关 NSDU 的操作
BroadcastRadius	无符号整数	0x00~0xFF	帧在网络中允许传输的跳数
DiscoverRoute	整数	0x00~0x02	该参数可以用来控制帧传送路由发现操作(参看 4.2.3小节中"4. 路由发现"部分) 0x00=阻止路由发现 0x01=运作路由发现 0x02=促使路由发现

续表 4-8

名称	类型	有效值范围	描述
SecurutyEnable	布尔	TRUE 或 FALSE	该参数可以用来激活 NWK 层对当前帧的安全操作。如果在 NIB 中定义的安全等级为 0，就意味着无安全防备，那么可忽略此参数；反之亦然。TRUE 表示安全等级规定的安全操作将被应用，FALSE 表示不应用安全操作
SrcAddress	16 位器件地址	任何有效器件的地址（除了广播地址）	发送本 NSDU 的设备地址
NsduLength	整数		NSDU 的字节数
NUDU			NSDU 数据本身
LinkQuality	整数	0x00～0xFF	当收到作为 MCPS-DATA 指令的初始值参数的帧时，MAC 传送连接特性指令
Status	状态	INVALID_REQUEST、MAX_FRM_COUNTER、NO_KEY、BAD_CCM_OUTPUT 或是任何从安全服务或 MCPS-DATA 确认原语返回的状态值	通信请求的状态

4.2.3 路由选择和维护

在 ZigBee 网络中，借助于协调器和路由器可以实现帧的多跳传输。协调器和路由器应具备如下功能：

◆ 为上层中继数据；
◆ 为其他路由器中继数据帧；
◆ 参与路由选择，建立后续数据帧的路由；
◆ 为终端设备实现路由选择；
◆ 参与端到端的路由修复；
◆ 参与本地路由修复；
◆ 在路由选择和路由修复过程中，使用协议规定的路由成本进行度量。

协调器和路由器还可能提供如下功能：

◆ 记录最佳路由，维护路由表；
◆ 执行路由选择任务；
◆ 执行端到端的路由修复；

◆ 为其他的路由器发起本地路由修复。

1. 路由成本

路由成本是路由质量的一种度量,与整个路由中的每一条链路有关,是组成路由的每条链路的成本之和。

假定一个长度为 L 的路由 P,由一系列设备 $[D_1, D_2, \cdots, D_L]$ 组成,它包含若干个子路由 $[D_1, D_{i+1}]$,其路由成本为:

$$C\{P\} = \sum_{i=1}^{L-1} C\{[D_i, D_{i+1}]\}$$

其中: $C\{[D_i, D_{i+1}]\}$ 为链路成本,可记为 $C\{L\}$。它是链路的函数,其取值集合为 $[0, \cdots, 7]$。该函数的表达式为:

$$C\{L\} = \begin{cases} 7 \\ \min\left(7, \text{round}\left(\frac{1}{p_l^4}\right)\right) \end{cases}$$

其中: p_l 是通过链路 l 发送数据包的概率。

因此,链路成本为链路接收数据包的概率的倒数,该数为预期从该链路得到数据包的请求次数,但其最大值为 7。设备可以通过将 NIB 属性 *nwkReportConstantCost* 设置为 TRUE,以强迫设备报告链路成本。

然而对于测量或估算 p_l 的方法并没有作出规定,完全可以由协议的实现者充分发挥自己的才智。一般认为最为准确的方法是通过检查帧的序列号来计算丢失的帧,从而估算 p_l 的值。还可以利用物理层和 MAC 层提供的每一帧的 LQI,计算其平均值获得 p_l。实际实现中,最初的估计值就是基于 LQI 的。可以使用列表函数来实现 LQI 平均值到 $C\{l\}$ 的映射。需要注意的是,不准确的路由成本将对路由算法产生不好的影响。

2. 路由表

ZigBee 协调器或者路由器负责路由表的建立和维护。路由表中有若干个路由项,每一个路由项包含的信息如表 4-9 所列。路由表应该保留一些空白的路由项,作为路由修复或者增加路由之用。当然,在允许的情况下,也可以删除不再使用的路由项。但 ZigBee 协议中没有对此作出规定。表 4-10 列出了路由状态的各种可能取值。

表 4-9 路由表

域 名	大 小	描 述
Destination address	2 字节	该路由的 16 位网络地址
Status	3 位	路由的状态
Next-hop address	2 字节	到达目的地址的路由中下一跳的 16 位网络地址

表 4 - 10 路由状态值

状 态	数 值	说 明
ACTIVE	0x00	该路由可用
DISCOVERY_UNDERWAY	0x01	正在搜索发现路由
DISCOVERY_FAILED	0x02	发现路由失败
INACTIVE	0x03	该路由不可用
Reserved	0x04～0x07	保留

在下面的路由算法描述中,一个设备如果能借助于它的路由表建立起到达某目的设备的路由,则该设备被称为具有"路由能力"。具体地说,它应该具备下述特性:
◆ 是一个协调器或者路由器;
◆ 维护有路由表;
◆ 路由表中有空闲的位置,或者已经建立有到达目的地址的路由;
◆ 可进行路由修复,并且如上所述路由表中保留有为此目的的空闲位置。

此外,在协调器或者路由器中还应维护一个路由发现表,表中包含的信息如表 4 - 11 所列。与路由表不同的是,路由表中的路由项是长期保留存在的,而路由发现表的路由项仅在发现路由的过程中存在,并且可以重新生成。

表 4 - 11 路由发现表

域 名	长度/字节	描 述
Route request ID	1	路由请求命令帧的序列号,设备启动一次路由请求,序列号加 1
Source address	2	路由请求发起者的 16 位网络地址
Sender address	2	对应于入口的路由请求标识符和源地址,发送最新的、最低成本的路由请求命令帧的设备 16 位网络地址。这个域常用来确定最终路由应答命令帧所经过的路由
Forward cost	1	从路由请求源设备到当前设备所积累的路由成本
Residual cost	1	次当前设备到目的设备所积累的路由成本
Expiration time	2	减法计数器。它以 ms 为单位,其初始值为 nwkcRouteDiscoveryTime,计数到 0 表示时间耗尽

满足如下两个条件的设备被称为具有"路由发现能力":
◆ 维护有一个路由发现表;
◆ 路由发现表中有空闲的位置。

3. 接收到数据帧

网络层的任务之一是将数据帧传送到目的地。对于协调器或者路由器而言,需要发送出去的数据帧可来自于本设备的上层,也可来自于其下层(MAC 层);有具有特定目的地址的帧,也有广播帧。网络层按图 4-11 所示的基本路由算法实现数据发送。

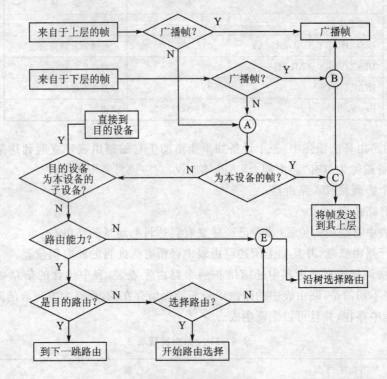

图 4-11 基本路由算法

如果网络层接收到的数据帧来自于上层,其目的地址是广播地址,则按广播帧传输方法传送,详见 4.2.5 小节。

如果接收帧的设备是协调器或者路由器,而且帧的目的地址是终端设备并且是自己的子设备,则将其下一跳地址设为最终目的地址,并直接使用 MCPS-DATA.request 原语将该帧发送到目的设备。

有路由能力的设备首先检查网络层帧头的路由发现子域,如果设置为 0x02,则设备立即开始路由发现过程;否则,设备将检查路由表中有没有与帧的目的地址相匹配的路由项。如果有,则进一步检查该路由项的状态域。如果该状态域为 ACTIVE,则设备将使用 MCPS-DATA.request 原语中继该数据帧。原语中参数 SrcAddrMode 和 DstAddrMode 的值都应当是 0x02,即使用 16 位短地址。SrcPANId 和 DstPANId 均应设置为 MAC 层属性 PANId 的值。SrcAddr 置为设备的 *macShortAddress*,而 DstAddr 则应为路由表中对应目的设备下一跳的地址。参数 TxOptions 总是在与 0x01 作按位"与"运算后为非零值,表示需要确认。如果在上述检查路由表中有相匹配的路由项,但其状态为 DISCOVERY_UNDERWAY,则路由器认为已经开始了该帧的路由发现,可以将该帧暂时缓存起来等待发送。或者,在网络层属性 *nwkUseTreeRouting* 为 TRUE 时,也可以按树的层次路由发送。这时,帧头的发现路由控制子域应置为 0x00。如果路由表中相关路由项的路由状态域为 DISCOVERY_FAILED 或者 INACTIVE,则设备将使用沿树形结构的分层路由发送该帧,网络层属性 *nwkUseTreeRouting* 也应设为 TRUE。如果设备的路由表中没有与目的设备对应的路由项,则检查帧首部的路由发现子域的值是否为 0x01。如果是,则设备立即开始路由发现过程(路由发现过程稍后介绍)。如果帧首部的路由发现子域的值是 0x00,NIB 属性 *nwkUseTreeRouting* 为 TRUE,则设备将使用沿树形结构的分层路由中继该帧。如果帧首部的路由发现子域的值是 0x00,NIB 属性 *nwkUseTreeRouting* 为 FALSE,同时路由表中又没有与目的地址相对应的路由项,则设备将该帧丢弃,向上层发送状态为 INVALID_REQUEST 的 NLDE-DATA.confirm 原语。

一个没有路由能力的设备将使用层次路由算法,按树形结构实现帧的路由,同时设定 NIB 属性 *nwkUseTreeRouting* 为 TRUE。对于层次路由算法而言,如果目的地址是该设备的一个后代的地址,则设备将数据帧发送给适当的子设备。如果目的地址是设备的一个子设备,并且它是一个终端设备,但由于目的设备的收发电路处于关闭状态,而使数据帧的发送不能成功,则可以使用间接传输的方式实现帧的传输。如果目的地址不是设备的后代,则设备将数据帧发送到自己的父设备。

简单地说,网络中的每一个设备都是 ZigBee 协调器的"后代",而终端设备没有"后代"。对于一个深度为 d、地址是 A_n 的路由器,在下式成立时,地址为 D 的目的设备是其后代。

$$A < D < A + \text{Cskip}(d-1)$$

其中:Cskip(d)的定义见 4.2.3 小节。

如果能够确定目的设备是本设备的后代,则下一跳的地址 N 由下式给出:

$$N = D$$

对于 ZigBee 终端设备,这里 $D > A + R_m \times \text{Cskip}(d)$。对于其他情况:

$$N = A + 1 + \left[\frac{D-(A+1)}{\text{Cskip}(d)}\right] \times \text{Cskip}(d)$$

如果网络层接收到来自于 MAC 层的帧,其目的地址是广播地址,则网络层首先重新广播该帧,然后传送到自己的上层处理。如果不是广播帧且帧目的地址与自己的网络地址相同,则将该帧传送到自己的上层进行处理。在其他情况下,接收该帧的设备处于路由的中间位置,它应按照上面描述的过程进行处理。

4. 路由发现

路由发现是建立到达某一目的设备的路由的过程。ZigBee 网络中的相关设备相互合作实现路由的发现及建立路由表。这通常与特定的目的地址和源地址有关。

1) 发起路由搜索

网络层按下述情况开始路由发现:

- 网络层接收到上层发送的 NLDE – DATA.request 的服务原语,并且原语中的参数 DiscoveryRouter 为 TRUE;
- 虽然 DiscoveryRouter 设置为 FALSE,但路由表中没有与帧的目的地址相对应的路由项;
- 接收到来自 MAC 层的数据帧,其网络层首部中的地址不是本设备的地址,也不是广播地址,帧的路由发现子域设置既不是 0x02,也不是 0x01,路由表中也没有与网络层帧首部的目的地址对应的路由项。

在上述情况下,如果设备没有路由能力,属性 nwkUseTreeRouting 设置为 TRUE,则将被传送的帧沿着树形结构使用分级路由发送;如果属性 nwkUseTreeRouting 设置为 FALSE,则将该帧丢弃。

如果设备的路由表中没有与目的地址对应的路由项,则将在路由表中增加一个新的路由项,并将它的状态设置为 DISCOVERY_UNDERWAY。如果设备的路由表中有与目的地址对应的路由项,而且其状态为 ACTIVE;则使用该路由项,并保持其状态仍然为 ACTIVE。如果路由项的状态不是 ACTIVE,则将其状态设置为 DISCOVERY_UNDERWAY,并使用该路由项。如果相应的路由发现表项不存在,则应当建立一个。

每一个发出了路由请求命令帧的设备应维护一个路由请求计数器,用来标识路由请求。当产生一个新的路由请求时,路由请求计数器加 1,并将计数值记录在路由发现表的路由请求标识域中。路由表和路由发现表中的其他域按 4.2.3 小节中描述的设置。路由发现表中的路由请求定时器的定时时间为 nwkcRouteDiscoveryTime ms。当定时时间到时,将从路由发现表中删除这个路由发现项。这时,如果路由表中相应的路由项的状态仍然为 DISCOVERY_UNDERWAY,而且路由发现表中也没有其他的路由项与该目的地址对应,则也将路由表中的该路由项删除。

网络层也可以选择先将帧存储起来,等待路由发现完成。如果 NIB 属性 nwkUseTreeRouting 为 TRUE,则置帧的路由发现子域为 0,并将数据帧沿树形结构发送。

设备一旦在路由表中建立了相应的路由发现表,并在路由表中设立了相应的路由项,网络层就生成一个载有有效载荷的路由命令请求帧。帧中的各子域按下述设置:命令帧标识符域为路由请求命令;路由请求标识符域应设置为存储在路由发现表中的相应项;目的地址域应设置需要发现其路由的目的设备的 16 位网络地址;路由成本域设定为 0。然后使用 MCPS – DATA.request 将生成的命令帧提交给 MAC 层,以广播的方式发送出去。

在路由发现阶段,网络层应将路由发现命令重播 nwkcInitialRREQRetries 次,重播的时间间隔是 nwkcInitialRREQRetryInterval ms。

2) 接收到路由请求命令

当接收到一个路由请求命令时,设备按图 4 – 12 所示流程进行处理。

设备首先检查自己是否有路由能力,如果没有路由能力,则检查该路由请求命令是否从一个有效路径接收的。所谓有效路径是指该命令帧是从它的一个子设备接收的,并且发送命令

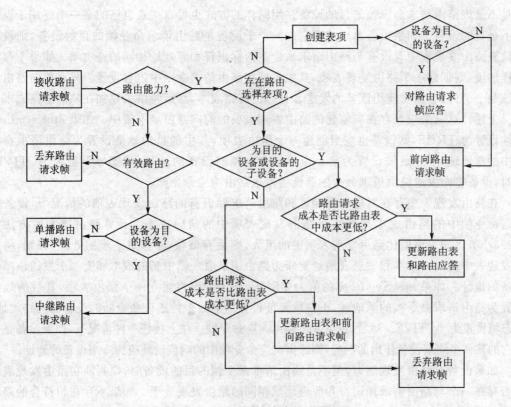

图 4-12 路由请求命令的处理流程

帧的源设备是子设备的一个后代;或者,该命令帧是从它的父设备接收的,发送命令的源设备不是其后代。

如果命令帧来自于有效的路由,则设备将检查自己是不是帧的目的设备,同时也将帧载荷域的目的地址与自己的某一个终端设备的地址相比较。如果设备本身或者它的某一个子设备是命令帧的目的,则发出响应命令帧作为回答。响应命令帧的帧类型域应设置为 0x01,源地址应设置为发送响应命令设备的地址,并考虑到发起路由请求设备的地址,计算出下一跳地址作为响应帧的目的地址。然后,计算本设备与下一跳设备间的路由成本,插入路由响应命令的成本域中。最后,以单播的方式,通过 MCPS-DATA.request 原语发送给下一跳设备。

如果接收到路由请求命令帧的设备不是路由请求命令帧的目的设备,则该设备将计算它与发送该命令帧的设备间的路由成本,并将计算结果累加到命令帧的路由成本域中。然后以单播的方式,使用 MCPS-DATA.request 原语发送给下一跳设备。下一跳设备地址的确定与数据帧相同的方式进行,其地址由载荷域中的目的地址决定。

如果该帧不是来自于有效的路径,则丢弃该命令帧。

如果设备有路由能力,则设备将自己的地址与命令帧载荷目的地址域进行比较,以确定自己是不是该路由请求命令帧的目的设备。用同样的方式也可以检查自己的某一个终端子设备是不是目的设备。如果设备自己或者它的一个子设备是路由请求命令帧的目的设备,则设备将检查路由发现表中有没有与路由请求命令中的标识符和源地址相同的路由项。如果不存在这样的项,则创建一个路由发现表项,其中各域按路由请求命令中内容设置。只有前向路由成本域是个例外,它需要使用该帧的发送者计算出链路成本,然后将结果累加在帧的链路成本域中。上述计算结果应保存在新创建的路由发现表项的前向路由成本域中。如果 $nwkSymLink$ 属性设置为 TRUE,则设备也应当创建一个路由表项,其中的目的地址设置为路由请求命令帧中的源地址,下一跳域设置为前一个发送命令帧的设备的地址,状态域设置为 ACTIVE。这时,设备将向发送路由请求命令的源设备发送路由响应命令帧。

在路由发现表中存在对应的源地址和路由请求标识符的路由发现表项的情况下,设备将确定命令帧中的路由成本是否小于路由发现表项中的前向成本。计算路由成本的方法见 4.2.3 小节。如果该值比路由发现表项中的值大,则丢弃该帧,不作进一步的处理;否则,将路由发现表中的前向成本和发送者地址更新为路由请求命令帧中新的成本和上一个发送该帧的设备的地址。如果 $nwkSymLink$ 的值为 TRUE,则设备也将建立一个路由表项,其目的地址设置为路由请求命令帧的源地址,下一跳地址设置为上一个传送该命令帧的设备的网络地址,状态域设置为 ACTIVE。然后,设备发出路由响应命令帧。在上述任一种情况下,如果设备是代表它的某一个终端设备作出的响应,则路由响应命令帧中的响应地址应为终端设备的地址。

如果设备有路由发现能力,但不是路由请求命令帧的目的设备时,则判断在路由发现表中是否存在一个与路由请求标识符和源地址域相同的路由发现表项。如果不存在相符合的路由表项,则创建一个路由发现表项。路由发现请求定时器超时时间设置为 nwkcRouteDiscovery-Time ms。如果 $nwkSymLink$ 属性为 TRUE,则设备也将建立一个路由表项,并且其的目的地址设置为路由请求命令帧的源地址,下一跳的地址设置为上一个传送该命令帧设备的网络地址,状态域设置为 ACTIVE。如果在路由请求定时器定时时间到时没有接收到路由应答,则将删除新建立的表项。

当重新广播路由请求命令帧时,网络层将使用下面的公式,计算出一个随机的数值作为重传前的时延:

$$2 \times R[nwkcMinRREQJitter, nwkcMaxRREqJitter]$$

其中:$R[a,b]$ 是在 $[a,b]$ 参数区间的随机函数,单位为 ms。协议的实现者应调整这个随机值,使路由成本大的路由请求命令帧比成本小的有更大的延时。网络层将在第一次发送路由请求后重播 nwkcRREQRetries 次。这样,每次总的中继次数为 nwkcRREQRetries+1 次。协议的实现应该选择这样的处理方式:当相同的源和路由请求标识符的帧比等候重传的帧所花费路由成本小时,应丢弃等待重传路由发现命令帧。

设备根据载荷中的目的地址,将相对应的路由表项的状态域设为 DISCOVERY_UNDERWAY。如果不存在这样的路由表项,则应新建立一个路由表项。

当对一个路由请求帧进行应答时,如果设备的路由发现表中有与路由请求帧的源地址、路由请求标识符相对应的路由发现表项,则设备将构造一个帧类型域为 0x01 的命令帧。帧首部的源地址域设置为当前设备的 16 位网络地址,目的地址域设置为对应路由发现表项中的发送者地址。设备将按照下述方法来组成载荷域:网络命令标识符设置为路由应答,路由请求标识符域的值设置为与路由请求命令帧路由请求标识符域中的值相同,发起者域设置为路由请求命令帧中的网络层首部中的源地址。利用路由请求命令帧中的网络帧首部中的源地址和相对应的路由发现表项的发起者地址,并根据 4.2.3 小节中描述的方法计算链路成本,将链路成本设置在路由成本域中。然后,将从路由发现表中所得到的发送地址作为下一跳地址,利用 MCPS-DATA.request 原语,将路由请求应答帧单播到目的地址。

3) 接收到路由应答命令帧

设备对接收到的路由应答命令帧,按照图 4-13 中所描述的流程进行处理。

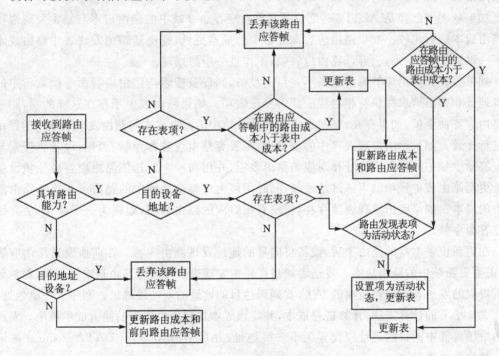

图 4-13 路由应答帧处理流程

如果该设备不具有路由能力,并且 NIB 属性 *nwkUseTreeRouting* 设置为 TRUE,则利用树形路由转发路由应答。如果设备不具有路由能力,并且 NIB 属性 *nwkUseTreeRouting* 设置为 FALSE,则丢弃该应答帧。在转发路由应答命令帧之前,根据 4.2.3 小节中所介绍的方法,计算从下一跳设备到它本身的链路成本,将该链路成本与载荷中的路由成本域中的值相加,并将其结果更新载荷中的路由成本域,得到新的路由成本。

如果接收设备具有路由选择能力，则将设备地址与路由应答命令帧载荷的发起者地址域的内容进行比较，判断设备是否为路由应答命令帧的目的设备。如果是，则在路由发现表中搜索与路由应答命令帧载荷中的路由请求标识符相对应的项。如果不存在这样的项，则丢弃路由应答命令帧，并中止对路由应答帧的处理；如果存在这样的项，则设备将在路由发现表中搜索一个与路由应答命令帧中相应地址相对应的项。如果不存在这样的路由发现表项，则丢弃路由应答命令帧，中止处理流程。如果路由发现表中存在这样的项，则设备将检查路由表中是否存在与路由应答帧中的响应者地址相对应的项。如果不存在，则丢弃该帧，中止处理流程，并将路由发现表中对应的项删除。如果路由发现表和路由表中都存在这样的项，且路由表项的状态域为 DISCOVERY_UNDERWAY，则需要改为 ACTIVE，并且将路由表中的下一跳设置为前一个发送路由应答命令帧的设备，将路由发现表项中的成本域值设置到路由应答帧载荷的路由成本域中。

如果状态域已经是 ACTIVE，则设备对路由应答命令帧中的路由成本与路由发现表项中的路由成本进行比较。如果路由应答命令帧中的成本更低，则更新路由发现表中路由成本域和下一跳地址域；否则，丢弃该路由应答帧，不作进一步的处理。

如果接收到路由应答帧的设备不是目的设备，则设备搜索与路由应答命令帧载荷中的发起者地址和路由请求标识符相对应的路由发现表项。如果路由表中不存在这样的项，则丢弃该路由应答命令帧；如果存在，则对路由应答命令帧中的路由成本与路由发现表项中的路由成本进行比较。如果路由发现表项中的值更小，则丢弃路由应答命令帧；否则，设备将搜索与路由应答命令帧中的发起者地址相对应的路由表项，并用前一个发送该路由应答命令帧设备的地址更新路由表中该项的下一跳地址域，同时用路由应答命令帧中的路由成本更新路由发现表中的成本。如果路由发现表项存在，但没有相对应的路由表项，则视为一个错误，丢弃该路由应答命令帧。

在更新设备本身的路由项后，设备将向目的地址发送路由应答。在向前发送路由应答帧前，需要更新帧中的路由成本。发送者通过在路由发现表中搜索与路由请求标识符、源地址以及所提取的发送者地址相应项的方法，找到到达目的地址的下一跳地址。利用下一跳地址，根据 4.2.3 小节的计算方法，计算链路成本，并将该成本加到路由应答的路由成本域中。发送的帧网络层首部中的目的地址应设置为下一跳地址，并且使用 MCPS – DATA.request 原语向下一跳设备单播发送。

5．路由维护

设备的网络层为每一个输出链路的邻居设备维护一个失效计数器。如果链路失效计数器的值超过了阈值 nwkcRepaitThreshold，则设备根据下述方法开始路由维护。网络协议的实现者可选择使用简单的失效计数器方案，也可以使用一个更加准确的时间窗口方案。需要注意的是，当设备正在执行到某目的地址的路由修复时，它便不能向该设备传送帧，将要传送到该目的设备的帧或者先暂存起来,或者将其丢弃。由于修复操作涉及整个网络,可能导致网络通信拥塞甚至瘫痪,因此,不要经常对路由进行维护。

1) 网状拓扑结构的路由修复

当网状拓扑结构中的设备或链路失效时,上行设备开始对路由进行修复。如果上行设备缺乏路由能力或受其他限制不能进行路由修复,则设备将向原设备返回一个路由错误命令帧。错误代码表示失败的原因(见表 4-16)。

如果上行设备具有路由修复能力,则它将广播一个路由请求命令帧,其中源地址设置为设备的自身地址,目的地址设置为传输失败帧的目的地址。该路由应答命令帧载荷中路由修复子域为 1,以表示这是一个路由修复命令帧。

在接收到路由请求命令帧后,路由节点将按 4.2.3 小节中标题 4 所给出的流程进行修复。如果该路由节点为路由请求命令帧的目的地址,或者目的地址为该节点的一个终端设备,则该设备发送路由应答命令帧进行应答。该路由应答命令帧载荷中的路由修复子域为 1,以表示该帧为路由修复命令帧。

如果发送路由请求命令帧的上行设备在 nwkcRouteDiscoveryTime ms 内接收到路由应答命令帧,则将向目的地址传送在此前缓存的未处理的修复数据;否则上行设备将向源设备发送一个路由错误命令帧。

如果接收到路由错误命令帧的源设备没有路由发现能力,则将按照 4.2.3 小节所描述的方法构造一个路由请求命令帧,并使用分级路由方法,沿树向目的地址单播该命令帧。如果源设备具有路由选择能力,则将按照 4.2.3 小节所描述的方法,开始进行普通的路由搜索。

如果终端设备是简化功能设备,且失去了连接,不能向父设备传送信息,则终端设备将开始执行孤点流程。如果成功地执行了孤点流程,则终端设备重新建立了与父设备之间的通信,并且设备恢复了在网络中的操作功能。如果执行孤点流程失败,则设备将尝试通过一个新的父设备重新接入网络。在这种情况下,新的父设备将为终端分配一个 16 位的网络地址。如果终端设备附近没有能力接受连接的设备,则终端设备就不能定位新的父设备,从而不能重新接入网络。在这种情况下,用户必须对其进行干涉,才能使终端设备重新接入。

2) 树形网络拓扑的路由修复

如果下行设备丢失了父设备信标,则 MAC 层通过 MLME-SYNC-LOSS.indication 原语表示同步丢失,或者在设备不能向它的父设备传送消息时,设备将开始执行孤点流程,搜索其父设备或者执行连接流程搜索一个新的父设备。如果孤点流程执行失败,设备搜索、连接到一个新的父设备,则下行设备从新的父设备那里接收到一个新的 16 位网络地址,并恢复在网络中的操作,使网络保持树形结构继续运行。

在设备尝试重新接入网络并获得新的 16 位地址之前,设备将会使用 MAC 层的断开连接流程来断开与所有的子设备的连接。如果设备不能搜索它的一个或多个子设备,则认为它的子设备已同网络断开连接,并将从邻居表中删除子设备的 16 位地址。设备将重新连接网络,并使用新地址进行操作。

同样,如果一个断开连接的子设备还有它自己的子设备,则在重新连接前应将这些子设备与网络断开连接。如果该子设备能够通过新的父设备或者原来的父设备重新连接,则这个子设备将得到一个新的 16 位网络地址,并使用这个新地址在网络中运行。

如果上行设备不能向它的某一个子设备传送信息,则将会丢失该信息,并向原始设备发送一个路由错误命令帧,以通告信息没有成功发送。

如果实现的网络协议为"失去连接的设备不去搜索一个新的 16 位网络地址",则网络可能因为失去连接而分离开来。分离后,网络各部分会独立地运行。

6. 路由器初始化服务原语

新加入的路由器或者需要重新配置路由器时,应使用启动路由器原语。该原语由应用层产生并发送给网络层。网络层根据情况启动设备作为路由器,或者将路由器重新配置。然后,网络层用确认原语向应用层报告。原语中的参数描述及取值范围如表 4-12 所列,原语的格式如下。

路由器初始化原语:

```
NLME - START - ROUTER.request (
                BeaconOrder,
                SuperframeOrder,
                BatteryLifeExtension
                )
```

路由器初始化确认原语:

```
NLME - START - ROUTER.confirm (
                Status
                )
```

表 4-12 NLME - START - ROUTET.request 原语参数

名 称	类 型	有效值范围	描 述
BeaconOrder	整型	0x00~0xFF	上层所希望的网络信标帧序号
SuperframeOrder	整型	0x00~0xFF	上层所希望的网络超帧序号
BatteryLifeee - Extention	布尔型	TURE 或 FALSE	如果值为 TURE,则网络层管理实体会请求 ZigBee 的路由器启动支持延长电池寿命的模式初始化;否则启动不支持延长的模式
Status	状态值	SUCCESS、INVALD_REQUEST 或者 MLME - SET.confirm 原语返回的任何状态值	启动或重新配置 ZigBee 协调器的结果

4.2.4 调度信标传输时序

在树形拓扑结构的多跳网络中,由于网络中存在协调器和路由器,它们都有各自的子设备,这些子设备需要跟踪其父设备的信标,实现父-子设备之间的通信,因此可能出现在某父设备的无线工作区域中有不止一个设备需要发送信标这种情况。由于在一个 ZigBee 网络中的设备都必须使用同一信道,因此,各个父设备必须正确选择自己超帧中的活动部分的时间,使之不会与邻居设备的父设备的超帧活动时间相冲突。

1. 调度方法

ZigBee 协调器决定网络中所有设备的信标序号和超帧序号。因为在一个树形多跳、使用信标的网络中,允许路由中的节点进入睡眠状态,以节约能源,因此,信标序号设置的要比超帧序号大得多,超帧的活动部分时间相对于整个超帧来说要短得多。在这种情况下,可以合理安排各个设备超帧活动部分的时间,使之在时间上不相互重叠。换句话说,可以将信标周期划分为若干个时间间隙,网络中各设备超帧的活动部分分别被安排在这些互不重叠的时间间隙中。各设备的信标帧只能在自己的时间间隙开始时传送,而且这个时间的测量是相对于其父设备的信标传输时间的,时间偏移值应包含在每个设备的信标帧载荷中。接收到信标帧的设备就可以知道其邻居设备和邻居设备的父设备的信标帧传输时间。这是因为将信标帧载荷中的时间标记减去时间偏移量就得到父设备的信标帧传输时间。接收到信标帧的设备,应当将信标帧中的局部时间标记和信标帧载荷中的时间偏移值保存在邻居表中。一个设备知道其邻居父设备在何时处于活动状态才能减轻隐蔽节点的影响,保证父-子通信链路的完整性。总之,必须保证不能让设备与其邻居的父设备在相同时间内发送信息。

在树簇形网络中,设备之间的通信是沿路由上的父-子链路实现的,每一个子设备都应跟踪其父设备的信标。父设备向子设备的信息传送使用间接传输方式,而子设备向父设备的信息传输在父设备超帧的竞争期中完成。详情可参看本书第 3 章相关部分。

新加入网络的设备根据 MAC 层扫描得到的信息建立自己的邻居表,选择合适的超帧结构及开始发送信标的时刻,以避免与邻居或者邻居的父设备发送的信标相冲突。如果无法做到这一点,则新加入的设备只能作为终端设备,而不能作为路由器。如果能够选择到非冲突的时间,则新加入的设备将计算出自己的信标与其父设备的信标之间的时间偏移,并将这个时间包含在自己的信标的载荷中。可以使用任何合适的算法来选择自己发送信标的时间,避免与邻居和它们的父设备发送信标的冲突,但须保证互操作性。

为减小时间的漂移,新加入的设备需要跟踪其父设备的信标,调整自己的信标发送时间,以使两者之间的时间偏移保持不变。因此,网络中的每一个设备发送的信标帧都应当与协调器的信标帧严格同步。图 4-14 解释了网络中父设备超帧活动部分和子设备超帧活动部分之间在时间上的相互关系。

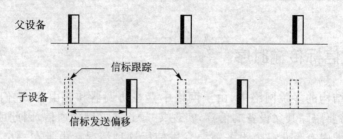

图 4-14 父设备-子设备超帧时间关系

在同一个树簇形网络中,超帧序号与信标序号的比值决定了网络中能够容纳的设备密度。该比值越小,每一个超帧的非活动区越长,在一定区域中能够发送信标的设备数量也就越多。在一般的树簇形网络中,通常取超帧序号为 0,超帧的活动时间为 15.36 ms,而信标序号取 6~10,信标间隔为 0.98304~15.72864 s。在这样设置的情况下,网络中设备的占空比为 2%~0.1%。

2. MAC 层功能增强

为了实现上述调度算法,必须在 MAC 层中增加一个新的参数——StartTime,用来规定发送信标的开始时间。该参数将在 MLME - START.request 原语中使用,修改后的格式如下:

```
MLME - START.request (
                PANID,
                LogicalChannel,
                BeaconOrder,
                SuperframeOrder,
                PANCoordinator,
                BatteryLifeExtention,
                CoordRealignment,
                SecurityEnable,
                StartTimea
                )
```

其中:增加的参数 StartTime 的取值范围为 0x000000~0xFFFFFF。在向 MAC 层发送该原语时,如果设备是协调器,则该参数被忽略并立即发送信标;否则,该参数指定了本设备发送信标的时间与其父设备信标之间的时间偏移,并定位在退避时隙的边界。这个时间值以"符号"为计量单位,并精确到高位的 20 位。

4.2.5 广播通信

下面叙述 ZigBee 网络的广播机制。在 ZigBee 网络中的任何一个设备,都可以向同一个 ZigBee 网络中的所有其他设备使用广播的方式传送数据帧。广播传输由设备的应用层通过向网络层发送数据服务原语 NLDE-DATA.request 开始,原语中的目的地址应设为 0xFFFF。网络层再向 MAC 层发送 MCPS-DATA.request 原语,原语中的 DstAddrMode 置为 0x02,即使用 16 位网络地址。DstAddr 设为 0xFFFF,参数 PANId 为本网络 PANId。MAC 层不使用应答机制,故 TxOptions 中的应答标志位应置为 FALSE,其他标志按网络配置设置。

设备应当为每一个广播事务保持一个记录,不管它是由本设备发起的,还是接收的其他设备的广播事务,这个记录称为广播事务记录(BTR),记录中包含有广播帧的序列号和源地址。BTR 存储在广播事务表(BTT)中。

当某设备从其邻居那里接收到一个广播帧时,它将帧中的序列号和源地址与 BTT 中的源地址和序列号进行比较。如果其 BTT 中有该广播帧的源地址和序列号,则设备将 BTT 中该广播帧的标识更新,标明其邻居设备已经中继了该帧,并将该帧丢弃;否则,将在 BTT 中增加一个新的 BTR,标记为邻居设备已经中继该帧。网络层用指示原语向上层报告,接收到一个新的广播帧。如果帧的半径域的值大于 0,则设备等待一个随机的时间后重新发送该帧;否则将其丢弃。等待的这个随机时间称为广播抖动,其最大值由网络层常量 nwkcMaxBroadcastJitter 限定。

如果设备接收到广播帧时其 BTT 已满,而且也没有时间已经耗尽的项,则丢弃该帧不重新发送,也不向上层传送。

在不使用信标的网络中,如果没有任何邻居设备中继该广播帧,则设备在 *nwkPassiveAckTimeout* s 内,将重发先前的广播帧,重发的次数最多为 *nwkMaxBroadcastRetries* 次。

当 BTT 中的某项在其创建后的 *nwkNetworkBroadcastDeliveryTime* s 后,应当将其状态改变为"时间耗尽",接收到新的广播帧后会再次被重写。

当 ZigBee 协调器的 *macRxOnWhenIdle* 属性设置为 FALSE 时,对广播帧的处理与上述过程有所不同。它将立即使用 MAC 层单播分别向它的每一个邻居转发该帧。与此类似,如果 ZigBee 协调器的 *macRxOnWhenIdle* 属性设置为 TRUE,而它的一个或若干个邻居的 MAC 层属性 *macRxOnWhenIdle* 设置为 FALSE,则路由器的 MAC 层使用间接传送的方法,向邻居设备转发该帧。

为了实现帧的转发,每一个 ZigBee 路由器在网络层至少有能力暂时存储一个帧。图 4-15 所示为一个广播帧传输过程中 Radius 的变化情况。

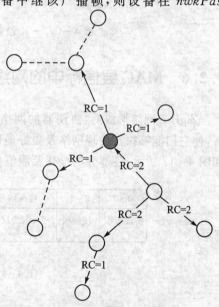

图 4-15 广播帧传输过程中 Radius 的变化

图4-16所示为一个设备与它的两个邻居设备之间的广播事务。

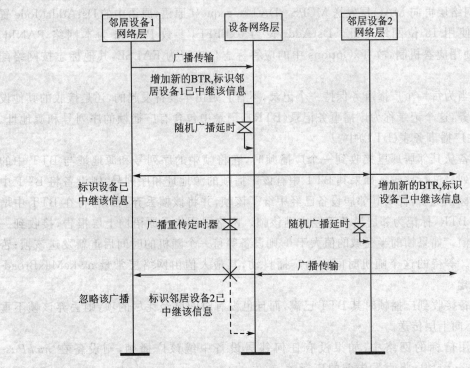

图 4-16 一个设备与它的两个邻居设备间的广播事务

4.2.6 MAC 层信标中的网络层信息

ZigBee 网络形成后，协调器的网络层需要将网络层的有关信息提供给新接入网络的设备，使它们能够执行发现网络及更好地选择网络和特定的邻居。网络层提供的信息及其结构如图 4-17 所示，各部分的描述及取值范围如表 4-13 所列。

位序	0~7	8~11	12~15	16~18	19	20~22	23	24~47
	协议标识	栈模板	NWK协议版本	NWK安全级别	设备路由能力	设备深度	设备能力	TX偏移（可选）

图 4-17 MAC 层信标载荷结构

表 4-13 网络层信息域

名称	类型	有效值范围	描述
Protocol ID	整型	0x00～0xFF	使用的 ZigBee 网络协议。目前该值为 0x00;0xFF 表示保留
Stack Profile	整型	0x00～0x0F	ZigBee 协议栈标志符
nwkcProtocolVersion	整型	0x00～0x0F	ZigBee 协议版本
nwkcSecurityLevel	整型	0x00～0x07	网络中的安全级别
Device Router Capacity	布尔型	TURE 或 FALSE	如果设备具有接收来自路由能力设备的连接请求命令的能力,则该值为 TURE;否则为 FLASE
Device Depth	整型	0x00 ~ $nwkMax\text{-}DepthPermitted$	设备的树层次深度。0x00 表示设备为网络的 ZigBee 协调器
Device Capacity	布尔型	TURE 或 FALSE	如果设备具有接收来自寻求连接网络设备的请求连接命令的能力,则该值为 TURE;否则为 FLASE
TX Offset	整型	0x000000～0xFFFFFF	设备信标与它的父设备信标的时间偏差,以符号为单位。从设备传送信标的时间减去该偏差为父设备传送信标的时间。该参数仅包含在多跳信标网络中

4.3 网络层帧

网络层帧是网络层的协议数据单元(NPDU),它由下列两部分组成:
◆ 网络层帧首部,包含帧控制、地址和序列信息等;
◆ 长度可变的帧载荷,即帧所传送的信息。
本节将首先介绍网络层帧的一般组成和格式,然后再介绍数据帧及各种命令帧的详细结构。

4.3.1 网络帧通用结构

与一般的帧结构类似,ZigBee 网络层帧由帧首部和有效载荷部分组成,如图 4-18 所示。

1. 帧控制域

帧控制域长度为 16 位,其中包含了帧的类型、地址、序列号及其他一些信息。其结构如图 4-19 所示。

长度(字节)	2	2	2	0/1	0/1	可变长
	帧控制域	目的地址	源地址	广播半径域	广播序列号	帧载荷
			路由域			
	网络层帧首部					网络层的有效载荷

图 4-18 网络层帧通用结构

位序	0~1	2~5	6~7	8	9	10~15
	帧类型	协议版本	发现路由	保留	安全性	保留

图 4-19 帧控制域结构

1) 帧类型子域

帧类型子域长 2 位,取值为 0x00 代表数据帧,取值为 0x01 则代表命令帧,其他值目前保留不使用。

2) 协议版本子域

协议版本子域长 4 位,其值代表了所实现的 ZigBee 协议的版本。通常该值保存在网络层常量 nwkcProtocolVersion 中,目前 ZigBee 协议的版本为 0x01。

3) 发现路由子域

发现路由子域长 2 位,相应的发现路由算法标识如表 4-14 所列。

4) 安全子域

安全子域长 1 位,当需要对网络层帧进行安全处理时,应将该子域置 1。

表 4-14 发现路由子域

路由发现子域值	功能描述
0x00	压缩路由发现
0x01	使能路由发现
0x02	强迫路由发现
0x03	保留

2. 目的地址域

目的地址域长度为 2 字节,其值为 16 位的目的设备网络地址,它就是目的设备 MAC 层的 IEEE 802.15.4 的网络地址,或者是广播地址 0xFFFF。

3. 源地址域

源地址域是发送帧的设备的地址,与目的地址域相似。

4. 广播半径域

广播半径域总是存在,长度为 1 字节。其值规定了广播帧的传输范围。在传输时,每个设备接收一次广播帧,并将该域的值减 1。

5. 广播序列号域

序列号域在每一个帧中都存在,其长度为 1 字节。设备每发送一个新的帧,该值会加 1。通常帧的序列号与它的源地址域一起用来唯一识别一个帧,以避免 1 字节长序列号会产生的混淆。

6. 帧载荷域

帧载荷的长度可变,是帧传送的数据。

4.3.2 数据帧

数据帧的结构与图 4 – 18 所示的通用帧结构完全相同。其帧控制域的类型子域应为 0x00,以表明这是一个数据帧。载荷部分是网络层需要传输的数据,地址域根据具体要求而定。

4.3.3 命令帧

命令帧的结构与 4.3.1 小节中介绍的一般结构相同。帧控制域的帧类型子域应为 0x01,以表明这是一个命令帧。而有效载荷部分的第一个字节是网络层命令标识符,其余部分为网络层命令载荷,如图 4 – 20 所示。网络层命令及其标识符如表 4 – 15 所列。

长度(字节)	2	参见图4-21	1	可变长
	帧控制	路由域	网络层命令标识符	网络层命令载荷
	网络层帧首部		网络层载荷	

图 4 – 20 网络层命令帧结构

下面分别介绍网络层各命令帧的结构。

命令帧利用 MAC 层数据服务发送。MAC 层帧的相关域应当按如下方式设置:源 PAN 标识符和源地址是发送该帧设备的 PAN 标识符和地址,但不一定是最初发送该帧设备的地址。MAC 层帧的控制域应置该帧为 MAC 层数据帧,不采用安全处理。因为任何网络层的帧都使用网络层安全协议,所以在路由应答命令和路由错误命令中,目的 PAN 标识符和目的地址都应当设置为原来发出路由请求命令设备所在 PAN 的标识符和该设备的地址,并且

表 4 – 15 网络层命令帧

命令帧标识符	命令名称
0x01	路由请求
0x02	路由应答
0x03	路由错误
0x04	离开
0x00, 0x05~0xFF	保留

需要应答；在路由请求命令中目的地址应为广播地址，不需要应答；而在离开命令中，目的PAN标识符和目的地址按其发送目的填写，需要应答。MAC帧控制域的寻址模式和网络内部标志按上述要求进行相应设置。

1．路由请求命令

路由请求命令用来请求网络中无线通信范围内的其他设备，以便发现一条能够有效地将帧传送到某一目的设备的路由。路由请求命令帧载荷部分的结构如图4-21所示。

长度(字节)	1	1	1	2	1
	命令帧标识符(见表4-15)	命令选项	路由请求标识符	目的地址	路由成本
	网络层载荷				

图4-21 路由请求命令帧载荷结构

1）网络帧首部

为了发送路由请求帧，网络层帧首部的源地址必须设置为初始发送该帧设备的地址，目的地址设置为广播地址。

2）命令帧载荷

命令帧载荷包含命令标识符域、命令选项、路由请求标识符域、目的地址和最新的路由成本等。

其中命令标识符是代表路由请求命令的值，如表4-15中所列。

载荷中的命令选项长度为1字节，其中低7位目前保留不用，最高位称为路由修复位，它仅在网状网络拓扑结构的情况下，产生路由请求命令时被置为1。

路由请求标识符是一个8位的序列号，每当网络层针对某设备提出路由请求时，其值被加1。

目的地址的长度为2字节，它是路由请求希望到达设备的地址。

路由成本的长度为1字节，用来累积路由请求帧在网络中传输成本的信息。

2．路由应答命令

当设备接收到路由请求命令后，就用路由应答命令向初始发送路由请求命令的设备发出通知，它已经接收到路由请求命令。借助这些信息，ZigBee路由能够建立一条有效的、使帧从源设备到达目的设备的路径。路由应答命令的载荷结构如图4-22所示。

长度(字节)	1	1	1	2	2	1
	命令帧标识符(见表4-15)	命令选项	路由请求标识符	源地址	应答地址	路由成本
	网络层载荷					

图4-22 路由应答命令的载荷结构

下面对载荷中各域的功能作一说明。

1) 网络帧首部

为了使路由应答帧正确到达初始发送路由请求命令的设备,并使发现路由的过程正确无误,帧控制域的帧类型子域应设置为命令帧。目的地址必须设置为初始发送路由请求帧的设备地址,源地址设置为传送此应答帧设备的地址。

2) 命令帧载荷

命令帧载荷包含命令标识符域、命令选项、路由请求标识符域、源地址、应答地址和最新的路由成本等。

其中命令标识符是代表路由应答命令的值,如表4-15所列。

载荷中的命令选项长度为1字节,其中低7位目前保留不用,最高位称为路由修复位,它仅在网格网络拓扑结构的情况下,产生路由请求命令时被置为1。

路由请求标识符根据路由请求命令设置为相应与路由请求命令帧的标识符。目的地址的长度为2字节,它是路由请求希望到达设备的地址。

路由成本的长度为1字节,用来累积路由请求帧在网络中传输成本的信息。

3. 路由错误命令

当设备无法继续向前传送数据时,便使用路由错误命令通知发送数据帧的设备,在传送数据帧时出现了错误。路由错误命令帧载荷结构如图4-23所示。

长度(字节)	1	1	2
	命令帧标志符(见表4-15)	错误代码	目的地址

图4-23 路由错误命令帧载荷结构

1) 网络帧首部

为了使路由应答帧正确到达初始发送路由请求命令的设备,并使发现路由的过程正确无误,帧控制域的帧类型子域应设置为命令帧。目的地址必须设置为初始发送路由请求帧的设备地址,源地址设置为传送此应答帧设备的地址。

2) 错误代码

错误代码的取值及其意义如表4-16所列。

3) 目的地址

目的地址的长度为2字节,它是发送出现传送错误数据帧的设备的地址。

4. 离开命令

网络层管理实体使用离开命令通知其父设备和子设

表4-16 路由错误命令帧的错误代码

错误代码	描述
0x00	无有效路由
0x01	树形链路失败
0x02	非树形链路失败
0x03	电池电压低
0x04	无路由能力
0x05~0xFF	保留

备,它准备离开网络,或者用来请求一个设备离开网络。离开命令帧载荷部分的结构如图 4-24 所示。

1) 网络帧首部

为了发送离开命令帧,网络层首部目的地址域应设置为接收本帧的邻居设备的地址;源地址发送该帧的设备地址;半径域设置为 1。

2) 命令选项

命令选项结构如图 4-25 所示。

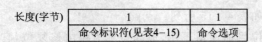

图 4-24 离开命令帧载荷结构

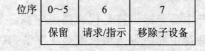

图 4-25 命令选项结构

如果命令选项中的"请求/指示"位置为 1,则表示该命令帧要求其他设备离开网络;否则表示发送该帧的设备欲离开网络。如果"移除子设备"位置为 1,则表示与离开网络的设备连接的子设备也一起离开。

4.4 网络层常量和 NIB 属性

网络层工作时需要一些参数,这些参数有的是不能改变的常量,有的是可以根据需要加以改变、用于控制网络工作特性的属性。所有的属性集中保存在网络层信息库(NIB)中。这些属性可以使用网络层属性操作原语进行读取、设置。下面先介绍对信息库进行操作的有关原语。

1. 属性读取原语和确认原语

属性读取原语用于从 NIB 中读取所需要的某一属性值,其格式如下:

```
MLME - GET.request (
                NIBAttribute
                )
```

该原语中的参数 NIBAttribute 是希望读取的属性标识符,其取值范围如表 4-17 所列。该原语由网络层管理实体的上层(应用层)生成,并发送给网络层管理实体。网络层管理实体接收到原语后,就从其 NIB 中读取相应的属性值,并将原语执行的结果用确认原语向上层返回。

确认原语的格式如下:

```
MLME - GET.confirm (
                    Status,
                    NIBAttribute,
                    NIBAttributeLength,
                    NIBAttributeValue
                    )
```

该原语由网络层管理实体生成,用于将读取属性操作的结果返回给应用层。原语中的参数分别是属性读取原语执行的状态、属性、读取的属性值的长度和属性值。

2. 属性设置请求和确认原语

属性设置请求原语用于将 NIB 中某一属性设置为某一特定值。该原语的格式如下:

```
MLME - GET.request (
                    NIBAttribute,
                    NIBAttributeLength,
                    NIBAttributeValue
                    )
```

该原语由应用层生成并发送给网络层管理实体,用于将某一属性设置为一个特定的值。网络层管理实体一旦接收到该原语,就试图将原语中指定的属性设置为指定的值,并用确认原语向应用层报告设置原语执行的结果。

确认原语的格式如下:

```
MLME - GET.request (
                    Status,
                    NIBAttribute
                    )
```

上述原语中的参数及其取值范围分别如表 4 - 17 和表 4 - 19 所列,其中属性应为表 4 - 19 中所列出的,在原语中用标识符表示。如果请求原语执行成功,则确认原语中的参数 Status 为 SUCCESS;如果原语中的属性超出了表 4 - 19 中所列出的,则确认原语的 Status 为 INVALID_PARAMETER 或 UNSUPPORTED_ATTRIBUTE 等错误代码。

表 4 - 17 属性操作原语参数

名 称	类 型	有效值范围	描 述
Status	枚举型	SUCCESS、INVALID_PARAMETER 或 UNSUPPORTED_ATTRIBUTE	读取 NIB 属性值请求的结果
NIBAttribute	整型	参见表 4 - 19	所操作的 NIB 标识符
NIBAttributeLength	整型	0x0000~0xFFFF	返回的属性值长度,以字节为单位
NIBAttributeValue	可变	参见表 4 - 19	NIB 属性值

网络层常量如表 4-18 所列。网络层 NIB 属性如表 4-19 所列。

表 4-18 网络层常量

常量	有效值范围	描述
nwkcCoordinatorCapable	在初始化时设定	布尔标记,表明设备是否具有 ZigBee 协调器的能力。其中 0x00 表明设备不具备这样的能力;0x01 表明设备有成为 ZigBee 协调器的能力
nwkcDefaultSecurityLevel	ENC_MIC_64	使用的缺省安全级别
nwkcDiscoveryRetryLimit	0x03	路由发现重试的最大次数
nwkcMaxDepth	0x07	一台设备拥有的最大深度(离 ZigBee 协调器的最小逻辑跳数)
nwkcMaxFrameOverhead	0x0D	由网络层加到载荷中的最大字节数(不考虑安全性)。如果帧考虑安全性,则安全处理可能使得帧长度超过此值
nwkcMaxPayloadSize	aMaxMACFrameSize— nwkcMaxFrameOverhead	在网络层帧载荷域中所能传输的最大字节数
nwkcProtocolVersion	0x01	设备中 ZigBee 网络层协议的版本
nwkcRepairThreshold	0x03	路由维护机制初始化后,所能允许的最大通信错误数
nwkcRouteDiscoveryTime	0x2710	直到路由发现中止,所需的持续时间(单位:ms)
nwkcMaxBroadcastJitter	0x40	最大的广播不稳定时间(单位:ms)
nwkcInitialRREQRetries	0x03	路由请求命令帧的第一个广播传输的重试次数
nwkcRREQRetries	0x02	中继 ZigBee 路由器或协调器路,中继路由请求命令帧广播重传的次数
nwkcRREQRetryInterval	0xFE	广播路由请求命令帧重传的间隔(单位:ms)
nwkcMinRREQJitter	0x01	路由请求命令帧广播重传的最小不稳定(2 ms 时隙)
nwkcMaxRREQJitter	0x40	路由请求命令帧广播重传的最大不稳定(2 ms 时隙)

表 4-19 网络层信息库属性

名称	代码	类型	有效值范围	描述	缺省值
nwkBCSN	0x81	整型	0x00~0xFF	加到传输广播帧上的广播序列号	范围内的随机值
nwkPassive-AckTimeout	0x82	整型	0x00~0x0A	父设备与所有子设备重传广播信息的最长持续时间(单位:s,被动确认超时)	0x03
nwkMax-BroadcastRetries	0x83	整型	0x00~0x5	广播传输出错后最大重试次数	0x03

续表 4-19

名　称	代码	类型	有效值范围	描述	缺省值
nwkMaxChildren	0x84	整型	0x00～0xFF	现有网络上所能拥有的最大子设备数	0x07
nwkMaxDepth	0x85	整型	0x01～nwkMax-Depth	设备拥有的深度	0x05
nwkMaxRouters	0x86	整型	0x01～0xFF	设备所能接入的路由数。网络中所有设备的此值都由 ZigBee 的协调者来决定	0x05
nwkNeighbor-Table	0x87	设置	可变	设备中现有的邻居表	未设置
nwkNetwork-Broadcast-DeliveryTime	0x88	整型	(*nwkPassiveAck-Timeout*×*nwk-MaxBroadcastRetries*)～0xFF	广播信息漫布整个网络的持续时间（单位：s）	(*nwkPassiveAck-Timeout*×*nwkMaxBroadcastRetries*
nwkReport-ConstantCost	0x89	整型	0x00～0x01	如果设为 0，则网络层将使用 MAC 层所报告的 LQI 值计算所有邻居节点链路的成本；否则它将报告一个常量值	0x00
nwkRoute-Discovery-RetriesPermitted	0x8A	整型	0x00～0x03	在失败的路由请求之后允许重试的次数	nwkcDiscovery-RetryLimit
nwkRouteTable	0x8B	设置	可变	设备的现有路由表	未设置
nwkSecure-AllFrames	0x8C	整型	0x00～0x01	表明是否对进出的帧进行安全保护。如果设为 0x01，则保护进程应用到除已拥有帧控制安全子域值为 0 的现有设备为目标的数据帧外的其他进出帧中。属性值为 0x01 的网络层将不能中继帧控制安全子域值为 0 的帧。NLDE.DATA.request 原语的安全参数应超越此属性的设置	0x00
nwkSecurity-Level	0x8D	整型	可变	现有的安全级别设置	nwkcDefault-SecurityLevel
nwkSymLink	0x8E	布尔型	TURE 或 FALSE	现有的路由对称设置。TRUE 表示路由器默认由对称链路组成。在路由发现期间，建立了前向和后向路由，并且二者是相同的。FALSE 表示路由不是由对称链路组成。在路由发现期间，只有前向路由被保护	缺省值

续表 4-19

名 称	代 码	类型	有效值范围	描 述	缺省值
nwkCapability-Information	0x8F	位组	参见表 4-4	网络连接期间设备能力信息	0x00
nwkUseTreeAddr-Alloc	0x90	整型	TRUE 或 FALSE	网络层地址分配方式标志。TRUE 表示使用缺省的分布式地址分配方式；FALSE 表示由上层确定地址的分配	TURE
nwkUseTreeRouting	0x91	整型	$(nwkPassiveAckTimeout \times nwkMaxBroadcastRetries) \sim 0xFF$	广播信息在整个网络的持续时间（单位：s）	$(nwkPassiveAckTimeout \times nwkMaxBroadcastRetries)$
nwkNextAddress	0x92	整型	0x00~0x01		0x00
nwkAvailableAddresses	0x93	整型	0x00~0x03	设备的地址块中还可以使用的地址数。父设备每接受一个子设备的连接，则该属性值减 1。当属性的值为 0 时，便不能再接受子设备的连接请求了	0x0000
nwkAddressIncrement	0x94	设置	可变		未设置
nwkTransactionPersistenceTime	0x95	整型	0x00~0x01		0x00

第 5 章 应用层

ZigBee 的应用层由应用支持子层(APS)、ZigBee 设备对象、ZigBee 设备框架、ZigBee 设备模板和制造商定义的应用对象等组成。本章将介绍这些部分的结构和功能。

5.1 应用层概述

5.1.1 应用支持子层

应用支持子层(APS)通过一组通用的服务为 NWK 和 APL 之间提供接口。这一组服务可以被 ZigBee 设备对象(ZDO)和制造商定义的应用对象使用,由 APS 数据实体(APSDE)通过数据实体服务访问接口(APSDE-SAP)和 APS 管理实体(APSME)通过 APS 管理服务访问接口提供。其中 APSDE 提供在网络中各设备之间传输应用层协议数据单元,而 APSME 提供设备发现、设备绑定和应用层数据库(AIB)的管理等服务。

5.1.2 应用框架

ZigBee 设备中应用对象驻留的环境称为应用框架(Application Framework)。在应用框架中,应用程序可以通过 APSDE-SAP 发送、接收数据,通过 ZDO 公共接口实现应用对象的控制与管理。APSDE-SAP 提供的数据服务包括数据传输的请求、确认和指示等原语。数据请求原语用于在对等的应用实体间实现数据传输,确认原语报告数据请求原语执行的结果,而指示原语用来指示 APS 向目的应用对象的数据传送。

设备中可以最多有 240 个称为端点的单独应用对象,其编号为 1~240。APSDE-SAP 保留两个附加的端点,端点 0 作为 ZDO 的数据接口,端点 255 保留作为向所有应用对象的数据广播。端点241~254保留将来使用。为适应APSDE-SAP提供的数据服务,应用框架可以为应用对象提供两种数据服务:键值匹配服务和一般信息服务。

键值匹配(KVP)服务允许通过状态变量的方法维护应用对象中定义的属性,实现获取、获取响应、设置及事件事务。KVP使用压缩的XML描述的标签数据结构,在资源匮乏的器件上实现简单、高效的命令/控制机制,并可扩展为完全的XML。

在ZigBee的许多应用中,常常使用自定义的协议,这种情况不能很好地与KVP相适应。此外,KVP要求设备维护状态变量而增加额外开销。因此,ZigBee也支持一种通用信息(GenericMessage,MSG)服务,它使用与KVP相同的机制传输数据。不同点在于,MSG不对APS帧作任何假定,而将帧中相应的域保留,由模板开发者进行定义。

5.1.3 地 址

1. 节点地址

一个节点中包含有一个或者多个设备描述,但只有单一的IEEE 802.15.4无线收发器。每一个节点在接入ZigBee网络时被分配一个地址。图5-1中的一个节点中包含有2只开关,而另一个节点中包含有4只灯。

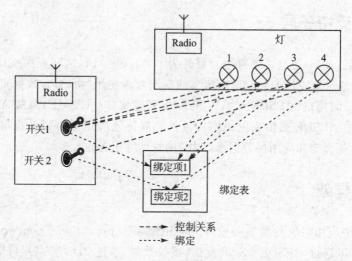

图 5-1 ZigBee 技术用于灯光控制示例

2. 端点地址

ZigBee提供另一层次的地址,这就是端点地址。例如,在图5-1中,希望开关1控制灯1、2和3,而开关2仅控制灯4,但在ZigBee网络中可寻址的是具有无线收发电路的装置,不可能区分识别它们内部的子单元,因而无法实现开关 2 仅控制灯 4。为此,ZigBee 网络中引入了另一个级别的地址机制——端点地址,又称为端点号。在上述例子中,可以为每一只开关和灯分配一个端点号。端点号用 1 字节表示,最多可以有 256 个端点。但 ZigBee 中将端点 0 保留为设备管理用,应用端点可使用的端点号为 1~240。

物理设备可以用其拥有的数据属性来描述。例如,室内温度控制器有一个温度传感器,其输出属性是温度,表示室内当前的温度。加热炉控制器可以使用这个属性作为输入,并利用其输入值控制加热炉的工作。端点在其描述器中描述这些属性。在更为复杂的情况下,端点可以有更多的属性,这些属性组合在一起称为"簇",每一个簇有一个标识符。

5.1.4 应用通信基础

1. 模　板

模板(Profiles)是关于信息、信息格式及处理活动等约定,以便使驻留在不同设备的应用程序能够发送命令、请求数据、处理命令和请求等,创建一个分布式、可交互的应用。例如,在上述温度控制器和加热炉的例子中,一个节点中的温度控制器与另一个节点中的加热炉进行通信,共同形成一个加热控制类模板。模板由设备制造商开发,并用于特定的领域,提供了 ZigBee 中一个统一的、可交互的解决方案,重点在于实现特定市场中的可用性。例如,一个照明设备供应商希望提供能够与几种不同类型的灯具、控制器实现交互的 ZigBee 模板。关于模板的其他信息在 5.4 节将进一步描述。

2. 簇

用簇标识符来表示一个簇,它包含若干属性,与设备数据的流出、流入相关。在一个特定的模板中,簇标识符是唯一的,并按照输出簇和输入簇的标识符进行绑定。在上述的温度调节装置中,将一个设备中作为输出的温度簇标识符与另一设备作为输入的温度簇标识符进行绑定。绑定表中包含带有源或目的地址的 8 位簇标识符。

5.1.5 设备发现

1. 设备发现

在 ZigBee 网络中,一个设备通过发送广播或者带有特定单播地址的查询,从而发现另一设备的过程称为设备发现。设备发现有两种类型:根据 IEEE 地址,假定 NWK 地址已知的单播发现和 NWK 地址未知的广播发现,在这种情况下,IEEE 地址出现在帧载荷中。接收到查询广播和单播发现信息的设备,根据 ZigBee 设备类型的不同作出不同方式的响应。

- ◆ ZigBee 终端设备：根据请求发现类型的不同，发送自己的 IEEE 地址或网络地址。
- ◆ ZigBee 协调器：发送 IEEE 地址或者 NWK 地址，或与它连接的设备的 IEEE 地址或者 NWK 地址作为响应。
- ◆ ZigBee 路由器：发送所有与自己连接的设备的 IEEE 地址或者 NWK 地址作为响应。

设备发现的过程、原语的调用及其参数将在 5.4 中详细介绍。

2. 服务发现

在 ZigBee 网络中，某设备发现另一终端设备提供服务的过程称为服务发现。服务发现可以通过对某一给定设备的所有端点发送服务查询来实现，也可以通过服务特性匹配来实现。

服务发现过程是 ZigBee 中设备实现接口的关键。通过对特定端点的描述符的查询请求和对某种要求的广播查询请求等，可以使应用程序获得可用的服务。

5.1.6 绑 定

ZigBee 中有一个应用层的概念——绑定。绑定使用不同设备中的各端点的簇标识符及其包含的属性来完成，它是不同设备间、功能上互补的应用程序之间的逻辑连接。在温度控制的应用例子中，温度控制器与加热炉之间实现绑定。在照明例子中，开关 1 与灯 1～3 实现绑定，而开关 2 仅与灯 4 实现绑定。

设备的绑定信息保存在绑定表中，如图 5-1 所示。在绑定表中，开关 1 与 3 只灯实现绑定，它可以控制 3 只灯。虽然图中的这 3 只灯是在一个节点中，但也可以分布在不同的节点中。通过绑定，也可以实现一只灯被多只开关控制。绑定总是在建立了链路以后进行的，但一个新的设备与网络建立连接后是否可以与网络中其他节点实现绑定还取决于其他的考虑，如安全问题等。

通常绑定表保存在协调器中。这是因为协调器一般有稳定的电源供给，它能够保证在任何时候绑定表都是可用的。在有的应用中，常需要有一个绑定表的副本，以保证在绑定表数据被破坏后能够恢复。ZigBee 协议的 1.0 版本中没有规定绑定表和协调器中其他数据的备份问题。

5.1.7 信息传输

1. 直接寻址

设备一旦建立了连接，就可以向某目的地址的应用对象发送命令，目的地址通常包含节点地址和端点地址。注意，在直接寻址通信中，不需要事先实现绑定。直接寻址建立在这样的基础上：通过设备发现和服务发现，已经标识出了能够为请求者提供功能互补服务的特定设备和端点。简单地说,直接寻址是一种利用设备和端点全部信息直接发送信息的方法。

2. 间接寻址

利用直接寻址方式实现通信需要知道目的节点的地址、端点号、簇标识符和属性标识符等信息。而间接寻址是预先将这些信息存储在绑定表中,并使之匹配。这样,在每次通信时就不需要知道这些信息,协调器会根据绑定实现正确的通信。一个端点的完整信息包括10字节的IEEE地址(网络标识符2字节、IEEE扩展地址8字节)、端点号和簇标识符等。一个电池供电的节点显然希望信息的存储量、处理量尽量的小一些,在这种情况下,间接寻址是很好的选择。

在间接寻址方式下,需要发送一个命令的源设备不需要包含目的设备的上述全部信息(它也不知道),协调器将根据发送命令设备的源地址、源端点和簇标识符等,通过绑定表转换成目的设备、目的端点和簇标识符等,并将命令转发到这些目的地。

如果一个簇中有若干属性,则除了簇标识符外,在命令中还需要属性标识符来指明具体的属性。在实际的传送时,属性是作为帧的载荷传输的,但应用程序在它的模板中应能识别、应用这些属性。

3. 广 播

一个应用程序可以使用广播的方法向一个给定目的设备的所有端点发送信息,称为应用广播。发送这种广播信息时,目的地址应当是16位的网络地址,APS帧控制域中的广播标志应置位。源地址应包含簇标识符、模板标识符和APS帧中的源端点。实现应用层的广播只需在发送APS帧时设置交付模式为广播即可,详见5.2.3小节。

5.1.8 ZigBee 设备对象

ZigBee设备对象(ZigBee Device Object,ZDO)提供应用对象、模板和APS之间的接口,表示一类基本的功能。它处在应用框架和应用支持子层(APS)之间,满足ZigBee协议栈中所有应用操作的公共需求。ZDO通过端点0,利用APSDE-SAP实现数据服务,利用APSME实现管理服务。这些公共接口在应用框架中提供设备地址管理、发现、绑定和安全功能。ZDO可实现下述功能:

◆ 初始化APS、NWK和安全服务特性(SSS);
◆ 根据端点应用配置信息,以确定实现安全管理、网络管理和绑定管理。

1. 发现管理

设备发现是ZDO为应用对象提供服务,通过回答询问,ZigBee设备发送出它自己的IEEE扩展地址作为回答,而对于ZigBee协调器或路由器来说,还需要发送出与自己连接的设备的IEEE地址。

除设备发现,ZDO 还提供服务发现,用来确定设备中应用对象的每一个端点能够提供什么样的服务。利用服务发现,设备能够发现另一设备或其他设备中的活动端点,能够发现特定或与某一要求相符合的服务。

2. 绑定管理

绑定管理在 ZigBee 设备的应用对象之间建立清楚、简洁的逻辑连接,按照绑定请求构造、存储绑定表。ZigBee 设备模板支持设备之间的终端设备绑定、绑定和解除绑定。

3. 安全管理

安全管理为应用对象提供系统安全功能的开放和禁止。如果安全功能开放,则提供主密钥、网络密钥的管理和建立链路密钥的方法。

5.2 ZigBee 应用支持子层

应用支持子层(APS)为 NWK 和 APL 之间提供接口,由 ZDO 和用户定义的应用对象使用的一组服务组成。这些服务由应用支持子层数据单元(APSDE)及其访问点(APSDE - SAP)和应用支持子层管理单元(APSME)及其访问点(APSME - SAP)提供。

这些服务包括数据服务、管理服务和对 AIB 属性的操作等。在 APSDE 和 APSME 之间也有一个接口,使 APSME 能够使用 APSDE 提供的服务。

APS 层参考模型如图 5 - 2 所示。

应用支持子层数据单元(APSDE)的功能是,使 ZDO 和用户定义的应用对象能够通过 NWK 在网络中的两个或多个 ZigBee 设备之间传输应用层协议数据单元(PDU),包括生成应用数据单元(APDU)及通过附加协议信息将应用 PDU 构造成 APSPDU。

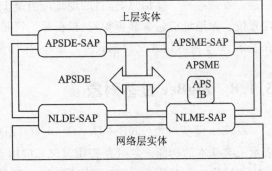

图 5 - 2 APS 层参考模型

应用支持子层管理单元(APSME)提供下列管理服务:

- ◆ 构造和维护绑定表;
- ◆ 操作 AIB 属性;
- ◆ 建立与其他设备间的安全关系。

5.2.1 APS 数据传输功能及服务规范

APS 为其上层与 NWK 层之间提供一个数据服务接口，实现 APS 的数据传输。

1. 发送、接收和拒绝

只有已经成为网络中的一员的设备才能实现 APS 数据传送。APSDE 按照帧格式构造和处理 APS 数据单元，并通过 NWK 提供的数据服务实现帧的收发。发送帧既可使用直接寻址，也可使用间接寻址。在使用直接寻址时，帧中应包含源和目的端点域，帧控制域中的交付模式子域应置为 0x00(正常单播)或 0x01(广播)。详见 5.2.3 小节介绍。

在已经实现了绑定的情况下，可以使用间接寻址。发起间接传送的设备只需直接向协调器发出请求，协调器就可根据绑定表将请求传送到目的地。在间接传送时，帧控制域的交付模式子域应置为 0x01；根据传输的方向，帧中仅包含源端点域或者目的端点域。如果间接传输的帧是由设备发送给协调器的，则帧的间接寻址模式子域置为 0x01，并略去目的端点域。如果间接传输是协调器处理后发出的帧，则间接模式子域应置为 0，并省略源端点域。

在需要进行安全处理的情况下，将 APSDU 进行相应的处理。

APS 通过数据请求原语、确认原语和指示原语对上层提供服务，并通过网络层完成这些服务。APS 提供的服务以原语的形式给出，这些原语包括数据请求原语 APSDE-DATA.request、数据请求确认原语 APSDE-DATA.confirm 和数据指示原语 APSDE-DATA.indication。当 APS 的上层希望传输数据时，它将向 APS 发送数据请求原语，APS 接收到数据请求原语后，根据原语中的参数构造 APS 帧，具体过程如下。

如果原语中的参数 DstAddrMode 为 0x00，则表示使用间接寻址。这时，将忽略 DstAddress 和 DstEndpoint，DstEndpoint 也不出现在构造的 APS 帧中。如果原语中的参数 DstAddrMode 为 0x01，则参数 DstAddress 中是目的设备的 16 位短地址，DstEndpoint 包含在构造的 APS 帧中。如果原语中的参数 DstAddrMode 为 0x02，则参数 DstAddress 中是目的设备的 64 位扩展地址，DstEndpoint 包含在构造的 APS 帧中。

如果应用程序希望执行路由发现，以实现更为可靠的数据传输，则参数 DiscoverRoute 被置位。应用程序可以使用 APS 的确认或者应用程序的响应确保信息可靠地传输到目的地。如果希望网络层使用广播的方式发送，则应用程序应给出 RadiusCounter 的值，0x00 表示向网络中的所有设备传送，0x01~0xFF 表示从源设备开始信息的传播范围。

APS 将构造好的网络层帧通过 NLDE-DATA.request 原语提交给网络层数据服务单元。APS 根据网络层执行的结果产生 APSDE-DATA.confirm，并提交给上层。

APS 数据请求服务原语格式如下：

```
APSDE-DATA.request(
```

```
                    DstAddrMode,
                    DstAddress,
                    DstEndpoint,
                    ProfileId,
                    ClusterId,
                    SrcEndpoint,
                    asduLength,
                    asdu,
                    TxOptions,
                    DiscoverRoute,
                    RadiusCounter
                    )
```

APS 按照服务原语的执行结果产生确认原语。如果数据请求服务原语是请求直接寻址，则 APS 直接将接收的网络层确认原语的返回状态作为其确认原语的状态。如果是间接寻址，则该数据请求原语被协调器或者路由器接收到后，协调器或者路由器将开始检索绑定表。根据检索的结果，发送数据请求的设备将从其网络层接收到相关的信息，APS 同样构造确认原语向它的上层报告。

数据确认原语的格式如下：

```
APSDE - DATA.confirm (
                    DstAddrMode,
                    DstAddress,
                    DstEndpoint,
                    SrcEndpoint,
                    Status
                    )
```

当 APS 接收到数据帧后，它首先进行处理，发现自己感兴趣的帧，产生数据指示原语向上层报告。如果接收到的帧包含源和目的端点，则该帧是直接寻址的，APSDE 直接用数据指示原语向上层报告。如果协调器的 APSDE 接收到间接寻址的帧，则它将检索绑定表，寻找与帧中的源地址、源端点和簇标识符相匹配的绑定表项。如果能够找到相匹配的绑定项，则协调器为这些匹配的绑定项中的每一个目的端点构造 APDU，并通过网络层服务发送给它们。如果在绑定表中无法找到匹配的绑定项，则协调器丢弃该帧。

如果该帧是经过安全处理的，则需要先进行安全处理。

数据指示原语的格式如下：

```
APSDE - DATA.indication (
                    DstEndpoint,
```

```
                        SrcAddrMode,
                        SrcAddress,
                        SrcEndpoint,
                        ProfileId,
                        ClusterId,
                        asduLength,
                        asdu,
                        WasBroadcast,
                        SecurityStatus
                        )
```

上述数据服务原语中的参数及其取值范围如表 5-1 所列。

表 5-1　APS 数据服务原语参数

名　称	类型	有效值范围	描　述
DstAddrMode	整数	0x00～0xFF	原语中目标地址的寻址模式。这个参数能从以下的清单中取出一个非隐藏值： 0x00 = DstAddress 和 Endpoint 不存在 0x01 = 显示 DstAddress 和 Endpoint16 位短地址 0x02 = 显示 DstAddress 和 Endpoint64 位扩展地址 0x03～0xFF = 保留
DstAddr	设备地址		ASDU 传送到的实体的设备地址
DstEndpoint	整数	0x00～0xFF	ASDU 传送到的实体的设备终端
ProfileId	整数	0x0000～0xFFFFA	帧扩展规范的标志符
ClusterId	整数	0x00～0xFF	若帧用间接寻址发送，则目标标志符绑定在操作中使用；若不采用间接寻址，则此参数被忽略
SrcEndpoint	整数	0x00～0xFE	ASDU 从每个实体终端传送出来
AsduLength	整数	C	包含有被传送的 ASDU 的字节数
Asdu	字节	—	包含有被传送的 ASDU 的字节组
TxOptions	位图	0000 0xxx（其中 x 可以为 0 或 1）	传输控制。该参数为位"或"的结果 0x01 = 安全方式发送 0x02 = 使用网络密钥 0x04 = 需要确认

续表 5-1

名 称	类 型	有效值范围	描 述
DiscoverRoute	整数	0x00~0x02	路由发现参数。该参数提供从应用层到网络层的控制信息，可能取值如下： 0x00 = 禁止路由发现（使用已存在的路由信息） 0x01 = 允许路由发现（若不存在相应的路由，则执行路由发现） 0x02 = 强制路由发现（要求传送前先执行路由发现） 路由发现参数与网络层数据请求原语中参数一致，详见第4章
RadiusCounter	无符号整数	0x00~0xFF	在跳跃中，广播帧允许通过网络的长度
WasBroadcast	布尔	TRUE，FALSE	如果是广播帧，则该参数为 TRUE；否则为 FALSE
SecurityStatus	列表	UNSECURED,SECURED_NWK_KEY,SECURED_LINK_KEY	ASDU 的安全方式： UNSECURED——未经任何安全处理 SECURED_NWK_KEY——使用网络密钥进行安全处理 SECURED_LINK_KEY——使用链路密钥进行安全处理
Status	列表	SUCCESS、NO_BOUND_DEVICE、SECURITY_FAIL 或是从 NLDE-DATA.confirm 原语返回的任意状态值	通信请求状态

2. 应答

APSDE 发送的帧可以要求接收方应答，也可以不要求应答，这取决于帧控制域应答请求子域（AR）的设置。在不要求应答的情况下，AR 位设置为 0，数据的发送方认为数据一定能够发送成功；数据的接收方不需要发送应答帧。无应答传输时序图如图 5-3 所示。

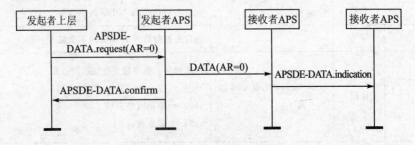

图 5-3 无应答传输时序图

当 AR 位设置为 1 时,表示接收方需要发送应答帧。这时,接收方接收到一个有效的 APS 帧后,将构造并向源设备发送一个应答帧。如果接收设备是协调器,并且是使用间接寻址,则协调向发送帧的源设备发送应答帧,同时对每一个转发出去的帧都设置 AR 为 1。

在需要应答的情况下,发送方只有在接收到接收方的应答帧后才向其上层发送确认原语。有应答传输时序图如图 5-4 所示。

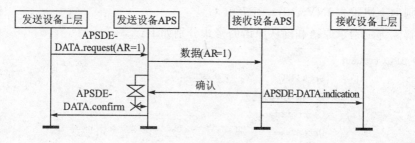

图 5-4 有应答传输时序图

3. 重　发

在发送方不需要应答的情况下,总是认为接收方已经成功地接收到传送的帧,因此也不需要重发。在需要应答的情况下,发送方将帧发送出去后即等待接收方的应答。如果它在 apscAckWaitDuration 秒的时间内接收到应答帧,并且应答帧中的簇标识符与发送帧中的簇标识符相同,应答帧的源端点与发送帧的目的端点相同,则认为该帧已经成功地发送。如果发送方在 apscAckWaitDuration 秒的时间内没有接收到应答帧,或者接收的应答帧不符合上述条件,则发送方认为发送失败,将重新发送该帧。如果重发 apscMaxFrameRetries 次后,仍然不能接收到有效的应答,则发送方认为发送失败,并向上层发出确认原语。

5.2.2　APS 管理服务

APS 维护一个绑定表。绑定表用下述结构实现设备间的映射关系:

$$(a_s, e_s, c_s) = \{(a_{d1}, e_{d1}), (a_{d2}, e_{d2}) \cdots (a_{dn}, e_{dn})\}$$

其中:a_s 为绑定链路的源设备地址;e_s 为绑定链路源设备的端点标识符;c_s 为绑定链路的簇标识符;a_{di} 为绑定链路的第 i 个目的设备地址;e_{di} 为绑定链路的第 i 个目的设备的端点标识符。

APSME 对上层提供绑定服务原语 APSME-BIND.request 和解除绑定服务原语 APSME-UNBIND.request,接收上层的服务请求;提供确认原语 APSME-BIND.confirm 和 APSME-UNBIND.confirm,向上层报告原语执行的结果。

当协调器或者参数 SrcAddr 指定的设备接收到绑定请求时,首先提取绑定链路的源、目的设备的地址和端点号,然后在绑定表中建立一个新的绑定项。如果成功地建立了新的绑定项,则 APSME 通过状态为 SUCCESS 的确认原语向上层报告;否则确认原语中的状态为 TABLE_FULL。

解除绑定原语的执行与此类似,APSME 在绑定表中寻找与解除绑定原语中匹配的绑定项,将其删除,并用状态为 SUCCESS 的确认原语向上层报告。如果在绑定表中不能发现匹配的绑定项,则向上层报告 INVALID_BINDING。

绑定、解除绑定请求原语和确认原语的格式分别如下:

```
APSME - BIND.request (
                SrcAddr,
                SrcEndpoint,
                ClusterId,
                DstAddr,
                DstEndpoint
                )
APSME - BIND.confirm (
                Status,
                SrcAddr,
                SrcEndpoint,
                ClusterId,
                DstAddr,
                DstEndpoint
                )
APSME - UNBIND.request (
                SrcAddr,
                SrcEndpoint,
                ClusterId,
                DstAddr,
                DstEndpoint
                )
APSME - UNBIND.confirm (
                Status,
                SrcAddr,
                SrcEndpoint,
                ClusterId,
                DstAddr,
                DstEndpoint
                )
```

绑定、解除绑定请求原语和确认原语的参数及其取值范围如表 5-2 所列。

表 5-2 绑定、解除绑定及确认原语参数

名 称	类 型	有效值范围	描 述
SrcAddr	IEEE 地址	有效的 64 位 IEEE 地址	绑定实体的源 IEEE 地址
SrcEndpoint	整数	0x01~0xFF	绑定实体的源末端
DstAddr	IEEE 地址	有效的 64 位 IEEE 地址	绑定实体的目的 IEEE 地址
DstEndpoint	整数	0x01~0xFF	绑定实体的目的末端
ClusterId	整数	0x00~0xFF	与目的设备绑定的源设备上的簇标志符
DstAddr	IEEE 地址	有效的 64 位 IEEE 地址	绑定实体的目的 IEEE 地址
Status	列表	SUCCESS、ILLEGAL_DEVICE、ILLEGAL_REQUEST、TABLE_FULL、NOT_SUPPORTED SUCCESS、ILLEGAL_DEVICE、ILLEGAL_REQUEST 和 INVALID_BINDING	绑定请求的结果

5.2.3 应用支持子层帧结构

APS 帧（APDU）由以下两部分组成：

◆ APS 首部，包含帧控制及地址信息；
◆ APS 帧载荷，即帧传输的有效数据，其长度可变。

1. 帧的一般结构

APS 帧结构如图 5-5 所示。

长度(字节)	1	0/1	0/1	0/2	0/1	可变
	帧控制域	目的端点	簇标识符	模板标识符	源端点	帧载荷
		帧地址域				
	APS 首部					APS 载荷

图 5-5 APS 帧结构

由图 5-5 中可看出，APS 首部由帧控制域和地址域组成。其中地址域的各子域根据具体情况可以不存在。帧控制域的长度为 1 字节，包含了有关帧类型、寻址、标志等信息，其结构如图 5-6 所示。

1) 帧控制域

位序	0~1	2~3	4	5	6	7
	帧类型	交付模式	间接寻址模式	安全	应答、请求	保留

图 5-6 帧控制域结构

帧控制域的帧类型子域长 2 位,其值代表了 4 种可能的帧,如表 5-3 所列。交付模式子域长 2 位,可表示 4 种可能的交付模式,如表 5-4 所列。注意,在生成 APS 帧时,上述子域不应出现保留值。在交付模式子域置为 0x01,即间接寻址时,帧地址域的结构取决于间接寻址子域。间接寻址模式子域长 1 位,如果被置为 1,则帧地址域的目的端点子域不存在(因为这是一个利用间接方式发送给协调器的帧);如果该子域为 0,则地址域中的源端点子域不存在(因为该帧是协调器发送的)。最后,如果帧的交付模式不是间接寻址,则忽略间接寻址模式子域。应答/请求子域长度为 1 位,当置为 1 时,表示该帧需要确认。在这种情况下,当一个设备接收到该帧并经检查有效时,应向发送该帧的设备发送一个确认帧。当该子域为 0 时,表示不需要确认。

表 5-3 帧类型子域值

帧类型	帧类型名称
00	数据帧
01	命令帧
10	应答帧
11	保留

表 5-4 交付模式子域值

交付模式	交付模式名称
00	正常单播交付
01	间接寻址
10	广播
11	保留

2) 帧地址域

帧地址域共有 4 部分:目的端点地址、簇标识符、模板标识符和源端点地址。

目的端点子域长度为 8 位,是最终接收该帧的目的端点的地址。当该地址为 0x00 时,表示该帧是发送给 ZDO 的;地址为 0x01~0xF0 时,表示该帧是发送给应用端点的;地址为 0xFF 时,表示该帧将被所有活动的端点接收;地址 0xF1~0xFE 保留。

簇标识符长度为 8 位,它是在绑定操作中需要用到的。仅数据帧需要簇标识符,而命令帧则不需要。帧控制域的帧类型子域决定了该帧中是否需要簇标识符。

模板标识符长度为 16 位,它是在每一个设备中对接收到的帧进行过滤处理时需要用到的,仅在数据帧或应答帧中需要这个标识符,而在命令帧中不需要。

源端点子域长度为 8 位,它是发送帧的端点的标识符。如果标识符的值在 0x01~0xFF 之间,则该帧是一个应用端点发送的。如果该帧采用间接寻址,且帧控制域的间接寻址模式子域的值为 0,则该域不出现在帧中。

3) 帧载荷域

载荷域的长度可变,是帧传送的有效信息。

2. 数据帧

数据帧的结构与图 5-5 所示的结构完全相同。数据帧首部中包含帧控制、簇标识符、模板标识符和源端点等。而目的端点则根据帧控制域的交付模式子域决定是否存在。在其帧控制域中,帧类型按表 5-3 所列应为 00;源端点子域应置为 1;其他域按相应情况填写。载荷部分是上层要求传输的数据。

3. 命令帧

APS 命令帧由帧首部和载荷两部分构成,但首部中不存在地址域。载荷部分包含命令标识符和与命令相对应的载荷。图 5-7 是 APS 命令帧的一般结构。目前,APS 命令帧主要与安全特性相关,其命令标识符等在稍后介绍。

长度(字节)	1	1	可变
	帧控制域	APS命令标识符	APS命令载荷
	APS首部	APS载荷	

图 5-7 APS 命令帧结构

4. 应答帧

应答帧中包括帧控制域和地址域,结构如图 5-8 所示。在使用直接寻址的交付模式时,源和目的端点都应该存在;在使用间接寻址模式时,将按帧控制域的间接寻址子域的设置决定是否包含源和目的端点。

长度(字节)	1	0/1	1	2	0/1
	帧控制域	目的端点	簇标识符	模板标识符	源端点
	APS首部				

图 5-8 应答帧结构

帧控制域的帧类型子域按表 5-3 所列应为 10,以标明这是一个应答帧。控制域中的其余子域按照预期的应答帧要求填写。

5.2.4 应用支持子层常量及 PIB 属性

表 5-5 所列是 APS 工作所需的常量,而表 5-6 所列是 APSPIB 属性值。对这些属性可以使用属性操作服务原语完成设置、读取等操作。

表 5-5 常 量

常量	说明	值
apscMaxAddrMapEntries	地址映射项的最大值	最小值为1,最大值根据具体实现而定
apscMaxDescriptorSize	包含在一个非复合描述符中的最大字节数	64
apscMaxDiscoverySize	可以从发现程序中返回的最大字节数	64
apscMaxFrameOverhead	由 APS 子层添加到其负载的最大字节数	6(不使用安全特性时)或 20(使用安全特性时)
apscMaxFrameRetries	传送失败后允许的最大重试次数	3
apscAckWaitDuration	等待确认一个传送帧的最大秒数	$0.05 * (2 * nwkcMaxDepth) + $(安全处理/加密/解密延时) 其中:(安全处理/加密/解密延时) = 0.1 (假定每个加密/解密周期为 0.05)

表 5-6 APS PIB 属性值

标志	标志符	类型	范围	说明	缺省值
apsAddressMap	0xC0A	集合	变量	当前 64 位 IEEE 地址到 16 位网络地址映射集合	空
apsBindingTableb	0xC1	集合	变量	设备中当前绑定表项集合	空

当 APS 的上层希望得到 APS PIB 中的某属性的值时,可以使用属性读取原语 APSME - GET.request;APSME 接收到该原语后,就按照原语中给出的属性标识符从 APS PIB 中读取,并将结果用确认原语 APSME - GET.confirm 向上层回答。如果读取成功,则应在确认原语中将该属性的值返回,状态为 SUCCESS;否则,状态为 UNSUPPPRTED_ATTRIBUTE。相关的原语格式如下。

属性读取原语:

```
APSME - GET.request (
            AIBAttribute
            )
```

属性读取确认原语:

```
APSME - GET.confirm (
            Status,
            AIBAttribute,
            AIBAttributeValue
            )
```

同样，当上层希望设置 AIB 中某一个属性的值时，可以使用属性设置原语 APSME-SET.request；而 APSME 根据设置操作完成的情况生成合适的确认原语 APSME-SET.confirm 作为回答。属性设置及其确认原语的格式分别如下：

```
APSME-SET.request (
                AIBAttribute,
                AIBAttributeValue
                )
APSME-SET.confirm (
                Status,
                AIBAttribute
                )
```

原语中参数 AIBAttribute、AIBAttributeValue 的描述及其取值范围如表 5-7 所列。参数 Status 的取值可以是 SUCCESS、UNSUPPPRTED_ATTRIBUTE 或者 INVALID_PARAMETER 等。

表 5-7　APSAIB 属性操作原语参数

名 称	类 型	有效值范围	描 述
AIBAttribute	整数	参看表 5-6	AIB 属性标识符
AIBAttributeValue	变量	参看表 5-6	AIB 属性值特征值
Status	枚举	SUCCESS、INVALID_PARAMETER 或 UNSUPPORTED_ATTRIBUTE	属性操作状态

5.3　ZigBee 应用框架

5.3.1　创建 ZigBee 模板

ZigBee 网络中实现设备之间通信的关键是对于模板的约定。

家庭自动化中的照明控制是 ZigBee 模板的一个例子。这个简单的模板包括 6 种类型的设备，它们通过信息的交换实现家庭自动化。设备间交换已知的信息实现灯的开、关的控制，向照明控制器发送亮度的测量值，或者发送入侵报警信息等。再如，移动装置中的 ZigBee 设备需要发现设备及其服务，这可以使用基于 MSG（通用信息服务）的模板实现。

ZigBee 有 3 种类型的模板：私有、公开和共用。它们严格的定义不在协议的范围内，由

ZigBee 联盟负责。这里只需要知道,模板标识符必须是唯一的。如果需要定义满足特定需要的模板,则开发厂商必须向 ZigBee 联盟申请模板标识符。建立模板应考虑到能够覆盖一定的应用范围,不至于造成模板标识符的浪费。申请到模板标识符后,可以为模板定义设备描述、簇标识符和服务类型(KVP 或者 MSG)属性。

一个模板标识符与若干个设备描述符和簇标识符相联系。设备描述符的长度是 16 位,而簇标识符的长度为 8 位。因此,与一个模板标识符对应的可以有 65 536 个设备描述符和 256 个簇标识符。对于 KVP 服务而言,一个簇标识符又支持 16 位的属性标识符,这意味着一个簇可以有 65 536 个属性。模板的开发者应格外小心地定义设备描述符、簇标识符和属性标识符,以保证信息交换、处理的简洁和方便。

单个的 ZigBee 设备可以支持多个模板,提供定义的簇标识符和设备描述符,这通过分级地址实现:

◆ 设备——包含有 IEEE 地址和网络地址的无线收发装置。
◆ 端点——设备中的不同应用用端点号代表。一个设备中最多可以有 240 个端点。

在设备中怎样部署端点由应用程序开发者决定,但应保证结构简单,能够满足服务发现的需要。应用程序被安置在端点,它有一个简单描述符。正是通过简单描述符和服务发现机制才能实现服务发现、绑定,功能互补的设备之间的信息交换更为容易。需要注意的是,服务发现是建立在模板标识符、输入簇标识符表和输出簇标识符表的基础上的。

5.3.2 标准数据类型及结构

ZigBee 设备由它们的属性确定。可以使用写、读对这些属性进行操作;或者通过 KVP 命令报告它们的状态;或者通过特定应用的 MSG 服务等。下面介绍与这些属性相关的数据结构。注意,具体设备属性值的有效范围、单位等与特定的设备有关。ZigBee 标准数据类型如表 5-8 所列。

表 5-8 ZigBee 标准数据类型

数据类型标志符 b3 b2 b1 b0	数据类型	数据长度 /字节	数据类型标志符 b3 b2 b1 b0	数据类型	数据长度 /字节
0000	无数据	0	1011	半精度数	2
0001	无符号 8 位整数	1	1100	绝对时间	4
0010	有符号 8 位整数	1	1101	相对时间	4
0011	无符号 8 位整数	2	1110	字符串	由第一个字节定义
0100	有符号 8 位整数	2	1111	字节串	由第一个字节定义
0101~1010	保留	—			

在这些数据类型中,"无数据"表示该属性没有与其对应的数据;无符号 8 位整数型、有符号 8 位整数型、无符号 16 位整数型和有符号 16 位整数型等与常见的同类数据类型相同,这里不在赘述。

在有些应用场合,某些数据的变化范围常常比较大。例如在照明控制的应用中,如果周围的环境的照度仅 1 lx(勒〔克斯〕),则照明灯增加 1 lx 就有非常显著的效果;而如果周围的照度是 100 lx,则灯的照度增加 1 lx 就几乎没有什么影响。在这种情况下就非常适宜于使用 ZigBee 的半精度数据类型。

ZigBee 半精度数据类型基于 IEEE 754 二进制浮点数标准,其结构如图 5-9 所示。

注意: 实际数据的发送是从最低位开始的。

符号	Exponent					隐含位	Mantissa								
S	E_4	E_3	E_2	E_1	E_0	H	M_9	M_8	M_7	M_6	M_5	M_4	M_3	M_2	M_1	M_0
位 15	14	13	12	11	10		9	8	7	6	5	4	3	2	1	0

图 5-9 ZigBee 半精度数据类型的结构

半精度数的实际值按下式计算:

$$\text{半精度数的实际值} = -1^{\text{Sign}} * (\text{Hidden} + \text{Mantissa} / 1024) * 2^{(\text{Exponent} - 15)}$$

其中:Exponent 是指数位;Mantissa 是尾数位。注意,图中的隐含位在发送数据的时候并不存在,它只是对于超出范围数据的一种记号。对于正常的数据($>2^{-14}$),Hidden 位的值为 1,数据的分辨率是固定的 11 位。与常规数据表示相同,符号位 S 为 0,表示数据为正;为 1,表示数据的值为负。指数位长度为 5 位,最大指数为 15。半精度数据中的几个特定数据保留作为特定用途,它们的名称及含义如下。

- 非数据:未定义数据,表现为尾数为非零,而指数为 31。常在设备上电而未初始化时出现。
- 无穷大:表现为指数为 31,尾数为 0;符号表示是正无穷还是负无穷。其十六进制表示分别为 0x7C00 和 0xFC00。
- 零:指数和尾数均为 0,符号位则表示正 0 或负 0。其十六进制表示分别为 0x0000 和 0x8000。
- 非正常数据:是指小于 2^{-14} 的数,表示为指数部分和尾数部分为全 0。

半精度数据能够表示的最大数按下式计算:

$$-1^{\text{Sign}} * (1 + 1023 / 1024) * 2^{(30 - 15)} = \pm 1.9990234 * 32768 = \pm 65504$$

绝对时间用 32 位二进制整数表示,以 s 为单位,并以 2000 年 1 月 1 日 0 时为计算的起点。相对时间也用 32 位二进制整数表示,但以 ms 为单位。

字符串型数据是一串字符,其编码方式在复合描述符中的字符设置域中指定。一个字符串型数据的结构如图 5-10 所示。其中长度域是本字符串包含的字符数,后跟若干个字符。整个字符的长度为 $e*n$。其中 e 是按照编码规定每个字符的二进制位数;n 是长度域的数值。

字节串数据类型的结构与字符串数据类型类似,但不同的是其中的字符编码由应用程序制定。

长度(字节)	1	长度可变
	字符计数	字符数据

图 5-10 字符串型数据结构

5.3.3 ZigBee 描述符

ZigBee 设备使用描述符数据结构对自己进行描述,一个设备可以有多个单独的描述符。ZigBee 设备中的描述符如表 5-9 所列。ZigBee 描述符的主要用途之一是设备发现。

表 5-9 ZigBee 描述符

描述符名称	状态	说明	描述符名称	状态	说明
Node	强制	节点的类型和能力	Complex	可选	设备描述符的更多信息
Node Power	强制	节点电源特征	User	可选	用户定义描述符
Simple	强制	包含在节点中的设备描述符			

复合描述符的总体结构及其每个域的结构如图 5-11 和图 5-12 所示。

长度(字节)	1	可变	...	可变
	域计数	域1	...	域n

图 5-11 复合描述符结构

长度(字节)	1	可变
	压缩XML标签	数据

图 5-12 复合描述符域结构

可见,复合描述符由若干个相同的结构组成,每部分又由一个 XML 标签和相应的数据组成。在发送时,设备的这些描述符按照它们在表中出现的顺序,从上向下逐行进行。

每一个 ZigBee 设备都必须有一个且只能有一个节点描述符和一个节点电源描述符,而其他的描述符由设备中部署的应用程序——端点而定。

如果一个设备中有多个端点,则每个端点都有它自己的描述符,在访问不同端点的描述符时,用它们的端点号区分。

1. 节点描述符(Node Descriptor)

每个 ZigBee 设备都必有且仅有一个节点描述符,它描述了这个 ZigBee 设备的能力。其内容按照它们发送时的顺序列出,如表 5-10 所列。

表 5-10　节点描述符域

域　名	长度/位	域　名	长度/位
逻辑类型	3	MAC 层能力标志	8
Reserved	5	制造商代码	16
APS 标志	3	最大缓冲区长度	8
频段	5	最大传送长度	16

(1) 逻辑类型域(Logical Type)长度为 3 位,用相应的二进制数表示该设备的类型,使用中按表 5-11 所列填写代表值。

(2) 频段域(Frequency Band)用 5 位二进制数表示本设备使用的频段,每个频段占用 1 位,最低位为 868～868.8 MHz,最高位保留,如表 5-12 所列。本设备可以使用哪个频段,应将相应的位置 1;否则置 0。例如,一个使用 2.4 GHz 频段设备节点描述符频段域应为 01000。

表 5-11　逻辑类型域取值

逻辑类型值 b2 b1 b0	说　明
0 0 0	ZigBee 调协器
0 0 1	ZigBee 路由器
0 1 0	ZigBee 末端设备
011～111	保留

表 5-12　频段域取值

频带域位序	支持的频段/MHz
0	868～868.6
1	保留
2	902～928
3	2400～2483.5
4	保留

(3) MAC 层能力标志域(MAC Capability Flags)长度为 8 位,规定了设备 MAC 层的能力,各子域长度均为 1 位,其结构如图 5-13 所示。其中可用协调器位表示本设备是否具备协调器能力,如果具备协调器能力,则该位置为 1,否则为 0;设备类型位表示设备是否是 FFD,置 1 表示为 FFD,否则为 0;电源标志位表示设备的供电状况,该位置 1 表示设备有稳定、可靠的供电,如市电。待机时接收机工作位表示设备是否因为需要节能而在待机时将接收机关闭,该位置 1 表示设备处于待机时接收机仍然处于工作状态;安全能力位表示设备是否具有安全能力,该位置 1 表示本设备具备安全处理能力。

位序	0	1	2	3	4～5	6	7
	可用协调器	设备类型	电源标志	待机时接收机工作	保留	安全能力	保留

图 5-13　MAC 层能力标志域结构

(4) 制造商代码域(Manufacturer Code)长度为 16 位,是 ZigBee 分配给该设备的制造商的代码。

(5) 最大缓冲区长度域(Maximum Buffer Size)为 8 位,取值范围为 0x00～0x7F,是 APS

层传输的命令或数据帧的最大长度。如果应用层需要传输的数据长度超过这个值,则需要分段处理。

(6) 最大传送长度域(Maximum Transfer Size)为16位,最大有效数值为0x7FFF,是APS层能够传送的数据的最大值。目前的标准不支持该域,应置为全0。

2. 节点电源描述符(Node Power Descriptor)

节点电源描述符给出了节点电源的动态状态。每个设备都必须有且只能有一个电源描述符,其组成如表5-13所列。

表5-13 节点电源描述符

域 名	长度/位
当前电源模式	4
可用供电电源	4
当前供电电源	4
当前电源容量等级	4

(1) 当前电源模式域(Current Power Mode)的长度为4位,指出了节点的当前睡眠/节能模式,如表5-14所列。

表5-14 当前电源模式域取值

当前电源模式 b3 b2 b1 b0	说 明
0000	与节点描述符空闲子域同步打开接收机
0001	按节点电源描述符定义周期性打开接收机
0010	激发时立即打开接收机,如用户按动按扭
0011~1111	保留

(2) 可用供电电源域(Availabe Power Surees)长度为4位,指出了本节点可用的电源的形式。每种电源占用1位二进制数,当本节点具备这种电源时,相应的位置1;不具备这种电源的置为0,如表5-15所列。例如,如果本节点支持市电和可更换电池,则应为1101,其中保留位设定为1。

(3) 当前供电电源域(Current Power Source)长度为4位,指出了当前实际使用的电源的类型。其结构与可用供电电源域相同。

(4) 当前电源容量等级域(Current Power Source Level)长度为4位,指出了当前设备电源的剩余电量,其值应为表5-16所列的某一项。

表5-15 可用电源域取值

可用电源(位序)	支持的电源
0	稳定(市电)电源
1	可充电电池
2	可更换电池
3	保留

表5-16 当前电源等级域取值

当前电源容量等级域 b3 b2 b1 b0	电量等级
0000	紧急
0100	33%
1000	66%
1100	100%
所有其他	保留

3. 简单描述符(Simple Descriptor)

简单描述符由 9 个域组成,用于对节点中的端点进行描述。节点中的每一个端点都必须有自己的简单描述符。简单描述符的组成如表 5-17 所列。

表 5-17 简单描述符域取值范围

域 名	长度/位
端点	8
应用模板标识符	16
应用设备标识符	16
应用设备版本	4
应用设备标志	4
应用输入簇计数	8
应用输入簇表	$8*i$(这里 i 是应用输入簇表中包含的簇的数量)
应用输出簇计数	8
应用输出簇表	$8*o$(这里 o 是应用输入簇表中包含的簇的数量)

(1) 端点域(Endpoint)长度为 8 位,它是本描述符所描述的端点编号。应用程序只能使用范围为 1~240 的端点号。

(2) 应用模板标识符域(Application Profile Identifier)长度为 16 位,它是本端点支持的模板的标识符。模板标识符需要向 ZigBee 联盟申请。

(3) 应用设备标识符域(Application Device Identifier)长度为 16 位,它是本端点支持的应用设备的标识符。应用设备标识需要向 ZigBee 联盟申请。

(4) 应用设备版本域(Application Device Version)长度为 4 位,它表示本端点支持的应用设备的版本号。目前应为 0000。

(5) 应用标志域(Application Flags)长度为 4 位,它是应用程序的特殊标志。与本端点支持的特性相对应的位应为 1,其余的位为 0,如表 5-18 所列。

表 5-18 应用标志域位序

应用标志位序	支持特征
0	复合描述符
1	用户描述符
2~3	保留

(6) 应用输入簇计数域(Application Input Cluster Coun)长度为 8 位,它是本端点支持的应用输入簇的数目。这些输入簇应出现在应用输入簇表中,如果应用输入簇的数目为 0,则应用输入簇表不存在。

(7) 应用输入簇表域(Application Input Cluster List)的长度为 $8 \times i$ 位,它是该端点支持的所有应用输入簇的列表,这里 i 是应用输入簇计数域的值。绑定需要用到应用输入簇表。

(8) 应用输出簇计数域(Application Output Cluster Coun)和应用输出簇表域(Applica-

tion Output Cluster List)与应用输入簇类似,这里不再赘述。

4. 复合描述符(Complex Descriptor)

复合描述符中包含了本节点中设备描述的扩展信息,是可选的。由于包含在本描述符中数据的扩展和复杂性,所以使用 XML(可扩展标记语言)表示。描述符中包含的内容如表 5-19 所列。由于描述符需要传输,故其总长度不要超过 maxCommandSize。传输时可以按任意的顺序进行。

表 5-19 复合描述符域

域 名	XML tag	压缩的 XML tag 值 b3 b2 b1 b0	数据类型
保留	—	0 0 0 0	—
语言和字符组	<languageChar>	0 0 0 1	字符串
制造商务称	<manufacturerName>	0 0 1 0	字符串
型号	<modelName>	0 0 1 1	字符串
序列号	<serialNumber>	0 1 0 0	字符串
设备 URL	<deviceURL>	0 1 0 1	字符串
肖像	<icon>	0 1 1 0	未定义
肖像 URL	<iconURL>	0 1 1 1	字符串
Reserved		1000 ~ 1111	—

(1) 语言和字符组域(Language and Character Setd)规定了描述符中所使用的语言和字符集。它由两个部分组成,第一部分长 2 字节,是 ISO639-1 规定的语言代码,缺省的情况下是英语;第二部分长 1 字节,是字符集的代码,目前只能为 0x00,表示使用 ISO 646 ASICC 码。

(2) 制造商名称域(Manufacturer Name)的长度可变,它是用字符串表示的本设备制造商的名称。

(3) 型号域(Model Name)的长度可变,它是用字符串表示的本设备型号。

(4) 序列号域(Serial Number)的长度可变,它是用字符串表示的本设备的序列号。

(5) 设备 URL 域(Device URL)的长度可变,它是用字符串表示的一个 URL,可以从这里获得有关本设备的更多信息。

(6) 肖像域(Icon)的长度可变,包含了可以在计算机、网关或 PDA 中使用的、表示本设备的肖像。ZigBee 协议中没有对肖像的具体数据格式作出规定。

(7) 肖像 URL 域(Icon URL)的长度可变,它是用字符串表示的一个 URL,可以从这里获得本设备的肖像。

5. 用户描述符(User Descriptor)

用户描述符包含的信息可以使用户能够以方便的形式识别设备,如卧室电视、楼梯灯等。

该描述符仅包含一个域，最长为 16 个字符。

5.3.4 AF 帧格式

标准的 AF 帧结构如图 5-14 所示。其中帧事务计数长度为 4 位，表示本 AF 帧中包含的事务数。帧中每一个事务的结构如图 5-15 所示。

长度(位)	4	4	可变	可变	可变
	事务计数	帧类型	事务1	…	事务n

图 5-14 AF 帧结构

事务首部(8)	事务载荷(可变)
事务序列号	事务数据

图 5-15 事务结构

(1) 事务计数域（Transaction Count）的长度为 4 位，它表示帧中包含的事务个数。

(2) 帧类型域（Frame Type）的长度为 4 位，它表示帧中的事务所需要的服务，其取值应为表 5-20 所列出的非保留值。

表 5-20 帧类型范围的值

帧类型值 b3 b2 b1 b0	说明
0 0 0 0	保留
0 0 0 1	Key Value Pair（KVP）
0 0 1 0	Message（MSG）
0011～1111	保留

(3) 事务域：每个事务由两个子域组成，即事务首部（Transaction Header）和事务载荷（Transaction Payload）。事务首部是事务的序列号，其长度为 8 位；而事务载荷是事务的数据，其长度可变，如图 5-15 所示。

① 事务序列号域（Transaction Sequence Number）的长度为 8 位，它是事务的识别号。应用对象维护有一个 8 位的计数器，当发送一个帧时，将计数器的值复制到该域中，然后计数器执行加 1 操作。当到达计数器的最大值（0xFF）时，再次发送 AF 帧后，它从 0 开始重新计数。事务序列号用来区分一个事务，当设备发送一个需要确认的 KVP 命令帧后，目的设备将发送相应的响应命令中包含有初始命令帧中的事务序列号。MSG 命令帧的情况与此类似。

在控制设备中常会出现这样的情况，设备发送了若干个命令帧；自然，它也会接收到不等数目的响应帧。事务序列号域能用来区分响应帧与发送的命令帧的对应关系。

② 事务载荷域（Transaction Data）的长度可变，它包含了本事务的数据。数据的格式取决于帧类型，可以是 KVP 帧，也可以是 MSG 帧。

1. 键值匹配（Key Value Pair——KVP）帧结构

KVP 帧类型可以使应用程序维护应用模板定义的属性。这些属性一般有一个标志符（Designator）和一个与其对应的值，这些值可以通过 KVP 命令来设置和读取。KVP 命令可以使用直接寻址，或者通过绑定表实现对目标属性的操作。命令的传输是通过 APSDE-SAP 使用 APSDE-DATA.request 或 APSDE-DATA.indication 进行的，命令本身包含在 ASDU

的数据域中。APS簇标识符必须与属性的标识符匹配。如果APS安全规则指出需要使用安全处理,则对输出的帧进行安全处理。KVP命令帧结构如图5-16所示。

长度(位)	4	4	16	0/8	可变
	命令类型标识符	属性数据类型	属性标识符	错误代码	属性数据

图5-16 通用KVP命令帧结构

(1) 命令类型标识符域(Command Ldentifier)的长度为4位,它规定了命令的类型。命令的类型可以是表5-21中所列出的非保留值之一。注意,通过协调器直接发送的信息只允许是设置、事件命令类型。在5.3.5小节中将专门介绍各种KVP命令帧格式。

表5-21 命令类型标识符域取值

命令标识符值 b3 b2 b1 b0	说明	命令标识符值 b3 b2 b1 b0	说明
0000	保留	0110	需要确认的事件
0001	设置	0111	保留
0010	事件	1000	得到响应
0011	保留	1001	设置响应
0100	需要确认的读取	1010	事件响应
0101	需要确认的设置	1011~1111	保留

(2) 属性数据域(Attrbute Data Type)的长度为4位,表示属性数据域中包含的数据的类型。该类型值必须是表5-9中所列出的非保留值之一。属性数据域的长度,或者在数据中隐含,或者在属性数据域的第一个字节给出。

(3) 属性标识符域(Attrbute Ldentifier)的长度为16位,它指出命令欲操作的目标设备的属性。其取值必须是在相关的设备描述中已经定义了的。

(4) 错误代码域(Error Code)的长度为8位,它表示事务的状态。其取值应为表5-22中所列出的非保留值之一。错误代码域仅出现在响应命令中。

表5-22 错误代码取值范围

错误代码	说明	错误代码	说明
0x00	成功	0x05	无效属性数据长度
0x01	无效端点	0x06	无效属性数据
0x02	保留	0x07~0x0F	保留
0x03	不支持该属性	0x10~0xFF	应用定义的错误
0x04	无效命令类型		

注意：其他的错误，例如无效的安全规则、无效的簇标识符等直接在 APS 中定义。

（5）属性数据域（Attrbute Data）的长度依具体的数据而变化，数据的内容取决于特定的命令、属性的数据类型和设备描述。如果没有直接定义，则数据域的长度应保证整个命令帧小于或等于 maxConnandSize 的值，除非源和目的设备都支持将数据分段传输。

2. MSG 帧结构

MSG 类型的帧允许应用程序使用应用模板中定义的"自由"格式实现通信。这可以使一些不大适合 KVP 的场合，使应用程序有更大的灵活性，以适应实际的应用。MSG 帧使用 APSDE – DATA. request 原语发送，通过 APSDE – DATA. request 原语接收。

应用对象使用设备描述定义服务类型，因此，帧类型支持每一个簇提供的服务。

MSG 事务帧结构如图 5 – 17 所示。

长度(位)	8	可变
	事务长度	事务数据

图 5 – 17 MSG 事务帧结构

MSG 事务帧并不隐含支持应用级别的确认或者命令的组合，而是以自由的格式传输在应用模板中定义的数据。事务长度域为 8 位，它是事务数据域中包含的字节数。事务的数据域是被传输的数据，其格式可以由特定的应用模板定义。数据的长度一般应小于或等于 maxCommandSize，除非源和目的设备都支持分片传输。

5.3.5 KVP 命令帧格式

ZigBee 中支持的 KVP 命令帧如下：

◆设置/带应答设置、带应答的读取命令帧，用于操作各种属性值；
◆设置响应、读取响应命令帧；
◆事件/带应答事件命令帧；
◆事件响应命令帧；
◆组合命令帧，实现在同一簇内的多个属性的操作，目前不支持。

命令格式使用基于 WBXML（WAP Binary XML）的压缩 XML。这里，文本标签被压缩为 1 字节的令牌格式，可以扩展为在其他的应用系统里使用的全文本化格式；但在 ZigBee 网络中传输时，不使用非压缩的 XML。

设置和事件命令可以使用应用级的应答机制，使命令的发送方确信命令已被接收方正确接收。显然，读取命令一定是需要应答的。协调器仅允许使用设置和事件命令。

1. 带应答的读取命令帧

当设备需要从其他设备中读取一个属性值时，使用属性读取命令。命令帧中的事务序列号应当是应用程序维护的序列计数器的下一个值，命令类型标识符域应当是 0100，属性数据类型应设置为请求的属性类型,属性标识符应是被请求的属性的标识符。该命令帧的结构如图 5-18 所示。

长度(位)	8	4	4	16
	事务序列号	命令类型标识符	属性数据类型	属性标识符
	事务首部	事务载荷		

图 5-18 带应答命令帧结构

接收到该命令帧的设备首先检查命令中请求的是不是一个已定义的属性。如果是一个属性,则它构造一个读取响应命令帧,将请求的属性值发送给请求该属性的设备;否则,将发送带有错误代码的响应命令帧。

2. 读取响应命令帧

如上所述,读取响应命令是对读取命令的响应。因此,其事务序列号应当是读取命令中的序列号,命令帧类型标识符域应设置为 1000,属性数据类型、属性标识符设置应当与读取命令中相同。如果读取命令中的属性是合法的,则响应命令帧中的错误代码应为 0x00,表示没有错误发生。这时属性数据域是被读取的属性的值。如果属性数据的长度不能隐含在数据中,则属性数据的第一个字节就是属性数据的长度,后跟属性数据。属性数据的含义在相应的设备描述中定义。如果读取的属性是没有被定义的,则响应命令帧中的错误代码应为表 5-22 中所列出的非保留值之一。读取响应命令帧的结构如图 5-19 所示。

长度(位)	8	4	4	16	8	可变
	事务序列号	命令类型标识符	属性数据类型	属性标识符	错误代码	属性数据
	事务首部	事务载荷				

图 5-19 读取响应命令帧结构

发送读取命令的设备接收到响应命令后,即知道了读取命令执行的结果。

3. 设置/带应答设置命令帧

当设备需要向其他设备中写一个属性值时,使用属性设置命令,或者带应答设置命令。命令帧中的事务序列号应当是应用程序维护的序列计数器的下一个值,命令类型标识符域应当是 0001 或者 0101,属性数据类型应设置为所写的属性类型,属性标识符应是被写的属性标识符。属性数据域包含应写入属性的数据,如果属性数据的长度没有隐含在数据中,则属性数据的第一个字节就是以字节计算的属性数据的长度,后跟属性数据。属性数据的含义在相应的设备描述中定义。该命令帧的结构如图 5-20 所示。

当接收到设置或者带应答设置命令时,接收设备首先确定被写入的属性是否为已经定义的属性。如果该属性是系统中已定义的,则将命令帧中的属性数据写入到该属性中;如果该属

长度(位)	8	4	4	16	可变
	事务序列号	命令类型标识符	属性数据类型	属性标识符	属性数据
	事务首部	事务载荷			

图 5-20 设置/带应答设置命令帧结构

性没有被定义,则丢弃该写属性命令。

如果接收的是须应答的写属性命令,则在上述正确写入属性值后,将发送错误代码为 0x00 的响应命令帧。在被写入的属性未定义的情况下,发送包含错误代码的响应帧命令。设置响应命令帧的结构如图 5-21 所示。

长度(位)	8	4	4	16	8
	事务序列号	命令类型标识符	属性数据类型	属性标识符	错误代码
	事务首部	事务载荷			

图 5-21 设置响应命令帧结构

4. 设置响应命令帧

设置响应命令帧的序列号与带应答设置命令帧中的序列号相同,帧类型标识符域应为 1001。其余各域设置与其他命令帧相同,这里不再赘述。

5. 事件/带应答事件命令帧

该命令帧的结构与设置/带应答设置命令帧结构相同(见图 5-20)。

当设备需要通知其他设备某属性的值发生了改变时,即构造并发送一个事件或者带应答事件命令帧。命令帧中的事务序列号应当是应用程序维护的序列计数器的下一个值,命令类型标识符域应当是 0010 或者 0110,属性数据类型和属性标识符应设置为发生改变的属性的类型和标识符。

属性数据域包含已改变的属性值,属性值以字节的形式表示。如果属性数据的长度没有隐含在数据中,则属性数据的第一个字节就是以字节计算的属性数据的长度,后跟属性数据。属性数据的含义在相应的设备描述中定义。

6. 事件响应命令帧

事件响应命令帧的结构与设置响应命令帧的结构相同(见图 5-21)。

当设备接收到带应答事件命令帧时,它应构造并发送事件响应命令帧。命令帧中的事务序列号应当是应用程序维护的序列计数器的下一个值,命令类型标识符域应当是 1010。其余设置不再赘述。

5.3.6 功能描述

1. 组合事务

通常的应用框架帧结构允许将若干个单独的事务组合在一个帧内,这一组事务称为组合事务。只有共享相同服务类型和簇标识符的事务才能组合成组合事务帧。组合事务帧的长度不能超过最大允许长度。

当接收到组合事务帧时,设备将按顺序处理每一个事务。对于需要应答的事务,将分别构造和发送响应帧。发送的组合事务响应帧的长度应在 APS 帧允许的长度之内,如果超过允许的长度,则应将这个组合响应帧分为若干个帧发送。

2. 接收和拒绝

应用框架首先对从 APS 接收的帧进行过滤处理,然后,检查该帧的目的端点是否处于活动状态。如果目的端点处于非活动状态,则将该帧丢弃;如果目的端点处于活动状态,则应用框架将检查帧中的模板标识符是否与端点的模板标识符匹配。如果匹配,则将帧的载荷传送给该端点;否则,丢弃该帧。

5.4 ZigBee 设备模板

5.4.1 ZigBee 设备模板概述

ZigBee 设备模板支持以下 4 项内部设备通信功能:
◆ 设备发现和服务发现;
◆ 终端设备绑定请求;
◆ 绑定和解除绑定处理;
◆ 网络管理。

1. 设备发现和服务发现概述

设备发现是网络中的设备识别其他设备的一种能力,设备识别支持 IEEE 的位地址和 16 位网络短地址。设备发现信息可以以下述两种方法使用:

(1) 广播地址——网络中的所有设备按照设备的逻辑类型和其他匹配准则作出响应。ZigBee 端点设备以它的端点地址作出响应;而 ZigBee 协调器和路由器按照请求的类型,以它自己的地址和(或)与其连接的子设备地址作出响应。设备使用单播的 APS 确认作出响应。

(2) 单播地址——仅特定的设备作出响应。端点设备回答它自己的地址,而协调器或路由器用自己的地址和与其连接的子设备的地址作出响应。

对于 ZigBee 1.0 来说,设备发现是一种分布式操作,个体设备或它的直接父设备对设备发现的请求者作出响应。为了以后能够升级为基于中心方式或者事件方式的设备发现方法,1.0 以后的版本增加了"兴趣设备地址"域。

服务发现是设备识别网络中其他设备可以提供的服务的能力。服务发现信息可以以下述两种方式使用:

(1) 广播地址——由于返回的信息可能有一定的数量,所以只有与发现请求命令中的准则相匹配的设备作出响应。但如果设备是协调器或者路由器,而它们的子设备处于睡眠状态,同时这些处于睡眠状态的子设备中有符合发现请求中要求的,则协调器或路由器将缓存服务发现信息,同时发送这些子设备具备的行为信息作为响应。响应信息的发送也是使用单播的 APS 确认服务实现。

(2) 单播地址——仅特定的设备作出响应。在这种情况下,协调器或路由器将缓存服务发现请求信息,并发送这些处于睡眠状态设备的行为信息作出响应。

服务发现支持下述查询类型:

- ◆ 活动端点查询——活动端点是由简单描述符描述的应用程序,它支持一个模板。该命令可以使用广播或单播进行,用于确定一个存在的活动端点。
- ◆ 简单描述符匹配——发送该命令的设备通过提供 ProfileID、可选的输入/输出簇 ID 和规则来寻找某一个设备中与上述特性相匹配的端点。该命令可以使用广播或单播的方式发送,响应设备用单播的 APS 确认服务作出回答。
- ◆ 简单描述符查询——用来获得某特定端点的简单描述符,使用单播发送。
- ◆ 节点描述符查询——用来获得某特定设备的节点描述符,使用单播发送。
- ◆ 电源描述符查询——用来获得某特定设备的电源描述符,使用单播发送。
- ◆ 复合描述符查询——用来获得某特定设备的复合描述符,使用单播发送。
- ◆ 用户描述符查询——用来获得某特定设备的用户描述符,使用单播发送。

2. 终端设备绑定、绑定与解除绑定

终端设备绑定支持"简单绑定",通过用户的干预来识别命令/控制设备对。

绑定是实现控制信息和其对象的映射,具体表现为在绑定表中建立一绑定项;而解除绑定是将绑定表中某指定项删除。

3. 网络管理

网络管理的功能是从所管理的设备中获得一些网络信息,包括:

- ◆ 网络发现的结果;

- ◆ 邻居节点的链路质量；
- ◆ 路由表内容；
- ◆ 绑定表内容；
- ◆ 设置管理信息；
- ◆ 断开网络连接。

4. 设备模板的设备描述符

设备模板使用单个设备描述。凡是要求为强制的簇在所有的 ZigBee 设备中都应存在，对某些信息的响应行为与设备的逻辑类型相关。支持的可选簇与设备逻辑类型无关。

5. 配置及其规则

设备模板采用客户/服务器拓扑结构。需要设备的发现、服务发现、绑定和网络管理等功能通过客户机的请求实现，而服务器完成这些请求的服务，并作出响应。客户或者服务器是逻辑上或者功能上的，每一个设备在不同的情况下可以是客户，而在另一些情况下可以是服务器。

- ◆ 客户——利用设备模板信息发送服务请求，并接收服务器的响应信息。
- ◆ 服务器——对客户的请求进行处理，并作出响应。

位序	0～6	7
信息号		请求/响应位：0=请求 1=响应

6. 设备模板中的簇 ID 结构

图 5-22 所示为设备模板簇标识符结构。

图 5-22 设备模板的簇标识符结构

5.4.2 客户服务和服务器服务

设备模板以客户/服务器模式实现设备发现和服务发现，设备绑定和解除绑定请求，网络管理等功能。发出请求设备的应用称为客户，该设备称为本地设备；而对客户的请求进行处理、作出回答的应用称为服务器，执行服务器功能的设备称为远方设备。模板中支持的各种功能以服务、响应原语的形式出现。下面按照客户与服务器之间的关系对这些服务原语分类进行介绍。

1. 设备发现和服务发现服务

表 5-23 所列为设备模板支持的设备发现和服务发现原语。

表 5-23 设备模板支持的设备发现和服务发现原语

客户服务请求原语	客户	服务器	服务器响应原语
NWK_addr_req U	O	M	NWK_addr_rsp
IEEE_addr_req	O	M	IEEE_addr_rsp
Node_Desc_req	O	M	Node_Desc_rsp
Power_Desc_req	O	M	Power_Desc_rsp
Simple_Desc_req	O	M	Simple_Desc_rsp
Active_EP_req	O	M	Active_EP_rsp
Match_Desc_req	O	M	Match_Desc_rsp
Complex_Desc_req	O	O	Complex_Desc_rsp
User_Desc_req	O	O	User_Desc_rsp
Discovery_Register_req	O	O	Discovery_Register_rsp
End_Device_annce	O	O	
User_Desc_setd	O	O	User_Desc_confd

注:O=可选;M=必须具备。

下面是表中各服务原语的格式及其说明,在每一个原语的前面同时给出了其簇标识符。

1) 设备的 16 位网络地址查询服务

当本地设备知道某设备的 64 位 IEEE 地址,而希望知道它的的 16 位网络地址时,将产生一个请求服务原语以广播的方式发出询问,原语中的参数 IEEEAddr 是远方某设备的地址。将来的 ZigBee 版本可能会扩充为使用单播的方式发送该原语,以支持集中式或基于事件的设备发现。

网络中的设备接收到这个原语后,将原语中的 IEEE 地址与自己的 IEEE 地址进行比较,如果两者相符合,则该设备将作为服务器工作,并根据原语中的参数 RequestType 产生一个响应原语,以单播的方式发送出去。如果 RequestType 是有效的(即单个设备响应或者扩展响应),则响应原语中的源地址是自己的 16 位网络地址,而匹配的 IEEE 地址包含在响应载荷中。如果 RequestType 是扩展响应,而该设备是协调器或路由器,则首先在生成的信息中包含匹配的 IEEE 地址和网络地址,同时还将与该设备的部分子设备的网络地址列表包含进来。子设备在列表中的索引,从原语中的参数 StartIndex 指定的开始直到结束或达到 APS 帧的最大值。

在上述服务器生成的响应原语中,根据对请求原语执行的情况将响应原语中的参数 Status 置为 SUUCESS 或者 INV_REQUESTTYPE。

(1) 查询原语的簇标识符及格式如下:

ClusterID = 0x00

```
NWK_addr_req(
        IEEEAddr,
        RequestType,
        StartIndex
        )
```

(2) 响应原语的簇标识符及格式如下:

```
ClusterID = 0x80
NWK_addr_rsp(
        Status,
        IEEEAddrRemoteDev,
        NWKAddrRemoteDev,
        NumAssocDev,
        StartIndex,
        NWKAddrAssocDevList
        )
```

原语中参数的描述及取值范围如表 5-24 所列。

表 5-24 地址查询原语参数

名 称	类 型	有效值范围	描 述
IEEEAddr	设备地址	有效的 64 位 IEEE 地址	设备的 IEEE 地址
NWKAddrOfInterest	设备地址	16 位 NWK 地址	请求的 NWK 地址
RequestType	整数	0x00~0xFF	该命令请求的类型： 0x00=单个设备响应 0x01=扩展响应 0x02~0xFF=保留
StartIndex	整数	0x00~0xFF	如果本命令是扩展响应,则 StartIndex 是提供的已连接设备列表中的起始索引
IEEEAddrRemoteDev	设备地址	扩展的 64 位 IEEE 地址	
NWKAddrRemoteDev	设备地址	16 位 NWK 地址	
NumAssocDev	整数	0x00~0xFF	
NWKAddrAssocDevList	设备地址清单	设备 16 位短地址列表	
Status	整数	SUCCESS、INV_REQUESTTYPE 或 DEVICE_NOT_FOUND	

2) 设备的 IEEE 地址查询服务

当已知网络中某设备的 16 位网络地址而希望知道其 64 位 IEEE 地址时,本地设备可以发送 IEEE 地址查询服务原语,而远方设备作为服务器作出响应。除客户的请求原语中给出的是某设备的 16 位网络地址外,其过程与网络地址查询相似,这里不再赘述。

(1) 查询原语的格式及簇标识符如下:

```
ClusterID = 0x01
IEEE_addr_req (
            NWKAddrOfInterest,
            RequestType,
            StartIndex
            )
```

(2) 响应原语的簇标识符及格式如下:

```
ClusterID = 0x81
IEEE_addr_rsp (
            Status,
            IEEEAddrRemoteDev,
            NWKAddrRemoteDev,
            NumAssocDev,
            StartIndex,
            NWKAddrAssocDevList
            )
```

原语中参数的描述及取值范围如表 5-24 所列。

3) 远方设备的各种描述符查询服务

以下的几个原语用来查询远方设备的各种描述符,发起查询的设备和响应设备一般采用单播的方式传送信息。原语中的参数 NWKAddrOfInterest 是被查询设备的 16 位网络地址。

(1) 节点描述符查询原语的簇标识符及格式如下:

```
ClusterID = 0x02
Node_Desc_req (
            NWKAddrOfInterest
            )
```

(2) 节点描述符响应原语的簇标识符及格式如下:

```
ClusterID = 0x82
Node_Desc_rsp (
            Status,
            NWKAddrOfInterest,
            NodeDescriptor
            )
```

(3) 节点电源描述符查询原语的簇标识符及格式如下:

```
ClusterID = 0x03
Power_Desc_req (
              NWKAddrOfInterest
              )
```

(4) 节点电源描述符响应原语的簇标识符及格式如下:

```
ClusterID = 0x83
Power_Desc_rsp (
              Status,
              NWKAddrOfInterest,
              PowerDescriptor
              )
```

(5) 节点简单描述符查询原语的簇标识符及格式如下:

```
ClusterID = 0x04
Simple_Desc_req (
              NWKAddrOfInterest,
              Endpoint
              )
```

(6) 节点简单描述符响应原语的簇标识符及格式如下:

```
ClusterID = 0x84
Simple_Desc_rsp (
              Status,
              NWKAddrOfInterest,
              Length,
              SimpleDescriptor
              )
```

(7) 节点复合描述符查询原语的簇标识符及格式如下:

```
ClusterID = 0x10
Complex_Desc_req (
              NWKAddrOfInterest
              )
```

(8) 节点复合描述符响应原语的簇标识符及格式如下:

```
ClusterID = 0x90
Complex_Desc_rsp (
```

```
            Status,
            NWKAddrOfInterest,
            Length,
            ComplexDescriptor
            )
```

(9) 节点用户描述符查询原语的簇标识符及格式如下：

```
ClusterID = 0x11
User_Desc_req (
            NWKAddrOfInterest
            )
```

(10) 节点用户描述符响应原语的簇标识符及格式如下：

```
ClusterID = 0x91
User_Desc_rsp (
            Status,
            NWKAddrOfInterest,
            Length,
            UserDescriptor
            )
```

(11) 活动端点查询原语的簇标识符及格式如下：

```
ClusterID = 0x05
Active_EP_req (
            NWKAddrOfInterest
            )
```

(12) 活动端点响应原语的簇标识符及格式如下：

```
ClusterID = 0x85
Active_EP_rsp (
            Status,
            NWKAddrOfInterest,
            ActiveEPCount,
            ActiveEPList
            )
```

原语中参数的描述及取值范围如表 5-25 所列。

表 5-25 描述符查询请求、响应原语参数

名称	类型	有效值范围	描述
NWKAddrOfInterest	设备地址	16 位 NWK 地址	请求的 NWK 地址
Endpoint	8 位	1~240	在目的地的末端
ProfileID	整数	0x0000~0xFFFF	目的设备中匹配的 Profile ID
NumInClusters	整数	0x00~0xFF	输入簇列表中输出簇的数目
InClusterList	1 字节 NumOutClusters		待匹配的输入簇列表,其元素是希望被远方设备匹配的簇的列表,其元素是本地设备输出簇列表
NumOutClusters	整数	0x00~0xFF	输出簇列表中输出簇的数目
OutClusterList	1 字节 NumOutClusters		待匹配的输出簇列表,其元素是希望被远方设备匹配的簇的列表,其元素是本地设备输入簇列表
NWKAddrOfInterest	设备地址	16 位 NWK 地址	请求的 NWK 地址
Length	整数	0x00~0xFF	
ActiveEPCount	整数	0x00~0xFF	活动端点数
ActiveEPList			活动端点列表
NodeDescriptor	节点描述符		见相关部分
PowerDescriptor	电源描述符		见相关部分
SimpleDescriptor	简单描述符		见相关部分
Complex Descriptor	复杂描述符		见相关部分
User Descriptor	用户描述符		见相关部分
Status	整数	SUCCESS 或 DEVICE_NOT_FOUND	原语执行状态

4) 匹配服务

当网络中的本地设备希望在网络中寻找具有某些特定要求的设备时,它将生成原语 Match_Desc_req,并以单播或广播的方式发送出去。接收到该原语的远方设备将对存在于本设备中的所有端点进行评估,以确定是否与之相匹配。如果有匹配的 ProfileID,并且其活动端点的简单描述符中的 AppInClusterList 或者 AppOutClusterList 中的元素与原语的 InClusterList、OutClusterList 中的元素相匹配,则远方设备生成一个响应原语以单播的方式送给本地设备,响应原语中的状态为 SUCCESS。请求原语中的 NumInClusters、NumOutClusters 置为 0 时,则远方设备进行匹配时不考虑 InClusterList、OutClusterList,匹配与否完全由 ProfileID 决定。不能实现匹配的设备不发出响应原语。

目前的版本不支持这个响应原语,仅以状态 DEVICE_NOT_FOUND 作为回答。

(1) 匹配请求原语的簇标识符及格式如下:

```
ClusterID = 0x06
Match_Desc_req (
            NWKAddrOfInterest,
            ProfileID,
            NumInClusters,
            InClusterList,
            NumOutClusters,
            OutClusterList
            )
```

(2) 匹配响应原语的簇标识符及格式如下:

```
ClusterID = 0x86
Match_Desc_rsp (
            Status,
            NWKAddrOfInterest,
            MatchLength,
            MatchList
            )
```

原语中参数的描述及取值范围如表 5-26 所列。

表 5-26 匹配服务原语参数

名 称	类 型	有效值范围	描 述
NWKAddrOfInterest	设备地址	16 位 NWK 地址	请求的 NWK 地址
ProfileID	整数	0x0000~0xFFFF	目的设备中与之匹配的 Profile ID
NumInClusters	整数	0x00~0xFF	InClusterList 中进行匹配检查的簇的数目。
InClusterList	1 字节 NumOutClusters		进行匹配检查的 Input ClusterIDs 列表(表中的元素是本地设备支持的输出簇)
NumOutClusters	整数	0x00~0xFF	OutCluster 列表中提供的进行匹配检查的簇的数目
OutClusterList	1 字节 NumOutClusters		进行匹配检查的 Output ClusterIDs 列表(表中的元素是本地设备支持的输入簇)
Length	整数	0x00~0xFF	
ComplexDescriptor	复杂描述符		

5) 发现注册服务

原语 Discovery_register_req 是 ZigBee 1.0 以后版本提供的特性。网络中的本地设备可以使用该原语通知协调器,希望注册其发现信息。原语的目的地址必须是单播,并且只能是协调器的地址。协调器接收到该原语后,将发送一个状态为 SUCCESS 的单播信息作为回答。协调器也可以使用设备发现和服务发现命令将本地设备的发现信息上传。如果协调器不支持该原语,则发送状态为 NOT_SUPPORTED 的响应信息。

(1) 发现注册请求原语的簇标识符及格式如下:

```
ClusterID = 0x12
Discovery_Register_req (
                    NWKAddr,
                    IEEEAddr
                    )
```

(2) 发现注册响应原语的簇标识符及格式如下:

```
ClusterID = 0x92
Discovery_Register_rsp (
                    Status
                    )
```

原语中参数的描述及取值范围如表 5-27 所列。

表 5-27 发现注册原语参数

名 称	类 型	有效值范围	描 述
NWKAddr	设备地址	16 位 NWK 地址	本地设备的 NWK 地址
IEEEAddr	设备地址	16 位 IEEE 地址	本地设备的 IEEE 地址
Status	整数	SUCCESS 或 NOT_SUPPORTED	

6) 终端设备通知服务

本地设备使用 End_Device_annce 原语通知协调器,某终端设备已经与网络建立了连接或重新建立了连接。原语中的参数是本地设备的 64 位 IEEE 地址和新的 16 位网络地址,原语使用广播地址发送。远方设备(协调器或者请求绑定操作的源设备)接收到该原语后,将使用原语中的 IEEE 地址在绑定表中寻找相匹配的项,并更新 APS 信息块中的 NWKAddr。

原语的簇标识符及格式如下:

```
ClusterID = 0x13
End_Device_annce (
                    NWKAddr,
```

```
            IEEEAddr
         )
```

原语中参数的描述及取值范围如表 5-28 所列。

表 5-28 终端设备通知原语参数

名 称	类 型	有效值范围	描 述
NWKAddr	设备地址	16 位 NWK 地址	本地设备的 NWK 地址
IEEEAddr	设备地址	16 位 IEEE 地址	本地设备的 IEEE 地址

7) 远方设备描述符设置服务

本地设备使用原语 User_Desc_set 配置远方设备中的用户描述符。远方设备接收到该原语后,就用原语录中提供的数据对用户描述符进行配置。远方设备使用 Use_Desc_conf 原语返回状态为 SUCCESS 的执行结果。如果设备不支持该原语或者设备中不存在指定的用户描述符,则发送状态为 NOT_SUPPORTED 的回答信息。

请求原语的簇标识符及格式如下:

```
ClusterID = 0x14
User_Desc_set (
            NWKAddrOfInterest,
            UserDescription
         )
```

远方设备描述符设置响应原语的簇标识符及格式如下:

```
ClusterID = 0x94
User_Desc_conf (
            Status
         )
```

原语中的参数描述及取值范围如表 5-29 所列。

表 5-29 远方设备描述符设置原语参数

名 称	类 型	有效值范围	描 述
NWKAddrOfInterest	设备地址	16 位 NWK 地址	请求的 NWK 地址
UserDescription	ASCII 字符串	16 字符	用户描述符的结构
Status	整数	SUCCESS 或 NOT_SUPPORTED	

2. 绑定、解除绑定服务

表 5-30 所列为设备模板支持的绑定、解除绑定服务原语。

表 5 – 30 端点设备绑定和解除绑定客户服务原语

终端设备绑定和解除绑定客户服务	客户端发送	终端设备绑定和解除绑定服务器服务	服务器处理
End_Device_Bind_req	O	End_Device_Bind_rsp	O
Bind_req	O	Bind_rsp	O
Unbind_req	O	Unbind_rsp	O

注:表中 O=可选;M=强制。

1) 终端设备绑定服务

本地设备使用 End_Device_Bind_req 原语与远方的设备实现绑定。一般来说,这是由应用程序的某种操作引起的。原语的目的地址应是协调器,并使用单播发送。

协调器接收到本地设备的终端设备绑定请求后,将其保存起来。如果在一段预定的时间内没有接收到第二个设备的绑定请求,则协调器将保存的请求丢弃,并向发起请求的设备发送状态为 TIMEOUT 的终端设备绑定响应原语 End_Device_Bind_rsp。如果在预定的时间内协调器接收到第二个设备的终端设备绑定请求,则协调器将对其模板标识符、输入簇表和输出簇表进行匹配检查。

如果没有匹配的 ProfileID,或者虽然 ProfileID 匹配,但 InClusterList 或 OutClusterList 中没有相互匹配的元素,则协调器向每一设备发送状态为 NO_MATCH 的 End_Device_Bind_rsp 原语作为回答。如果有匹配的 ProfileID,并至少有一个匹配的输入/输出 ClusterID,则发送的响应原语中的状态参数为 SUCCESS。

接下来,协调器需确定两设备的 64 位 IEEE 地址。如果无法得到它们的地址,则协调器将发送 IEEE_Addr_req 原语请求设备给出它们的 IEEE 地址,而设备将使用 IEEE_Addr_req 原语作出回答。

为了方便后续操作,协调器向目标设备发送 Unbind_req 请求,原语中指定上述任意一个匹配的簇标识符。如果响应信息是 NO_ENTRY,协调器将向每个匹配标识符值的设备发送 Bind_req 命令;否则,协调器将此前的绑定解除,用新的绑定代替。

终端设备绑定请求和响应原语的簇标识符及格式分别如下:

```
ClusterID = 0x20
End_Device_Bind_req (
                LocalCoordinator,
                BindingTargeta,
                Endpoint,
                ProfileID,
                NumInClusters,
                InClusterList,
                NumOutClusters,
```

```
                OutClusterList
                )
ClusterID = 0xA0
End_Device_Bind_rsp (
                Status
                )
```

原语中的参数描述及取值范围如表 5-31 所列。

表 5-31　绑定服务原语参数

名　称	类　型	有效值范围	描　述
BindingTarget	设备地址	16 位地址	
Endpoint	8 位	1～240	设备端点号
ProfileID	整数	0x0000～0xFFFF	簇标识符
ClusterID	整数	0x00～0xFF	簇标识符
NumInClusters	整数	0x00～0xFF	簇标识符数目
InClusterList	1 字节 NumOutClusters		输入簇标识符表
NumOutClusters	整数	0x00～0xFF	输出簇标识符数
OutClusterList	1 字节 NumOutClusters		输出簇标识符表
SrcAddress	IEEE 地址	有效 64 位 IEEE 地址	源设备地址
DstAddress	IEEE 地址	有效 64 位 IEEE 地址	目的设备地址
DstEndp	整数	0x01～0xF0	绑定项目的端点
SrcEndp	整数	0x01～0xF0	绑定项源端点
Status	整数	SUCCESS、NOT_SUPPORTED、TIMEOUT 或 NO_MATCH	

2) 绑定服务

本地设备通过发送绑定服务请求原语实现同另一个设备的绑定。原语中的目的地址必须是协调器或源设备本身。协调器或源设备接收到该请求原语后,即在绑定表中建立绑定项,如果成功地建立了绑定项,则发出状态为 SECCESS 的绑定响应原语;如果在绑定表中已经没有空间,则响应原语中的状态为 TABLE_FULL;如果接收原语的设备既不是协调器,也不是源设备,则响应原语的状态为 NOT_SUPPORTED。

绑定请求和响应原语的簇标识符及格式分别如下:

```
Bind req
ClusterID = 0x21
```

```
Bind_req (
        SrcAddress,
        SrcEndp,
        ClusterID,
        DstAddress,
        DstEndp
        )
ClusterID = 0xA1
Bind_rsp (
        Status
        )
```

原语中的参数描述及取值范围如表 5-31 所列。

3) 解除绑定服务

本地设备可以通过发送 Unbind_req 服务原语,请求将绑定表中源地址和目的地址分别为原语中的参数 SrcAddress DstAddress 和 DstAddress 的项删除。该原语的目的地址必须是协调器或者路由器的地址。远方设备接收到这个原语后,检查其绑定表中是否存在有与原语中的参数 SrcAddress、SrcEndp、ClusterID、DstAddress 和 DstEndp 等相符的条目,如果存在这个条目,则将其删除,并向提出服务请求的设备发送状态为 SUCCESS 的响应原语 Unbind_rsp。如果远方设备不支持 Unbind_req 服务,则响应原语中的状态为 NOT_SUPPORTED;如果绑定表中不存在与请求原语中匹配的条目,则响应原语的状态为 NO_ENTRY。

解除绑定请求和响应原语的簇标识符及格式如下:

```
ClusterID = 0x22
Unbind_req (
        SrcAddress,
        SrcEndp,
        ClusterID,
        DstAddress,
        DstEndp
        )
ClusterID = 0xA2
Unbind_rsp (
        Status
        )
```

原语中的参数描述及取值范围如表 5-31 所列。

3. 网络管理服务

表 5-32 所列为设备模板的网络管理类服务原语。表最左边的栏是客户的请求，最右边是服务器的响应。下面分别按客户请求和服务器的处理、响应进行描述。

表 5-32 网络管理客户服务请求、响应原语

客户服务	客户发送	网络管理服务器服务	服务器处理
Mgmt_NWK_Disc_req	O	Mgmt_NWK_Disc_rsp	O
Mgmt_Lqi_req	O	Mgmt_Lqi_rsp	O
Mgmt_Rtg_req	O	Mgmt_Rtg_rsp	O
Mgmt_Bind_req	O	Mgmt_Bind_rsp	O
Mgmt_Leave_req	O	Mgmt_Leave_rsp	O
Mgmt_Direct_Join_req	O	Mgmt_Direct_Join_rsp	O

注：O=可选；M=强制。

1）网络发现服务

当网络中的某一本地设备希望了解网络中的另一设备周围其他网络的相关情况时，它可以产生并向网络中的某远方设备发送网络发现请求原语 Mgmt_NWK_Disc_req。如果接收该服务原语录的设备支持这项功能，则它将开始执行下述过程：

① 使用原语中的参数 ScanChannels 向前网络层发送服务请求原语 NLME-NETWORK-DISCOVERY.request。

② 接收到网络层返回的确认原语 NLME-NETWORK-DISCOVERY.confirm 后，将得到的 NetworkList 和 NetworkCount 作为响应原语 Mgmt_NWK_Disc_rsp 中相应的参数，原语中的 NetworkList 从 StartIndexa 开始，参数 Status 为 SUCCESS。

③ 将这个响应原语发送给提出请求的设备。

如果远方设备不支持网络发现功能，或者网络发现操作执行不成功，则响应原语中的参数 Status 为 NOT_SUPPORTED，或者是 NLME-NETWORK-DISCOVERY.confirm 中的错误代码。

网络发现请求和响应原语的簇标识符及格式分别如下：

ClusterID = 0x30
Mgmt_NWK_Disc_req (
    ScanChannels,
    ScanDuration,
    StartIndexa

ClusterID = 0xB0
Mgmt_NWK_Disc_rsp (
    Status,

```
            NetworkCount,
            StartIndex,
            NetworkListCount,
            NetworkLis
        )
```

2) 链路质量检测服务

如果一个本地设备希望了解网络中的另一个远方设备与其每一个邻居的链路质量 LQI，则它将构造并发送链路质量请求原语 Mgmt_Lqi_req，原语中的参数 StartIndex 是邻居表的起始序号。该原语使用单播的方式发送，其目的设备必须是协调器或者路由器。当远方设备接收到这个请求原语后，它将使用 NLME – GET.request 原语获得邻居表及其链路质量，并使用 Mgmt_Lqi_rsp 原语将结果向发出请求的设备返回，原语中的参数 Status 为 SUCCESS。

如果接收到请求原语的远方设备不支持这项功能，或者 NLME – GET.request 原语执行不成功，则构造的响应原语中的参数 Status 为 NOT_SUPPORTED，或者是 NLME – GET.confirm 原语中的错误代码。

链路质量请求服务和响应原语的簇标识符及格式分别如下：

```
ClusterID = 0x31
Mgmt_Lqi_req (
            StartIndex
        )
ClusterID = 0xB1
Mgmt_Lqi_rsp (
            Status,
            NeighborTableEntries,
            StartIndex,
            NeighborTableListCount,
            NeighborTableList
        )
```

3) 路由信息服务

当网络中的一个设备希望得到某一远方设备中路由表的内容时，它会构造并发送 Mgmt_Rtg_req 请求原语。显然，该原语的目的设备必须是协调器或者路由器。当远方设备（协调器或者路由器）接收到这个请求原语后，它将使用 NLME – GET.request 取得路由表，并将表中从 StartIndex 开始的的路由信息复制到响应原语中，直到路由表的结尾处，或者原语的长度到达 MSDU 所允许的最大长度为止。响应原语中的 RoutingTableEntries 是远方设备路由表中路由项的总数目；RoutingTableListCount 是本原语中包含的路由信息数；而 RoutingTableList 则是路由表本身。

同样，如果接收到请求原语的远方设备不支持这项功能，或者 NLME‐GET.request 原语执行不成功，则构造的响应原语中的参数 Status 为 NOT_SUPPORTED，或者是 NLME‐GET.confirm 原语中的错误代码，这时响应原语中的 RoutingTableEntries、RoutingTableListCount、RoutingTableList 等参数被忽略。

路由信息请求服务和响应原语的簇标识符及格式分别如下：

```
ClusterID = 0x32
Mgmt_Rtg_req (
            StartIndex
            )
ClusterID = 0xB2
Mgmt_Rtg_rsp (
            Status,
            RoutingTableEntries,
            StartIndex,
            RoutingTableListCount,
            RoutingTableList
            )
```

4) 绑定信息服务

当网络中的一个设备希望得到某一远方设备中绑定表的内容时，它将构造并发送 Mgmt_Bind_req 请求原语。显然，该原语的目的设备必须是协调器或者路由器。当远方设备（协调器或者路由器）接收到这个请求原语后，它使用 APS‐GET.request 取得绑定表，并将表中从 StartIndex 开始的的绑定信息复制到构造的响应原语中，直到绑定表的结尾处，或者原语的长度到达 MSDU 所允许的最大长度为止。响应原语中的 BindingTableEntries 是远方设备绑定表中条目的总数目；BindingTableListCount 是本原语中包含的绑定信息数；而 BindingTableList 则是绑定表本身。

同样，如果接收到请求原语的远方设备不支持这项功能，或者 NLME‐GET.request 原语执行不成功，则构造的响应原语中的参数 Status 为 NOT_SUPPORTED，或者是 NLME‐GET.confirm 原语中的错误代码，这时响应原语中的 BindingTableEntries、BindingTableListCount、BindingTableList 等参数被忽略。

绑定信息请求服务和响应原语的簇标识符及格式分别如下：

```
ClusterID = 0x33
Mgmt_Bind_req (
            StartIndex
            )
ClusterID = 0xB3
```

```
Mgmt_Bind_rsp (
            Status,
            BindingTableEntries,
            StartIndex,
            BindingTableListCount,
            BindingTableList
            )
```

5）离开网络服务

如果网络中的某一本地设备希望网络中的另一设备与网络断开连接,则它将生成一个离开网络请求原语 Mgmt_Leave_req,发送给地址为 DeviceAddress 的远方设备。当远方设备接收到该原语并确认有效后,它将使用 NLME – LEAVE. request 服务原语实现与网络连接的断开;用 NLME – LEAVE. confirm 原语返回的状态信息构造 Mgmt_Leave_rsp 原语,并作出响应。如果远方设备不支持该项功能,则 Mgmt_Leave_rsp 原语中的状态为 NOT_SUPPORTED。

远方设备一旦与网络断开连接,它可以按照预先设定的程序,执行 NLME – NETWORK – DISCOVERY. request 服务原语,实现与网络的连接或重新连接。

离开服务请求和响应原语的簇标识符及格式分别如下：

```
ClusterID = 0x34
Mgmt_Leave_req (
            DeviceAddress
            )
ClusterID = 0xB4
Mgmt_Leave_rsp (
            Status
            )
```

6）直接连接服务

本地设备可以通过发送 Mgmt_Direct_Join_req 原语请求网络中的某远方设备允许另一设备与网络建立连接。接收到该原语后,远方设备利用接收的原语中的参数 DeviceAddress 和 CapabilityInformationa 生成 NLME – DIRECT – JOIN. request 服务原语,使另一设备直接与网络建立连接;使用 NLME – DIRECT – JOIN. confirm 原语中返回的状态信息构造响应原语 Mgmt_Direct_Join_rsp,并发送出去。如果远方设备不支持这项功能,则响应原语的状态应为 NOT_SUPPORTED。

直接连接服务请求和响应原语的簇标识符及格式如下：

```
ClusterID = 0x35
Mgmt_Direct_Join_req (
            DeviceAddress,
```

```
                    CapabilityInformationa
                )
ClusterID = 0xB5
Mgmt_Direct_Join_rsp(
                    Status
                )
```

原语中的参数描述及取值范围如表 5-33 所列。

表 5-33 网络管理服务原语参数

名 称	类 型	有效值范围	说 明
ScanChannels	位图	32 位	扫描信道
ScanDuration	整数	0x00～0x0E	扫描持续时间
StartIndex	整数	0x00～0xFF	开始索引
DeviceAddress	设备地址	扩展的 64 位 IEEE 地址	设备地址
CapabilityInformation	位段	参看表 4-4	
Status	整数		原语执行状态
NetworkCount	整数	0x00～0xFF	网络序列号
NetworkListCount	整数	0x00～0xFF	网络序列号数
NetworkList	网络描述符清单		网络序列号列表
NeighborTableEntries	整数	0x00～0xFF	邻居表项
NeighborTableListCount	整数	0x00～0xFF	邻居表项数目
NeighborTableList	邻居描述符表		邻居表
BindingTableEntries	整数	0x00～0xFF	绑定表项
BindingTableListCount	整数	0x00～0xFF	绑定表项数目
BindingTableList	绑定描述符表		绑定表

5.4.3 ZDO 枚举变量描述

表 5-34 所列为 ZDO 中变量的枚举值。

表 5-34 ZDP 枚举值

列 表	值	说 明
SUCCESS	0x00	请求操作或传送成功完成
—	0x01～0x7F	保留

续表 5-34

列 表	值	说 明
INV_REQUESTTYPE	0x80	无效的请求
DEVICE_NOT_FOUND	0x81	保留
INVALID_EP	0x82	提供的端点号不为1~240
NOT_ACTIVE	0x83	请求的端点无简单描述符
NOT_SUPPORTED	0x84	设备不支持提交的请求
TIMEOUT	0x85	请求超时
NO_MATCH	0x86	无合适的匹配项
TABLE_FULL	0x87	表已满
NO_ENTRY	0x88	无请求的表项
—	0x89~0xFF	保留

5.5 ZigBee 设备对象

5.5.1 设备对象描述

ZigBee 设备对象(ZDO)是在 APS 之上的一个应用,它使用 APS 和 NWK 提供的服务实现 ZigBee 终端设备、ZigBee 协调器和 ZigBee 路由器等功能。ZDO 通过 APSME-SAP、NLME-SAP 及 APSDE-SAPZ 与 APS、网络层实现接口,如图 1-3 所示。ZDO 的功能包括:初始化 APS、NWK、SSS 和其他 ZigBee 设备层;汇集来自端点应用的信息,以实现设备和服务发现、网络管理、绑定管理、安全管理、节点管理等功能。但它不执行端点号为 1~240 的应用端点的初始化。ZDO 包含 5 个对象,并通过它们分别实现各种功能,这 5 个对象是:

- ◆ 设备发现和服务发现,该对象在所有设备中都必须实现;
- ◆ 网络管理,该对象在所有设备中都必须实现;
- ◆ 绑定管理,可选;
- ◆ 安全管理,可选;
- ◆ 节点管理,可选。

这些对象在 APS 和 NWK 的支持下实现下述功能。

1. 设备发现和服务发现

ZDO 支持在一个 PAN 中的设备发现和服务发现。ZigBee 协调器、ZigBee 路由器和 Zig-

Bee 终端设备的具体功能如下:
- ◆ 对于即将进入睡眠状态的 ZigBee 终端设备,ZDO 的设备发现和服务发现功能将它的网络地址、IEEE 地址、活动端点、简单描述符、节点描述符和功率描述符等上载并保存在其连接的协调器或者路由器上,以便能够在这些设备处于睡眠状态时实现设备发现和服务发现。
- ◆ 对于 ZigBee 协调器或路由器,它们代替与其连接的、处于睡眠状态的子设备,对设备发现和服务发现请求作出响应。
- ◆ 对于所有的 ZigBee 设备,应支持来自其他设备的设备发现和服务发现,能够实现本地应用程序需要的设备发现和服务发现请求。例如 ZigBee 协调器或路由器基于 IEEE 地址的单播查询,被询问的设备返回其 IEEE 地址,也可包括与其连接的设备的网络地址;ZigBee 协调器或路由器也可以发出基于网络地址的广播查询,被询问的设备返回其网络地址,在需要的情况下也可以包括与其连接的设备的网络地址。

而服务发现有以下这样一些方式:
- ◆ 基于网络地址与活动端点的查询,被询问的设备回答驻留在设备上的端点号。
- ◆ 基于网络地址或者广播地址,与包括在 Profile ID 中的服务匹配;或者还可以使用输入/输出簇,特定的设备将 Profile ID 与其活动端点逐一进行匹配检查。然后使用响应原语作出回答。
- ◆ 根据网络地址、节点描述符或者功率描述符的查询,特定的设备返回其节点或功率描述符。
- ◆ 基于网络地址、端点号和简单描述符的查询,该地址的设备返回简单描述符及其端点。
- ◆ 基于网络地址、复合描述符或用户描述符的查询。该功能是可选的,如果设备支持该功能,则被查询的设备发送自己的符合描述符或者用户描述符。

2. 安全管理

安全管理确定是否使用安全功能,如果使用安全功能,则必须完成建立密钥、传输密钥和认证等工作。安全管理涉及如下操作:
- ◆ 从信任中心处获得主密钥。
- ◆ 使用 APSME-Establish-Key 原语,建立与信任中心之间的链路密钥。
- ◆ 使用 APSME-Transport-Key 原语,以安全的方式从信任中心获得网络密钥。
- ◆ 需要时,使用 APSME-Key 和 APSME-Establish-Key 原语,为网络中确定为信息目的的设备建立链路密钥和主密钥。
- ◆ ZigBee 路由器可以使用 APSME-Device-Update 原语通知信任中心:有设备与网络建立了连接。

3. 网络管理

这项功能按照预先的配置或者设备安装时的设置,将设备启动为协调器、路由器或终端设备。如果是路由器或终端设备,则设备应具备选择连接的 PAN 及执行孤点扫描等功能。如果是协调器或者路由器,则它将具备选择未使用的信道,以建立一个新的 PAN 的功能。在网络还没有建立时,最先启动的 FFD 将成为协调器。网络管理的功能如下:

- ◆ 给出需扫描的信道的列表,缺省的设置是工作波段的所有信道。
- ◆ 管理扫描过程,以确定邻居网络,识别其协调器和路由器。
- ◆ 选择信道,启动一个新的 PAN,或者选择一个已存在的网络并与这个网络建立连接。
- ◆ 支持孤点扫描,以重新与网络建立连接。
- ◆ 支持直接加入网络,或通过代理加入。
- ◆ 支持网络管理实体允许外部的网络管理。

4. 绑定管理

绑定管理完成如下功能:

- ◆ 配置建立绑定表的存储空间,空间的大小由应用程序或者安装过程的参数确定。
- ◆ 处理绑定请求,在 APS 绑定表中增加或删除绑定项。
- ◆ 支持来自外部应用程序的解除绑定请求。
- ◆ 协调器支持终端设备的绑定请求。

5. 节点管理

对于 ZigBee 协调器和路由器来说,节点管理涉及如下操作:

- ◆ 允许远方管理命令实现网络发现。
- ◆ 提供远方管理命令,以获取路由表和绑定表。
- ◆ 提供远方管理命令,以使设备或另一个设备离开网络。
- ◆ 提供远方管理命令,以获取远方设备的邻居的 LQI。

5.5.2 设备对象行为

下面简要叙述在各种 ZigBee 设备中设备对象的行为。

1. ZigBee 协调器

1) 初始化

初始化工作首先将配置属性值复制到网络管理对象,为各种描述符赋初始值等。然后,应用程序使用 NLME - NETWORK - DISCOVERY. request 服务原语,按照配置的信道开始扫描。扫描完成后,服务原语 NLME - NETWORK - DISCOVERY. confir 提供了临近区域中存在的 PAN 的详细情况列表,应用程序需要比较并从中选择出没有被使用的信道,然后按照配置属性设置 *nwkSecurityLevel* 和 *nwkSecurityAllFrames* 等 NIB 属性值,通过 NLME - NETWORK- FORMATION. request 服务,按照配置的参数并在选定的信道上启动 ZigBee 网络。最后,应用程序利用返回原语 NLME - NETWORK - FORMATION. confirm 中的状态判断网络是否已经成功地建立。此外,按照预先的配置设置 NIB 中的参数 nwkNetwork-BroadcastDeliveryTime 和 nwkTransactionPersistenceTime 等。初始化完成后,进入正常操作状态。

2) 正常操作状态

在正常操作状态下,协调器主要完成这样一些功能:接受设备加入到网络中来,或者将一个设备与网络断开连接;响应其他设备请求的设备服务和服务发现,包括对自己的请求和对自己的处于睡眠状态的子设备的请求;支持终端设备绑定、绑定和解除绑定等,还应保证绑定项的数目不能超过属性规定的值;维护当前连接设备列表,接收孤点扫描,实现孤点设备与网络重新连接;接收和处理终端设备的通知请求等工作。

3) 信任中心操作

在允许使用安全功能且协调器兼作信任中心的情况下,信任中心可完成如下工作:

根据预先制定的规则,允许一个新的设备与网络连接后留在网络中,或者强迫该设备离开网络。如果信任中心允许该设备留在网络中,则与该设备建立主密钥,除非该设备与信任中心之间通过其他方式已经建立了主密钥。一旦交换了主密钥,信任中心就与该设备建立链路密钥。最后,信任中心应为该设备提供网络密钥。

信任中心通过提供公共主密钥的方式,支持任意两个设备之间建立链路密钥。信任中心一旦接收到设备的应用主密钥请求,即产生一个主密钥,并传输给这两个设备。

信任中心应当根据某一策略周期性地更新网络密钥,并将新的网络密钥传送给每个设备。

2. ZigBee 路由器

1) 初始化

与 ZigBee 协调器类似,首先将配置属性值复制到网络管理对象,为各种描述符赋初始值等。然后开始执行网络发现操作,发现在附近区域中存在的 PAN 的详细情况,包括邻居及其链路质量等。选择一个合适的协调器或者路由器建立连接。连接建立后,设备便作为路由器启动开始工作。最后,转入正常操作状态。

如果连接的网络工作在安全方式下,则在作为路由器开始工作以前,还需要从信任中心获取、建立各种密钥,并设置 NIB 中的安全属性,完成后才能转入正常操作状态。

2) 正常操作状态

在正常工作状态下,路由器完成下述工作:允许其他设备与网络建立连接(如果支持安全功能,则路由器将新加入的设备通知设备信任中心,由信任中心进行认证,决定是否允许其加入);接受、执行将某设备从网络中移除的命令;响应设备发现和服务发现;可以从信任中心获取密钥,与远方设备建立密钥、管理密钥等;应当维护一个与其连接的设备列表,允许设备以孤点方式重新加入网络等。

3. ZigBee 终端设备

1) 初始化

ZigBee 终端设备在初始化时首先为工作中需要的参数设置初始值;然后,开始发现网络的操作,并选择一个合适的网络与之连接。连接后使用自己的 IEEE 地址和网络地址发出终端设备通知信息。

在安全的网络中,终端设备还需要等待信任中心发送的主密钥,与信任中心建立链路密钥,获得网络密钥等。

上述工作完成后,设备即开始进入正常操作状态。

2) 正常操作状态

在正常操作状态下,终端设备应响应设备发现和服务发现请求,接收协调器发出的通知信息,检查绑定表中是否有与它匹配的项等。在安全的网络中,还应完成各种密钥的获取、建立和管理工作。

第 6 章
ZigBee 安全服务特性

由于无线网络是"开放"的,只要知道了通信频率、调制及编码方式等,任何设备都可以接收网络设备发送的信息,也可以向这些网络设备发送信息,因此,网络很容易遭受到外来的攻击。这些攻击可以分为两种:一是窃听网络内的信息;二是冒充网络内的合法设备向网络中发送非法信息。对此,ZigBee 协议中采取了一系列安全措施来解决这些问题。这包括不同层次、不同强度的加密和密钥的管理,以及入网者身份的认证和安全策略等。本章介绍 ZigBee 的这些安全服务特性。

6.1 概 述

ZigBee 安全体系结构使用了 IEEE 802.15.4 的安全服务,利用这些安全服务对传输的数据进行加密处理,并提供了对接入网络的设备的身份认证、密钥管理等功能。该安全体系涵盖网络体系结构的 3 层,即 MAC、NWK 和 APS。此外,APS 还负责安全体系的建立和安全关系的维护,ZDO 负责安全策略和设备的安全配置。在 ZigBee 网络中有一个信任中心,其功能是信任管理、网络管理和配置管理。信任中心可以由协调器担任,也可以由协调器指定某一设备担任,信任中心被网络中的所有设备所信任。利用协议提供的上述安全服务功能,用户可以建立起足够安全的网络。

6.1.1 安全体系及设计

ZigBee 安全服务提供的安全性能取决于其对称密钥的保管、使用的防护机制、加密机制实现的正确性及涉及的安全政策。整个安全体系基于对安全过程的初始化、加密素材的安装、加密素材的保存和加密/解密等过程的信任。在间接寻址的情况下,假定绑定的管理者是可以信任的。假定实现的安全协议,如建立密钥等都正确、完整地执行了协议,没有与这里描述的文本不相符合的地方,随机数发生器正确运行。同时假定密钥不会以不安全的方式泄露到设备以外的地方,设备不会故意或者粗心大意地将未经加密处理的加密素材传送给其他设备。唯一的例外是,设备没有预先配置、没有建立连接时,会采用未经加密的方式传送单一的加密素材,这会有短时间的风险。但有以下的限制需要注意:由于 adhoc 网络中设备成本的原因,所以设备没有防止篡改的硬件措施,利用物理方式可以读取设备内部的加密素材、私有信息,访问加密软件和硬件。

由于成本的限制,ZigBee 中无法从逻辑上区分共用同一无线收发器的不同应用程序,因此,共享同一无线收发电路的应用程序之间是互相信任的,任何应用程序都可以访问低层(ASP、NWK、MAC 等)。这些假定形成了设备的开放信任模型,即运行在单一设备上的应用程序和协议各层的软件都是值得信任的。

总之,建立在加密基础上的安全服务仅保护了不同设备之间的接口,而分布在同一设备协议栈的不同层次之间是未经加密的。

1. 设计权衡

设备的开放信任模型有深远的影响。它使得同一设备的不同层可以使用相同的加密素材,可以实现两设备端对端的安全处理,而不是特定层之间的安全处理。

安全系统的另一个考虑是恶意网络设备未经允许在网络上传输帧的能力。

上述问题导致了下述安全设计的考虑。

第一,基本点是"发送数据帧的设备负责对该帧的安全处理"。例如,MAC 层需要发送帧,由 MAC 层进行安全处理;网络层发送的帧,由网络层进行加密处理。第二,为防止恶意设备的窃取操作,除路由器与新接入设备之间的通信以外,NWK 应对所有的帧进行安全处理。新接入的设备在获得网络密钥后,立即使用安全方式通信。因此,只有已经与网络建立了连接并获得了网络密钥的设备才能在网络中实现多跳的信息传输。第三,由于开放信任模型,网络中不同层可以使用同一个密钥,这可以减少对存储器容量的需求,从而降低成本。第四,端对端的安全处理可以使得源和目的设备共享它们的密钥,使设备之间建立信任关系。这保证了信息的路由独立于设备间的信任考虑。最后,为简化设备的互操作性,在一个特定的网络中的所有设备、所有层中使用的安全级别应该是相同的,特别是 PIB、NIB 中设定的安全级别应相同。如果某应用程序要求的安全性能比网络提供的要高,则它应当形成高安全级别、单独的网络。

在具体实现网络的安全性能时需要慎重决定几个策略。应用轮廓包含如下策略:

◆ 加密和解密过程中的错误处理。某些错误可能引起与安全素材失去同步,或遭受攻击。

◆ 检测和处理计数器丢失同步或计数器溢出。

◆ 检测和处理密钥失去同步。

◆ 如果需要的话,则在时间耗尽时更新密钥或者周期性地更新密钥。

2. 安全密钥

网络中设备之间的安全是建立在链路密钥和网络密钥之上的,APL 中两个对等实体间的单播通信使用这两个设备之间 128 位的链路密钥进行加密处理,而广播帧则使用所有设备共享的 128 位的网络密钥进行加密处理。要求信息的接收者事先已经知道所接收的帧是用网络密钥还是用链路密钥加密的。

设备可以使用不同的方式获得密钥,如可以通过密钥传输命令、密钥建立命令,也可以是在制造设备时由生产厂家预先配置的。设备通过密钥传输命令或者生产厂家预先配置的方法获得网络密钥,使用主密钥并通过密钥建立命令获得链路密钥;通过密钥传输或者生产厂家预先配置的方法得到主密钥。最终,设备之间的安全取决于安全系统的初始化和这些密钥的建立。

在一个安全的网络中,有许多可以使用的安全服务。需要指出的是,应当避免在这些不同的服务中重复使用同一密钥。由于一些不希望的交互作用会导致安全信息的泄漏,因此,这些不同的服务应使用链路密钥来产生一个密钥。使用互不相关的密钥保证了不同的安全协议在逻辑上是分开的。

由于网络密钥可用于不同的层,如 MAC、NWK 和 APL,因此同一个网络密钥及与其相关的接收、发送帧的计数器可以在这些不同的层中使用。链路密钥和主密钥仅能被 APL 子层使用,即链路密钥只能在 APL 中使用。

3. ZigBee 安全体系结构

在 ZigBee 网络体系结构中,最低两层(PHY、MAC)使用 IEEE 802.15.4 标准,建立在它们之上的是 ZigBee 定义的 NWK 和 APL 层。PHY 层提供最基本的无线通信能力;MAC 层提供设备之间单跳、可靠的链路;NWK 层提供多跳、有路由能力的功能,以建立不同拓扑结构的网络;应用层包括 APS 子层、ZDO 和应用程序,APS 为 ZDO 和应用程序提供服务。

ZigBee 体系结构中的 3 层,即 MAC、NWK 和 APS 中都包含了安全处理机制,它们负责各自的帧的安全传输。APS 提供安全关系的建立和维护;ZDO 管理设备的安全策略和安全配置。图 1-3 所示为 ZigBee 体系结构简图及其安全机制。

6.1.2 MAC 层安全服务

当 MAC 层的帧进行加密处理时,应按照 IEEE 802.15.4 协议和 ZigBee 扩充的方式进行。MAC 层负责自己的安全处理,但其上层能够决定其采用的安全级别,MAC 层的要求之一是能够用基于 CCM* 模式对发送和接收的帧进行处理。CCM* 模式是 CCM 模式的一种变形,它保留了 CCM 模式的所有特点,同时允许不同的安全级别使用同一个密钥。在 ZigBee 中采用 CCM* 模式，可以使整个 ZigBee 协议栈及 MAC、NWK 和 APS 层使用同一个密钥。

对 ZigBee 网络而言，MAC 层对帧进行处理时需要从 PIB 属性 *macDefaultSecurityMaterial* 或者 *macACLEntryDescriptorSet* 中获得安全素材。而应用层应当设置 MAC 层的这些属性值，以保证与其他层的安全素材相符合。安全方案采用 CCM* 模式，安全级别由上层设置，以便与 NIB 属性 *nwkSecurityLevel* 相符合。对 ZigBee 而言，优先使用 MAC 层链路密钥，在没有链路密钥时则使用缺省密钥。图 6-1 所示为经加密处理的 MAC 帧结构，其中包含了因实现安全方案而附加的一些信息。

图 6-1 加密后 MAC 层帧结构

6.1.3 NWK 层安全服务

与 MAC 层相同，NWK 层帧的安全处理采用高级加密标准（AES）和 CCM* 模式，安全级别由 NIB 属性 *nwkSecurityLevel* 决定。网络层的上层通过设置当前密钥和可选密钥、安全级别等来管理网络层安全服务。

网络层的任务之一是在多跳的链路上实现信息路由。为此，网络层需要广播路由请求信息，处理路由响应信息。广播路由信息几乎是同时向所有临近设备发送的，并接收临近设备的路由回答信息。如果有适当的链路密钥，网络层使用该密钥处理发送帧。如果没有合适的链路密钥，则网络层为了安全起见，使用当前网络密钥对发送的帧进行安全处理，采用当前或可选的网络密钥处理接收的帧。在这种情况下，帧格式清楚地标明了使用的密钥。这样，接收该帧的设备可推断出使用的密钥，其中的信息是否可以被网络中的设备读取。图 6-2 所示为加密的 NWK 帧结构。

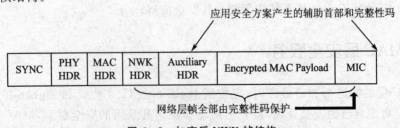

图 6-2 加密后 NWK 帧结构

1. 安全处理后的帧结构

网络层帧由首部和载荷组成,首部由控制域和路由域组成。当需要对该帧进行安全处理时,帧控制域的安全位应置 1,以指明辅助首部的存在。经安全处理后,网络层帧的结构如图 6-3 所示。

长度(字节)	可变	14	可变	
	网络层初始帧首部	辅助首部	加密后载荷	加密信息完整性码(MIC)
			安全帧载荷 = CCM*模式输出	
	完整的网络帧首部		安全的网络帧载荷	

图 6-3 加密的 NWK 帧结构

2. NIB 中与安全特性相关的属性

NIB 中包含进行安全处理所需要的属性,这些属性可以通过读/写服务原语进行操作,这些与安全处理相关的属性如表 6-1~表 6-3 所列。

表 6-1 NIB 安全特性

属性	标识符	类型	有效值范围	说明	缺省值
nwkSecurityLevel	0xA0A	字节	0x00~0x07	输出和输入 NWK 帧的安全等级,允许的安全等级标志符(参看表 6-16)	0x06
nwkSecurity-MaterialSet	0xA1B	安全素材描述符集合(见表 6-2)	可变	网络安全描述符集,包括当前和可选的安全素材描述符	—
nwkActiveKey-SeqNumber	0xA2C	字节	0x00~0xFF	当前安全素材中的网络序列号	0x00
nwkAllFresh	0xA3D	布尔	TRUE、FALSE	输入 NWK 帧的刷新检查控制	TRUE
nwkSecureAll-Framese	0xA5	布尔	TRUE、FALSE	该标志用来指示是否对 NWK 输入或输出进行安全处理。如果本属性设置为 TRVE,但帧的安全子域为 0,那么也不对该帧进行安全处理	TRUE

表 6-2 网络安全描述符元素

名 称	类 型	有效值范围	说 明	缺省值
KeySeqNumber	字节	0x00~0xFF	由信任中心分配给网络密钥序列号	00
OutgoingFrame-Counter	4字节序列集	0x00000000~0xFFFFFFFF	输出帧计数器	0x00000000

续表 6-2

名 称	类 型	有效值范围	说 明	缺省值
IncomingFrame-Counter	信息帧计数描述符值集（见表6-3）	可 变	输入帧计数器	无设置
Key	16 字节的序列		实际的密钥值	无设置

表 6-3 输入帧计数描述符元素

名 称	类 型	有效值范围	说 明	错 误
SenderAddress	设备地址	任意有效的 64 位地址	扩展设备地址	设备定义
IncomingFrame-Counter	4 字节序列	0x00000000～0xFFFFFFFF	输入帧计数器	0x00000000

　　MAC 层和网络层的安全处理主要是根据上层设置的安全级别、密钥等对发送的帧和接收的帧进行处理，其具体过程与 MAC 层相似，这里不再赘述。本章的重点是介绍 APS 层的安全功能及实现。

6.1.4 应用层安全服务

　　应用层安全服务的任务有两个：一是对传输的应用层帧加密；二是负责为应用程序和 ZDO 提供密钥的建立、传输和设备管理服务等。图 6-4 所示为包含在应用层帧中的安全信息。

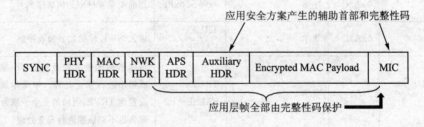

图 6-4 加密后 APS 帧结构

1. 密钥的建立、传输和转换

　　应用层提供的密钥建立机制能够为网络中的两个设备之间建立共享的密钥，称为链路密钥。建立密钥的过程涉及两个实体：发起设备和响应设备，并在信任中心的引导下建立。初始的信任信息（主密钥）提供了建立链路密钥的起点。初始信任信息可以在网络内获得，也可以用其他方式获得。一旦有了初始信任信息，将按下述步骤建立链路密钥：交换临时数据，使用临时数据生成密钥，确认该密钥的计算是正确的。在对称密钥建立（Symmetric-Key Key

Establishment——SKKE）协议中，发起设备使用主密钥与响应设备建立链路密钥。主密钥可以是生产厂家预置；可以由信任中心安装；也可以由用户输入（例如，输入 PIN，口令、密钥等）。为维护信任的基础，主密钥应加密和认证。

密钥传输服务用来传输密钥，传输过程可以是安全的或非安全的。安全的方式用于将关键设备（信任中心）中的主密钥、链路密钥、网络密钥等传送给其他设备。非安全的方式用来给设备提供初始密钥，不提供密钥传输过程的加密，它只能利用网络以外的其他方式完成。

请求密钥服务用安全的方式向另一方设备（如信任中心）请求当前网络密钥、端对端的应用主密钥等。网络中的设备（如信任中心）使用转换密钥服务，以安全的方式通知其他设备转换当前的网络（如信任中心）。

2. 设备管理

网络中的设备（如路由器）使用设备变动服务，以安全的方式通知另一个设备（如信任中心），某设备的状态发生了变化（如接入、离开网络），使信任中心及时维护当前网络设备列表。当网络中的某设备不能满足信任中心的安全要求时，信任中心可以使用移除设备服务，以安全的方式通知该设备的路由器将它从网络中移除（即将它与网络断开连接）。

6.1.5 信任中心及其作用

信任中心被网络中的所有设备信任，它负责发布密钥，实现网络或者端对端的应用配置管理。网络中必须有一个信任中心，而且网络中的所有设备都能够识别这个信任中心。

在高安全级别的商用模式，可以为设备预先配置网络中信任中心的地址和初始的主密钥，也可以在网络工作后通过信道传送主密钥。当然，这种情况下的较短的一段时间内网络是容易遭受攻击的。如果没有预先设置，则通常是协调器或者协调器指定某设备作为信任中心。在用于如家庭这一类场合时，ZigBee 可以采用低安全模式。设备可以使用网络密钥与信任中心通信。网络密钥可以预先设置，也可以通过网络传送。

信任中心的功能分为 3 类：信任管理、网络管理和配置管理。网络管理者对其所管理的设备负责网络密钥的发布和维护。配置管理者的任务是对其管理的设备绑定应用程序，在两设备之间实现端对端的安全传输。为简单起见，上述 3 项功能在一个单一的信任中心实现。

为了实现信任管理，设备需要接收信任中心使用非安全方式传输的初始主密钥或者网络密钥。为实现网络管理的目的，设备应接收初始的网络密钥，并且只能从信任中心获得网络密钥的更新。实现配置管理，设备需要从信任中心接收主密钥或链路密钥，以建立两个设备间的端对端安全链路。除了初始的主密钥，附加的链路密钥、主密钥、网络密钥只能够采用安全的方式从设备的信任中心获得。

6.2 APS 层安全服务

应用层安全服务的功能包括：对发送帧的加密及接收帧的解密；加密体系的建立和密钥管理等。上层通过向 APS 层发送服务原语控制对密钥的管理，上层也决定对发送的帧采取的安全级别。APS 提供的安全服务原语如下（在随后的章节将对这些服务原语进行介绍）：

APSME-ESTABLISH-KEY　　　使用 SKKE 方法与其他的 ZigBee 设备之间建立链路密钥。

APSME-TRANS-PORT-KEY　　　将安全素材传送到另一设备。

APSME-UPDATE-DEVICE　　　通知信任中心，有新设备接入或原有的设备离开网络。

APSME-REMOVE-DEVICE　　　信任中心通知协调器，将它的一个子设备从网络中移除。

APSME-REQUEST-KEY　　　设备请求信任中心将应用主密钥或网络密钥传送给它。

APSME-SWITCH-KEY　　　信任中心用来通知设备改用新的网络密钥。

6.2.1 帧安全

APS 层负责对发送的帧进行加密处理，对接收的帧则完成解密处理。

1. 发送帧的加密处理

当 APS 层的一个帧需要进行安全处理，并且 $nwkSecurityLevel > 0$ 时，则按下述步骤进行安全处理：

（1）使用下述过程获得安全素材和密钥标识符（KeyIdentifter）。

① 如果帧是由 APSDE-DATA 请求原语产生的，并且其 useNwkKeyFlag 为 TRUE，则使用 *nwkActiveSeqNumber* 从 NIB 的 *nwkSecurityMaterialSet* 属性中取得可用的网络密钥，输出帧计数器和序列号，将 KeyIdentifter 设置为 01（即网络密钥）；否则，从 AIB 属性 *apsDeviceKeyPairSet* 中获得发送目的设备的安全素材，KeyIdentifter 设置为 00（即数据密钥）。

注意：如果采用间接传输，则目的地址应该是绑定管理器的地址。

② 如果需要处理的是 APS 命令帧，则首先从 AIB 属性 *aspDeviceKeyPairSet* 中取得与输出帧中目的地址相对应的安全素材。除密钥传送命令外，在所有其他情况下 KeyIdentifter 应置为 00（即数据密钥）；当该命令帧是密钥传送命令时，传送网络密钥时 KeyIdentifter 应置为 02（即密钥传送密钥），传送应用链路密钥、应用主密钥或信任中心的主密钥时 KeyIdentifter 置为 03。如果上述操作失败，则利用 NIB 中的 *nwkActiveKeySeqNumber* 获得安全素材，从属

性 *nwkSecurityMaterialSet* 中获得输出帧计数器、序列号等，并将 KeyIdentifter 置为 01（即网络密钥）。

在上述过程中，如果无法获得安全素材或者密钥标识符，则中止进一步的操作。

(2) 在密钥标识符为 01 的情况下（即使用网络密钥），APS 层首先检查网络层是否采用了安全措施，检查的方法是查看 NIB 属性 *nwkSecurityAllFrame* 是否为 TRUE 和 *nwkSecurityLevel* 的值是否为非 0。如果网络层采取安全处理，则 APS 层不必应用安全处理。

(3) 利用第(1)步中获得的安全素材，提取帧计数器值（如果 KeyIdentifter 为 01，则还需要序列号）。如果输出帧的计数值到达其 4 字节能够表示的最大值，或者无法取得计数值，则中止处理过程，对该帧不作进一步的处理。

(4) 从 NIB 属性 *nwkSecurityLevel* 中获得安全级别。如果被处理的是 APS 命令帧，则安全级别强制置为 07。

(5) 构造帧的辅助首部（详见 6.3 节）。

① 安全控制域按下述方式设置：
- 安全级别子域设置为步骤(4)中获得的安全级别；
- 密钥标识符子域置为 KeyIdentifter；
- 扩展 nonce 子域置为 0。

② 帧计数域置为步骤(3)中获得的输出帧计数值。

③ 如果 KeyIdentifter 为 1，则密钥序列号域存在，其值为步骤(1)中得到的序列号；其他情况下密钥序列号域不存在。

(6) 执行 CCM* 加密和认证操作。关于 CCM* 模式的详细介绍请参考有关文献。

(7) 如果 CCM* 模式计算得到的是无效输出，则安全处理过程失败，不再进行后续处理。

(8) 若"C"是步骤(3)计算得到的结果，则经安全处理后帧结构的几个部分应该按如下方式排列：

PS 首部‖辅助首部‖C 或者 APS 首部‖辅助首部‖载荷‖C

(9) 如果安全处理后得到的帧长度超过了 aMaxMACFrameSize，则安全处理失败，不再进行后续处理。

(10) 将步骤(1)得到的输出帧计数器加 1，结果保存在 NIB、AIB、MAC PIB 的适当位置。

(11) 用 3 位数据 000 重写安全控制域的安全级别子域。

2. 接收帧的解密处理

当 APS 层接收到一个加密的帧后，对其按下述步骤处理：

(1) 从帧的辅助首部中获取序列号、密钥标识符和接收帧的计数值等。如果接收帧的计数值已等于 4 字节表示的最大值 $2^{32}-1$，则安全处理失败，对该帧不再作进一步的处理。

(2) 用接收的 APS 帧的源地址作为索引，从 AIB 的地址映像表中获得源地址。如果源地址不完整或者不可用,则安全处理失败,对该帧不再进行处理。如果 APS 帧首部控制域的交付子域的值为 1(即间接寻址),则源地址应是绑定管理者的地址。

(3) 根据 KeyIdentifter 的取值,从 AIB 取得相应的安全素材。

(4) 如果接收到的帧中 ReceivedFrameCount 的值小于 FrameCount,则安全处理失败,放弃后续处理。

(5) 如果 APS 帧首部指出这是一个数据帧,则将 SelLevel 设置为 NIB 属性中 *nwkSecurityLevel* 的值;否则将其设置为 7。用 SelLevel 的值将帧辅助首部中的安全控制域的安全级别子域覆盖。

(6) 执行 CCM* 模式解密、加密和认证检查操作。

(7) 将 FrameCount 设置为 ReceivedFrameCount+1,并将 FrameCount 和 SourceAddress 保存在第(3)步中获得的安全素材中。如果该操作引起存储器分配超出范围,*nwkAllFresh* 属性为 TRUE,则安全处理失败;否则安全处理成功完成。

安全处理后,网络层控制域中的安全控制位应置为 1,表示帧中存在一个辅助首部。关于辅助首部将在 6.3 中介绍。经过安全处理后的帧结构如图 6-5 所示。

长度(字节)	可变	5/6	可变	
	原APS帧首部	辅助首部	被加密载荷	加密信息完整性码
			安全帧载荷(CCM*模式操作输出)	
	完整的APS帧载荷		安全的APS载荷	

图 6-5 经安全处理后帧结构

6.2.2 密钥建立服务

应用层管理单元(APSME)提供的服务,可以使两个设备通过交互的方式建立链路密钥。但在此之前,双方必须具有最初的信任信息。APSME 使用服务原语实现两设备间链路密钥的建立。当某一设备希望与另一设备使用安全方式进行通信时,该设备向另一设备发送建立密钥的请求原语,这个设备称为发起者,另一设备称为响应者。图 6-6 所示为实现密钥建立的时序图。

首先,当发起者的 ZDO 希望与响应者建立链路密钥时,它会生成 APSME-ESTABLISH-KEY.request 原语,并将其发送给 APS。如果发起者出于网络层安全的考虑,使用响应者的父设备作为联络者,则原语中的参数 UseParent 应置为 TRUE;ResponderParentAddress 为响应者的父设备的 64 位扩展地址;ResponderAddress 为响应者的 64 位扩展地址;参数 KeyEstablishmentMethod 为 0x00 表示使用 SKKE 协议产生密钥。APS 层接收到该原语后,如果原语中的参数表明是使用 SKKE 协议,则它产生一个 SKKE 帧通过网络层发送出去。如果响应者的 APSME 接收到发起者的建立链路密钥请求,并且在其 AIB 中存在与发起者相关

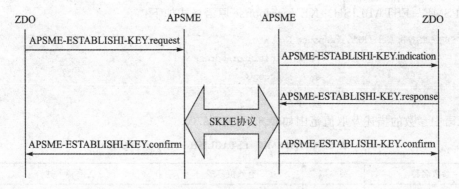

图 6-6 密钥建立时序

的主密钥,则它会产生一个建立链路密钥指示原语发送给它的 ZDO,ZDO 再产生一个响应原语发送给它的 APSME 作为对指示原语的响应。响应原语中的参数 ACCEPT 决定了是否同意与发起者协商建立链路密钥。如果参数 ACCEPT 为 TRUE,则发起者和响应者之间利用 SKKE 协议开始建立密钥的过程。关于 SKKE 协议的详细内容,这里不再详细叙述,读者可参考有关文献。密钥建立后,发起者和响应者各自的 APSME 产生确认原语发送给自己的 ZDO。至此,链路密钥建立完成。

下面是上述过程中使用的原语格式。

APSME – ESTABLISH – KEY.request 原语格式如下:

```
APSME – ESTABLISH – KEY.request (
                    ResponderAddress,
                    UseParent,
                    ResponderParentAddress,
                    KeyEstablishmentMethod
                    )
```

APSME – ESTABLISH – KEY.confirm 原语格式如下:

```
APSME – ESTABLISH – KEY.confirm (
                    Address,
                    Status
                    )
```

APSME – ESTABLISH – KEY.indication 原语格式如下:

```
APSME – ESTABLISH – KEY.indication (
                    InitiatorAddress,
                    KeyEstablishmentMethod
                    )
```

APSME – ESTABLISH – KEY.response 原语格式如下：

```
APSME – ESTABLISH – KEY.response(
                    InitiatorAddress,
                    Accept
                    )
```

原语中参数的描述及取值范围如表6-4所列。

表6-4 APSME – ESTABLISH – KEY 原语参数

参数名称	类 型	有效值范围	描 述
ResponderAddress	设备地址	任意有效的64位地址	响应设备扩展的64位地址
UseParent	布尔	TRUE、FALSE	该参数表示响应主设备是否被用于发生器与响应设备之间传送信息 真:用主设备 伪:不用主设备
ResponderParentAddress	设备地址	任意有效的64位地址	若 UseParent 是真，则 Responder ParentAddress 参数应该包含响应设备的64位扩展地址；否则，不用此参数且不必设置
Address	设备地址	任意有效的64位地址	设备的64位扩展地址
InitiatorAddress	设备地址	任意有效的64位地址	初始化设备的64位扩展地址
KeyEstablishmentMethod	整数	0x00～0x03	请求密钥建立方法如下： 0x00 = SKKE 0x01～0x03 保留
Accept	布尔	真或伪	该参数指示了由发生器发出的执行一个密钥建立协议请求的响应。其响应如下： 真:接收 伪:拒绝
Status	列举	建立密钥过程的状态或是从 NLDE – DATA 认证原语返回的任何状态值	密钥建立协议的状态

6.2.3 密钥传输服务

密钥传输服务用于在设备之间传输密钥，被传输的可以是信任中心主密钥、网络密钥、应用程序主密钥或者链路密钥。当密钥传输发起者的 ZDO 希望将一个密钥传送给响应者时，它会生成一个密钥传输请求原语并发送给它的 APS。APS 接收到该原语后按照被传输密钥的类型生成密钥传输命令帧,并通过网络层发送出去。关于密钥传输命令帧的结构见 6.2.8 小节。网络中的设备接收到密钥传输命令帧并成功解密和认证后,如果被传输的是主密钥或应用链路密钥,或者是信任中心密钥或网络密钥并且其密钥描述符中的目的地址是本设备的地址,则设备的 APSME 将生成一个密钥传输指示原语,并发送给自己的 ZDO,接收到该原语后 ZDO 就知道了加密素材。

密钥传输请求原语和指示原语的格式分别如下:

```
APS-TRANSPORT-KEY.request(
                DestAddress,
                KeyType,
                TransportKeyData
                )

APS-TRANSPORT-KEY.indication(
                SrcAddress,
                KeyType,
                TransportKeyData
                )
```

原语中的参数描述及其取值范围如表 6-5 所列。

表 6-5 APSME-TRANSPORT-KEY 原语参数

参数名称	类型	有效值范围	描述
DestAddress	设备地址	任意有效的 64 位地址	目的设备的 64 位扩展地址
KeyType	整数	0x00~0x03	被传送的密钥类型
TransportKeyData	变量	变量	被传输的密钥及其参数。数据的类型取决于 Keytype: Keytype=0x00,信任中心主密钥 Keytype=0x01,网络密钥 Keytype=0x02,应用主密钥,用来建立链路密钥 Keytype=0x03,链路密钥

表 6-6～表 6-8 所列分别是传输不同密钥时参数 TransportKeyData 的结构。

表 6-6 传输信任中心主密钥的 TransPortKeyData 参数

参数名称	类型	有效值范围	描述
ParentAddress	布尔	任意有效的 64 位地址	由 DestAddress 参数指定的目的设备的 64 位扩展地址
TrustCenter Master Key	16 字节	可变	信任中心主密钥

表6-7 网络密钥的 TransPortKeyData 参数

参数名称	类型	有效值范围	描述
KeySeqNumber	字节	0x00～0xFF	由信任中心分配给网络 KEY 的序列数,用来区分以 KEY 更新为目的的网络 KEYS,且输入帧安全操作
NetworkKey	16 字节	变量	网络 KEY
UseParent	布尔	真或伪	这个参数表示目标设备的主设备是否应该被用来递送 KEY 到目的设备 真:要用主设备 伪:不用主设备
ParentAddress	设备地址	任意有效的 64 位地址	若 UseParent 为真,则 ParentAddress 参数应该包含目的设备的主设备的 64 位扩展地址;否则,不用此值,也无须设置

表6-8 应用主密钥或链路键密钥时的 TransPortKeyData 参数

参数名称	类型	有效值范围	描述
PartnerAddress	设备地址	任意有效的 64 位地址	设备的 64 位扩展地址也传送给主 KEY
PartnerAddress	布尔	TRUE、FALSE	这个参数指示主 KEY 的目的设备是否发出请求 TRUE:目的设备请求了 KEY FALSE:其他
Key	16 字节	可变	主密钥或链路密钥

6.2.4 设备变动服务

网络中的设备有时会发生一些变化。例如有新的设备与网络建立了连接;或者因为某些原因,需要将某设备从网络中移出。ZDO 可以使用设备变动原语或移除设备服务原语将这些情况通知信任中心。当设备的 APS 层接收到 APSME - UPDATE - DEVICE 请求原语后,它将根据原语中给出的参数构造一个设备变动命令帧,并进行安全处理。处理完成后,通过网络层服务原语 NLDE - DATA.request 将该帧传送给目的设备。

当设备的 APS 接收到一个设备变动命令帧并成功地完成了解密处理时,APS 将通过设备变动指示原语发送给上层。

这两个原语的格式分别如下:

APSME - UPDATE - DEVICE.request (

```
                              DestAddress,
                              DeviceAddress,
                              Status,
                              DeviceShortAddress
                              )
APSME - UPDATE - DEVICE.indication (
                              SrcAddress,
                              DeviceAddress,
                              Status,
                              DeviceShortAddress
                              )
```

设备变动原语中的参数描述及其取值范围如表 6-9 所列。

表 6-9 APSME - UPDATE - DEVICE 原语参数

参数名称	类型	有效值范围	描述
DestAddress	设备地址	任意有效的 64 位地址	通知更新信息的设备的 64 位扩展地址
SrcAddress	设备地址	任意有效的 64 位地址	发送设备变动指令的设备的 64 位扩展地址
DeviceAddress	设备地址	任意有效的 64 位地址	状态改变的设备的 64 位扩展地址
DeviceShortAddress	网络地址	0x0000 ~ 0xFFFF	状态改变的设备的 16 位网络地址
Status	字节	0x00 ~ 0xFF	设备状态变化： 0x00：设备安全连接 0x01：设备非安全连接 0x02：设备离开 0x03~0xFF：保留

6.2.5 移除设备服务

当某设备(如信任中心)的 ZDO 希望将另一设备的子设备从网络中移除时,可以使用服务原语 APSME - REMOVE - DEVICE.request 来实现。原语中分别指明了被移除设备的地址和其父设备的地址。设备 APS 接收到该原语后,按原语中的参数构造一个命令帧,经安全处理后发送给被移除设备的父设备。当目的设备的 APS 层接收到该命令帧并成功解密处理后,向上层发送 APSME - REMOVE - DEVICE.indication 原语。

原语的格式如下：

```
APSME - REMOVE - DEVICE.request (
                              ParentAddress,
```

```
                        ChildAddress
                    )
APSME - REMOVE - DEVICE.indication (
                        SrcAddress,
                        ChildAddress
                    )
```

原语中的参数描述及其取值范围如表 6-10 所列。

表 6-10 APSME - REMOVE - DEVICE 原语参数

参数名称	类型	有效值范围	描述
ParentAddress	设备地址	任意有效的 64 位地址	被请求离开的子设备的父设备的 64 位扩展地址
ChildAddress	设备地址	任意有效的 64 位地址	被请求离开的子设备的 64 位扩展地址
SrcAddress	设备地址	任意有效的 64 位地址	请求子设备脱离的设备的 64 位扩展地址

6.2.6 请求密钥服务

当设备的 ZDO 希望得到当前的网络密钥或者一个新的端-端应用主密钥时，可以使用服务原语 APSME - REQUEST - KEY.request 来实现。APS 层接收到原语后，按原语中的参数构造一个命令帧。如果原语的参数 KeyType 为 0x02（即应用密钥），则命令帧中的伙伴地址域按原语中给出的设置；否则命令帧中的伙伴地址域不存在。构造的命令帧经安全处理后使用 NLDE - DATA.request 原语发送给目的设备。当目的设备的 APS 层接收到该命令帧并成功解密处理后，向 ZDO 发送 APSME - REQUEST - KEY.indication 原语。如果原语的参数 KeyType 为 0x02（即应用密钥），则不仅要向发送该命令帧的设备传送密钥，还需向伙伴设备传送密钥。

原语的格式如下：

```
APSME - REQUEST - KEY.request (
                        DestAddress,
                        KeyType,
                        PartnerAddress
                    )
APSME - REQUEST - KEY.indication (
                        SrcAddress,
                        KeyType,
                        PartnerAddress
                    )
```

原语中的参数描述及其取值范围如表 6-11 所列。

表 6-11 APSME-REQUEST-KEY 请求参数

参数名称	类型	有效值范围	描述
PartnerAddress	设备地址	任意有效的 64 位地址	在请求链路密钥的情况下,请求与之建立链路密钥的另一设备的 64 位扩展地址
SrcAddress	设备地址	任意有效的 64 位地址	发出请求指令的设备的 64 位扩展地址
DestAddress	设备地址	任意有效的 64 位地址	目的设备的 64 位扩展地址
KeyType	字节	0x00～0xFF	请求的密钥的类型: 0x01 = 网络密钥 0x02 = 应用密钥 0x00 和 0x03～0xFF = 保留

6.2.7 转换密钥服务

当一个设备的 ZDO 希望通知某设备转换使用新的网络密钥时,将生成 APSME-SWITCH-KEY 原语,APS 层接收到该原语后根据原语中的参数构造一个命令帧,经安全处理后通过 NLDE-DATA.request 原语将命令帧发送出去。目的设备的 APS 层接收到命令帧并成功解密、认证后,生成 APSME-SWITCH-KEY.indication 原语通知 ZDO,地址为 SrcAddress 的设备希望用与 KeySeqNumber 相关的密钥作为新的网络密钥。

原语的格式如下:

```
APSME-SWITCH-KEY.request(
                DestAddress,
                KeySeqNumber
                )
APSME-SWITCH-KEY.indication(
                SrcAddress,
                KeySeqNumber
                )
```

原语中的参数描述及其取值范围如表 6-12 所列。

表 6-12 APSME-SWITCH-KEY 请求参数

参数名称	类型	有效值范围	描述
DestAddress	设备地址	任意有效的 64 位地址	接收密钥转换指令的设备的 64 位扩展地址

续表 6-12

参数名称	类 型	有效值范围	描 述
SrcAddress	设备地址	任意有效的 64 位地址	发送密钥转换指令的设备的 64 位扩展地址
KeySeqNumber	字节	0x00~0xFF	由可靠中心分配给网络 KEY 的序列数,并用来区分网络 KEYS

6.2.8 命令帧

本小节介绍应用层命令帧结构,表 6-13 所列为帧标识符及其取值。在命令帧中,APS 帧首部的可选部分均不存在,帧中的命令标识符按表 6-13 选取。

表 6-13 命令标识符的值

命令标识符	值	指令标识符	值
APS_CMD_SKKE_1	0x01	APS_CMD_UPDATE_DEVICE	0x06
APS_CMD_SKKE_2	0x02	APS_CMD_REMOVE_DEVICE	0x07
APS_CMD_SKKE_3	0x03	APS_CMD_REQUEST_KEY	0x08
APS_CMD_SKKE_4	0x04	APS_CMD_SWITCH_KEY	0x09
APS_CMD_TRANSPORT_KEY	0x05		

1. Key – Establishment 命令

建立密钥命令帧的一般结构如图 6-7 所示。

长度(字节)	1	1	8	8	16
	帧控制域	命令标识符	发起者地址	响应者地址	数据
	APS首部	载荷			

图 6-7 建立密钥命令帧结构

其中,帧中的命令标识符域代表命令帧的类型,如表 6-13 所列,对应于 SKKE-1、SKKE-2、SKKE-3、SKKE-4 分别使用不同的标识符;发起者和响应者地址分别是建立密钥的发起者和响应者的 64 位扩展地址;载荷部分是相应的密钥数据。

2. Transport – Key 命令

传送密钥命令帧的一般结构如图 6-8 所示。

其中,命令标识符域应为 APS_CMD_TRANSPORT_KEY,值为 0x05;长度为 1 字节的密钥类型域表示密钥的类型,如表 6-13 所列。

下面分别叙述 4 种不同类型密钥的描述符域的结构。

图 6-9 所示为信任中心主密钥描述符结构。

其中,密钥是建立链路密钥时使用的主密钥;目的地址是使用这个主密钥设备的地址;源地址是发送该主密钥的设备(即信任中心)地址。

图 6-10 所示为网络密钥描述符结构。

其中,密钥部分是网络密钥;序列号是与此密钥对应的序列号;目的地址是使用这个密钥的设备地址;源地址是发送该密钥的设备(即信任中心)地址。

长度(字节)	1	1	1	可变
	帧控制域	命令标识符	密钥类型	密钥描述符
	APS首部	载荷		

图 6-8 密钥传送命令帧结构

长度(字节)	16	8	8
	密钥	目的地址	源地址

图 6-9 信任中心主密钥描述符结构

图 6-11 所示为应用主密钥和链路密钥描述符结构。

其中,密钥应该是应用主密钥,或者是与父设备地址域标识的设备共享的链路密钥,父设备地址是发送这个主密钥或者链路密钥的设备的地址。当请求该密钥的设备接收帧时;发起标志置为 1;否则为 0。

长度(字节)	16	1	8	8
	密钥	序列号	目的地址	源地址

图 6-10 网络密钥描述符结构

长度(字节)	16	8	1
	密钥	父设备地址	发起标志

图 6-11 应用主密钥和链路密钥描述符结构

3. 请求密钥命令

请求密钥命令帧的结构如图 6-12 所示。

设备使用该命令请求得到一个密钥。按表 6-13 所列,命令标识符为 APS_CMD_REQUEST_KEY,其值为 0x08。如果请求的是网络密钥,则密钥类型应为"1";如果请求的是链路密钥,则类型为"2"。当请求的是应用密钥时,伙伴地址是发送该密钥设备的 64 位扩展地址。伙伴设备和发起设备都应当发送密钥。当请求的是网络密钥时,伙伴地址不存在。

4. 转换密钥命令

转换密钥命令用来改变网络密钥,其结构如图 6-13 所示。

长度(字节)	1	1	1	0/8
	帧控制域	命令标识符	密钥类型	伙伴地址
	APS首部	载荷		

图 6-12 请求密钥命令帧结构

长度(字节)	1	1	1
	帧控制域	命令标识符	序列号
	APS首部	载荷	

图 6-13 转换密钥命令帧结构

其中,命令标识符为 APS_CMD_SWITCH_KEY,取值为 0x09;命令帧中的序列号是即将起用的网络密钥的序列号。

5. 设备变动命令

设备变动命令帧的结构如图 6-14 所示。

其中,帧中的设备地址和设备短地址分别是其状态发生变化的设备的地址和短地址;状态的值应取表 6-9 中所列之一。

6. 移除设备命令

移除设备命令帧的结构如图 6-15 所示。

长度(字节)	1	1	8	8	16
	帧控制域	命令标识符	设备地址	设备短地址	状态
	APS首部	载荷			

长度(字节)	1	1	8
	帧控制域	命令标识符	子设备地址
	APS首部	载荷	

图 6-14 设备变动命令帧结构　　图 6-15 移除设备命令帧结构

其中,子设备地址应是被请求从网络中移除的设备的 64 位扩展地址。

6.2.9 AIB 中的安全属性

AIB 中包含有 APS 进行安全管理所需要的一些属性。这些属性可以分别使用读、写原语对其进行相应的操作。表 6-14 和表 6-15 所列为与安全处理相关的属性。

表 6-14 AIB 中的安全属性

标　志	标志符	类　型	有效值范围	说　明	缺省值
apsDeviceKeyPairSet	0xAA	密钥对描述符集参看表 6-15	可变	密钥对描述符组包含与其他设备共享的链路密钥	—
apsTrustCenterAddress	0xAB	设备地址	任意有效的 64 位地址	信任中心中心地址	—
apsSecurityTimeOutPeriod	0xAC	整数	0x0000~0xFFFF	设备等待预期的安全协议帧持续的时间	1000

表 6-15 键值对描述符元素

名　称	类　型	有效值范围	说　明	缺省值
DeviceAddress	设备的地址	任意有效的 64 位地址	认证与这个键一对共享的实体的地址	—
MasterKey	16 位字节	—	主密钥的实际值	—
LinkKey	16 位字节	—	链路密钥的实际值	—

续表 6-15

名 称	类 型	有效值范围	说 明	缺省值
OutgoingFrame-Counter	4 位字节	0x00000000～0xFFFFFFFF	与 DeviceAddress 对应的输出帧计数值	0x00000000
IncomingFrame-Counter	4 位字节	0x00000000～0xFFFFFFFF	与 DeviceAddress 对应的输入帧计数值	0x00000000

6.3 公共安全元素

本节介绍与 ZigBee 中各层都相关的一些安全特性，包括网络层和应用支持子层帧的附加首部，以及 MAC 层、网络层和应用支持子层帧需要的安全参数等。

6.3.1 帧附加首部

在对帧进行安全处理的过程中会产生一些信息，它们被放在载荷的前面作为附加首部，其结构如图 6-16 所示。

长度(字节)	1	4	0/8	0/1
	安全控制	帧计数器	源地址	密钥序列号

图 6-16　帧附加首部结构

1. 安全控制域

附加首部中的安全控制域的结构如图 6-17 所示。

位序	0~2	3~4	5	6~7
	安全级别	Key标识符	扩展Nonce	保留

图 6-17　安全控制域结构

(1) 安全级别子域指明了对输出的帧进行什么级别的安全处理，接收的帧是否进行了安全处理，载荷是否进行了加密，以及信息完整性码的长度等。各安全级别的特性如表 6-16 所列。

表 6-16　MAC、NWK 和 APS 层的安全等级

安全等级标识符	安全级别子域	安全标志	数据加密	帧整数(MIC 的长度,字节数)
0x00	000	One	关	否($M=0$)
0x01	001	IC-32	关	是($M=4$)

续表 6-16

安全等级标识符	安全级别子域	安全标志	数据加密	帧整数(MIC 的长度,字节数)
0x02	010	IC-64	关	是($M=8$)
0x03	011	IC-128	关	是($M=16$)
0x04	100	NC	开	否($M=0$)
0x05	101	NC-MIC-32	开	是($M=4$)
0x06	110	NC-MIC-64	开	是($M=8$)
0x07	111	NC-MIC-128	开	是($M=16$)

(2) Key 标识符子域长 2 位,标识进行帧保护用的密钥,其编码和对应的密钥类型如表 6-17 所列。

(3) 扩展 Nonce 子域长 2 位,当辅助帧首部的发送设备地址域存在时,扩展 Nonce 子域置为 1;否则置为 0。

表 6-17 Key 标识符子域编码

Key 标识符	Key 标识符子域	说明
0x00	00	链路密钥
0x01	01	网络密钥
0x02	10	传输密钥
0x03	11	下载密钥

2. 源地址域

只有当安全控制域的扩展 Nonce 子域为 1 时,源地址域才存在。它是设备的 64 位扩展地址。

3. 帧计数器域

帧计数器域为帧提供刷新功能,以避免对同一个帧进行重复处理。

4. 密钥序列号域

只有当安全控制域的 Key 标识符子域为 1,即网络密钥时,才存在密钥序列号域。它是用于安全处理的密钥序列号。

6.3.2 CCM* 安全操作参数

1. CCM*

在特定的安全级别下,MAC、NWK 和 APS 帧的安全处理与特定的 CCM* 模式操作相对应。AES-CCM* 模式是 AES-CCM 模式的扩展,被应用在 IEEE 802.15.4 规范中,用来对帧进行加密、认证,或者同时用于加密和认证。表 6-16 给出了安全级别及其标识符、CCM* 模式加密/认证之间的关系。

2. CCM* Nonce

Nonce 用于 CCM* 模式加密/认证和解密/认证检查中。其结构如图 6-18 所示。

其中：安全控制和帧计数器应与帧附加首部中对应部分相同；源地址应是被处理帧的 64 位扩展地址。

长度(字节)	8	4	1
	源地址	帧计数器	安全控制

图 6-18 CCM* 模式 Nonce 结构

6.3.3 密钥分级

建立在两个或者多个设备间的链路密钥用来确定其他的密钥,包括数据密钥、密钥传输用密钥、密钥装载用密钥等。利用链路密钥与特定的 HASH 函数可得到密钥传输用密钥(Key-Transport Key)和密钥装载用密钥(Key-Load Key);而数据密钥(Data Key)则与链路密钥相同。

6.3.4 实现指南

1. 随机数发生器

ZigBee 设备在建立密钥时需要一个强功能的随机数发生器,产生的随机数应是完全不能预测的,具有足够的熵。因此,攻击者无法通过反复的猜测来确定密钥。有多种产生随机数的方法：例如基于 ZigBee 设备中硬件随机时钟和计数器的方法；基于随机数或随机的外部事件等。产生随机数的功能常常由 IC 生产厂家将其集成在芯片中。

2. 安全功能实现

安全功能的设计、实现应非常仔细,测试应非常充分,排除一切"bugs",不给攻击者留下任何漏洞。通常希望,实现的安全功能经安全专家测试后,不需要针对具体的应用重新修改和测试。

3. 一致性

安全处理部分实现的正确性是与整个 ZigBee 设备的特性一起认证的,这包括已知值的测试,即对于某特定的值经处理后应得到相应的、正确的结果。

6.4 安全服务功能

6.4.1 ZigBee 协调器和信任中心

协调器通过设置 NIB 属性 *nwkSecurityLevel* 实现安全级别的配置,通过 AIB 属性

apsTrustCenterAddress 设置信任中心的地址。在缺省情况下,该地址是协调器自身地址。信任中心负责密钥的发布和管理。信任中心为网络中的所有设备维护设备列表、主密钥或链路密钥,维护网络密钥和网络准入规则等。信任中心可以工作在较为简单的民用模式,也可工作在安全性能较高的商用模式。在民用模式下,信任中心对设备存储器的需求不会随着网络中设备数量的增长而增长,NIB 属性 *nwkAllFresh* 设置为 FALSE。在安全性能较高的商用模式下,信任中心对设备存储器的需求随着网络中设备数量的增长而增长,NIB 属性 *nwkAllFresh* 设置为 TRUE。

6.4.2 安全处理过程

下面叙述 ZigBee 网络各种安全处理的具体过程。

1. 与一个安全的网络建立连接

一个希望加入网络的设备首先发送 NLME – NETWORK – DISCOVERY. request 原语,开始执行主动或被动扫描。在扫描的过程中接入设备接收到附近的路由器发送的信标,从而获得附近存在的 ZigBee 网络的具体情况,并据此决定应该与哪一个网络建立连接,然后发送 NLME – JOIN. request 开始与选定的网络建立连接。如果设备已经知道网络密钥,则它将命令帧加密后发送出去。路由器接收到请求连接的命令帧后,其 MAC 层会向网络层发送 MLME – ASSOCIATE. indication 原语,网络层再将连接请求传送给 ZDO。现在,路由器已经知道了连接设备的地址和它的连接请求命令是否进行了安全处理。此后,路由器向连接设备发送连接响应命令。连接设备接收到路由器的连接响应后,即向其上层发送连接确认原语。至此,接入设备向网络发送信息——"已接入但还没有认证",并开始认证过程。如果接入设备不是一个路由器,则它在成功地进行认证后立即发出"已绑定和认证"的信息。如果接入设备是一个路由器,则它在通过认证并启动路由功能后才发出上述信息。

在路由器不接受接入者的连接请求时,不会启动接入设备的认证过程。上述连接过程如图 6 – 19 所示。

2. 认 证

一个希望接入安全网络的设备必须通过安全认证。下面叙述在认证过程中路由器、信任中心和接入设备完成的操作和信息交换。

如果被连接的路由器不兼任信任中心的工作,则路由器立即向信任中心发出 APSME – UPDATA – DEVIC. request 原语,原语中提交了新接入设备的地址;否则,路由器将作为信任中心开始认证过程。

在认证过程中,信任中心的操作根据其安全模式的不同而不同,主要取决于以下几个方面:

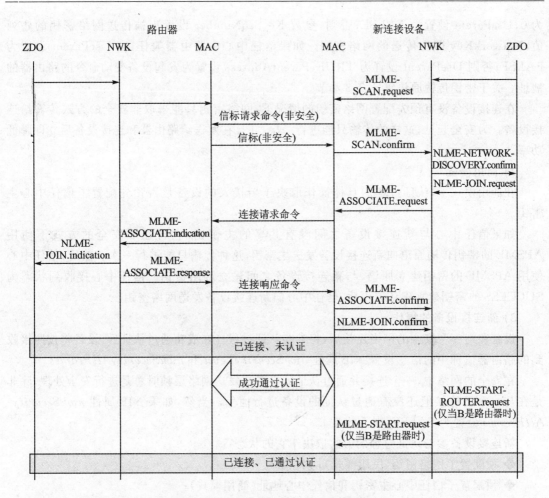

图 6-19 与安全的网络建立连接过程

◆ 信任中心是否允许新设备连接；
◆ 信任中心是工作在民用模式,还是商用模式；
◆ 若工作在民用模式,新接入的设备是安全接入还是非安全接入的；
◆ 若工作在商用模式,信任中心是否有与新接入设备相关的主密钥；
◆ NIB 中参数 $nwkSecurityAllFrames$ 的设置。

在认证的过程中,如果信任中心由于某些原因不能接受设备的连接,则它会立即将这个已连接但还没有认帧的设备从网络中移除。

1) 民用模式

在启动认证过程后,信任中心通过密钥传输服务原语向连接的设备传送网络密钥。在连接设备已经有网络密钥的情况下,发送原语中的参数 KeySeqNumber 和 NetworkKey 均设置为 0，UseParent 设置为 FALSE；否则，参数 KeySeqNumber 设置为被传送网络密钥的序列值，NetworkKey 即为传送的网络密钥。如果信任中心由路由器兼任，则 UseParent 设置为 FALSE；否则 UseParent 设置为 TRUE，ParentAddress 设置为发起设备变动命令的路由器的地址。关于密钥传输原语见 6.2.3 小节。

在连接设备没有预先配置网络密钥的情况下，网络密钥只能采取非安全的方式传输给连接设备。为安全起见，这样的传输只能进行一次，并且在发送给路由器和连接设备后立即降低功率。

2) 商用模式

在商用模式下，认证过程的具体操作取决于新接入的设备是否预先配置了信任中心主密钥。

如果信任中心与新连接设备之间没有共享的主密钥，它将在非安全的方式下使用 APSME 的密钥传输原语向新连接设备发送主密钥，这种传输只能进行一次。然后，信任中心使用 APSME 的密钥建立原语，与新连接设备之间建立链路密钥。信任中心接收到状态为 SUCCESS 的密钥建立确认原语后，信任中心向新连接设备发送网络密钥。

3) 新连接设备的操作

设备在与一个安全的网络连接后，将参与认证过程。在成功通过认证后，设备将按照接收到的路由器信标中的信息设置 NIB 属性 *nwkSecurityLevel* 和 *nwkSecurityAllFrames*。

在安全的网络中，一个连接并通过认证的设备在发送网络层帧时总是进行安全处理，除非是在与一个已连接但还没有通过认证的设备进行通信。当然，如果 NIB 属性 *nwkSecurity-AllFrames* 设置为 FALSE，则无此要求。

新连接设备参与认证过程的方式取决于它的状态：

◆ 预配置了网络密钥(民用模式)；
◆ 预配置了信任中心主密钥和信任中心地址(商用模式)；
◆ 无任何预配置(无法确定是民用模式或商用模式)。

在安全的网络中，如果经过了预先规定的时间，新连接的设备仍然没有通过认证，则该设备将被从网络中移除。

在新连接设备预配置了网络密钥并且已成功连接的情况下，它将该密钥的输出帧计数器置为 0，输入帧计数器置为空，然后等待信任中心发送的"哑"网络密钥。接收到密钥传输指示服务原语后，新连接设备将按照指示原语的参数设置 AIB 属性 *apsTrustCenterAddress*。此后，新连接设备被认为已通过认证，可以进入正常工作状态。

在新连接设备预先配置了信任中心密钥和信任中心地址时，设备将等待与信任中心建立链路密钥，等待从信任中心接收网络密钥。在新连接设备从信任中心接收到网络密钥后，它将使用密钥传送原语中的参数配置网络密钥。此后，新连接设备被认为通过认证，可以进入正常工作状态。

在新连接设备没有预配置任何密钥时,设备需要等待接收网络密钥,或者接收信任中心主密钥和信任中心地址。在这种情况下,将使用非安全的方式传输密钥,这样存在一定风险,因此一般情况下应尽量预先为设备配置密钥。

当设备接收到传送的网络密钥时,它利用原语中的数据设置网络密钥和信任中心地址。这时,可以认为设备通过了认证,可以进入正常工作方式。

当设备接收到传送的信任中心主密钥时,它利用原语中的数据设置信任中心主密钥和信任中心地址。在又接收到正确的密钥建立指示原语后,它将发送密钥建立响应原语。在接收到状态为 SUCCESS 的密钥建立确认原语后,设备将等待接收网络密钥,并用接收到的数据配置网络密钥。这时,即认为设备通过了认证,可以进入正常工作方式。

上述认证过程可以用信息时序图准确地描述,图 6-20 所示为民用模式下认证过程时序图,图 6-21 所示为商用模式的认证过程时序图。

在图 6-20 中,信任中心和路由器之间的 APS 层的设备变动命令、密钥传输命令使用网络密钥进行安全处理,在 NIB 属性 *nwkSecurityAllFrame* 为 TRUE 时,网络层也使用网络密钥进行安全处理。路由器向新连接设备发送的密钥传送命令无需安全处理。

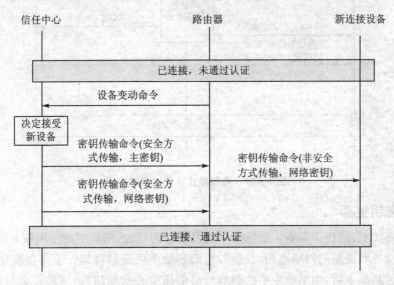

图 6-20 民用模式认证过程时序图

在图 6-21 中,信任中心与路由器之间的 APS 层的设备变动命令、密钥传输命令使用信任中心链路密钥进行安全处理。路由器向新连接设备发送的密钥传输命令无需安全处理。在属性 *nwkSecurityAllFrame* 为 TRUE 时,借助于路由器的联绕,路由器与信任中心之间的 SKKE 命令在网络层使用网络密钥进行安全处理;否则,SKKE 命令不进行安全处理。最终,信任中心与新连接设备之间的密钥传输命令在 APS 层使用信任中心链路密钥进行安全处理。

在上述过程中,如果 NIB 属性 *nwkSecurityAllFrame* 为 TRUE,则网络层使用网络密钥进行安全处理。

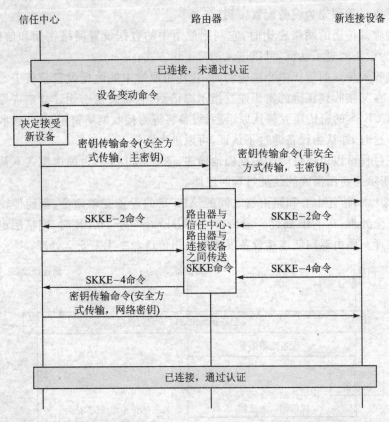

图 6-21 商用模式认证过程时序图

3. 网络密钥更新

在商用模式下,信任中心有一个网络中所有设备的列表,信任中心使用服务原语分别向表中的每一个设备发送新的网络密钥,并通知它们开始使用新的密钥。工作在商用模式的设备接收到密钥更新命令后,如果命令中的源地址与信任中心地址相符,则设备会接收这个密钥。如果设备是一个 FFD,则它具有可选的网络密钥,设备将接收的密钥作为可选网络密钥;否则直接将接收的密钥作为当前密钥。当设备接收到密钥切换命令后,如果是 FFD 设备,则将可选密钥转换为当前密钥;如果是 RFD,则忽略密钥转换命令。

出于降低复杂性和成本的考虑,在民用模式下,设备不具备更新密钥的能力。

图 6-22 所示为网络中两个不同的设备对密钥更新及转换命令执行过程的时序图。

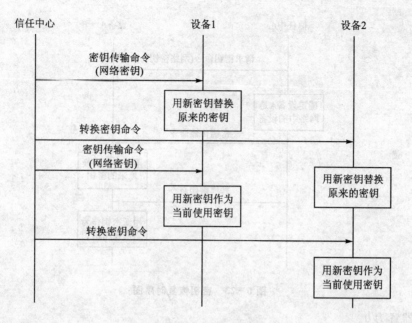

图 6-22 密钥更新时序图

4. 网络密钥恢复

在商用模式的正常状态下,设备拥有信任中心主密钥,如果它希望得到当前的网络密钥,则它可以产生并向信任中心发送网络密钥请求服务原语。信任中心接收到该原语后,首先检查请求密钥的设备是否存在于它的网络设备列表中。如果设备在它的网络设备列表中,则信任中心通过密钥传输服务原语将网络密钥及素材发送给该设备,然后,发送密钥转换服务原语,通知设备将使用接收的网络密钥作为当前网络密钥。上述过程如图 6-23 所示。

设备或者信任中心工作在民用模式时,不具备上述功能。

5. 建立端-端应用密钥

为了实现两个设备之间点对点的安全服务,发起者、响应者和信任中心通过一系列的操作可以建立两个设备间的应用链路密钥。首先,发起者向信任中心发送密钥请求原语,原语中的伙伴地址设为响应者的地址,密钥的类型设为应用密钥。然后,信任中心接收到密钥请求命令后会发送出两个密钥传输原语,传输的密钥根据配置的不同,可以是链路密钥,或者是应用主密钥。第一个原语将新的密钥发送给请求密钥的设备;第二个原语发送给响应者,并将发起者的地址传送给它。

如果设备接收到的是链路密钥,并且发送该原语的设备的地址与其 AIB 中的 *apsTrust-CenterAddress* 属性相符,则将接收到的密钥作为它与其伙伴间的链路密钥,并在 AIB 中创建一个 key-pair 描述符。如果已经存在这个描述符,则将描述符更新,并将伙伴地址及输出、输

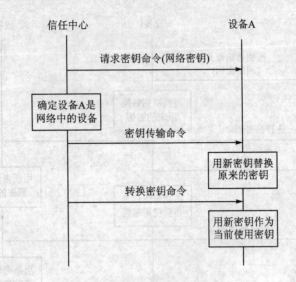

图 6 – 23 密钥恢复时序图

入帧计数器置为 0。

如果密钥传输原语中的 Initiator 子域为 TRUE，则设备将发送密钥建立请求原语。在接收到密钥建立指示原语后，响应者得到通知：有设备希望与它建立链路密钥。如果它同意与该设备建立链路密钥，则它将发送参数 ACCEPT 为 TRUE 的响应原语；否则，发送的响应原语中的 ACCEPT 参数为 FALSE。

图 6 – 24 所示为建立端-端应用密钥的时序图。首先，发起者向信任中心发送密钥请求命令，信任中心启动一个超时定时器。在定时期间，信任中心丢弃这对设备发送的任何新的密钥请求命令。然后，信任中心分别向发起者和响应者发送命令，传送应用链路密钥或者主密钥。发送给发起者的命令中的 Initiator 域置为 1。因而，如果发送的是主密钥，则只有发起者才通过发送 SKKE - 1 命令开始密钥建立过程。如果响应者同意与发起者建立密钥，则开始执行 SKKE 协议。上述过程完成或者定时时间到，发起者和响应者的状态被分别报告给它们的 ZDO。如果成功地完成了上述过程，则在发起者和响应者之间建立了共享的链路密钥，可以实现安全通信。

6. 离开网络

设备、设备连接的路由器或信任中心可以通过下面描述的过程使一个设备离开网络。

如果信任中心希望一个设备离开网络，而信任中心不是该设备的路由器，则信任中心将发送移除设备请求服务原语。原语中，父设备地址设为该设备的路由器地址，子设备地址设为被要求离开设备的地址。

信任中心也可能会接收到将某设备从网络中移除的信息，这些信息包括被移除设备的地

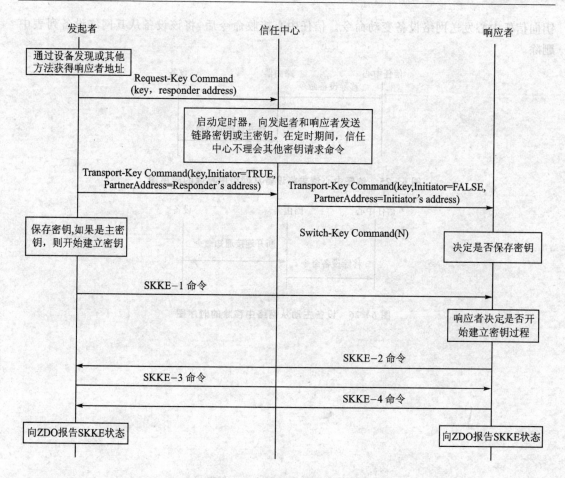

图 6-24　端-端密钥建立时序

址和它的父设备的地址。如果信任中心工作在商用模式,则它直接将该设备从它的网络设备列表中删除。

路由器负责接收移除设备命令和发送设备更新命令。当路由器接收到信任中心发送的 APSME-REMOVE-DEVICE 原语,而被移除的设备是它的一个子设备,路由器又兼信任中心的功能时,路由器发送 NLME-LEAVE 原语将设备从网络中移除。在接收到响应的确认原语后,再向信任中心发送设备更新原语。如果路由器兼有信任中心的工作,则按信任中心操作进行。

如果网络是安全的,则它在对发送的命令进行安全处理时采用链路密钥或者网络密钥。图 6-25 所示为信任中心向路由器发送请求,要求它将一个子设备从网络中移除的时序图。

图 6-26 所示为一个设备向它的路由器发出与网络解除连接命令的时序图。设备首先使用网络密钥向路由器发送解除连接的命令帧,路由器接收到通知后,使用链路密钥或者网络密

钥向信任中心发送网络设备变动命令。信任中心接收命令后,将该设备从其网络设备列表中删除。

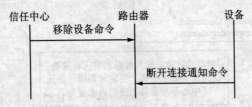

图 6-25　信任中心请求将设备从网络中移除的时序图

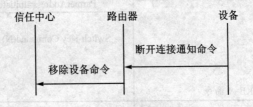

图 6-26　设备主动从网络中移除的时序图

第 7 章

飞思卡尔 ZigBee 软硬件开发平台

随着嵌入式系统功能的日益复杂,微控制器资源的丰富和应用的多样化,目前嵌入式系统的开发普遍使用 C 语言。用于嵌入式系统的 C 语言的语法与标准 C 语言基本相同,但为了适应嵌入式系统的需要而具有自己的一些特点,而且用于不同厂家微控制器的 C 语言也有所不同。飞思卡尔公司的微控制器使用 Metrowerks 的 C 语言及其集成开发环境(IDE)CodeWarrior。它是飞思卡尔公司向用户推荐的、面向飞思卡尔所有 MCU 与 DSP 的嵌入式应用的跨平台的软件工具,包括集成环境 IDE、处理器专家库、全芯片仿真、可视化参数显示工具、项目工程管理器、C 交叉编译器、汇编器、链接器以及调试器。使用它可以完成从源代码编辑、编译到调试的全部工作。本章主要介绍 HCS08 微控制器结构和主要功能、CodeWarrior for HCS08 的 C 语言及其集成开发环境(IDE)、P&E 硬件调试工具和 IEEE 802.15.4 软件开发包的功能和使用。

7.1 HCS08 微控制器简介

7.1.1 HCS08 系列微控制器概述

HCS08 是飞思卡尔公司在 HC08 系列微控制器的基础上推出的新一代低成本、高性能微控制器。限于篇幅,本节只对其结构特点作一简介,详情可参考具体的技术手册。在 ZigBee 应用中,主要有 MC9S08GB60、MC9S08GB32、MC9S08GT60、MC9S08GT32 和 MC9S08GT16 等微控制器。其主要特点如下:

- ◆ 工作频率为 40 MHz 的 CPU。
- ◆ 采用 HC08 的指令系统,并增加了 BGND 指令。
- ◆ 内嵌后台调试系统,允许在线调试时设置断点。

- 调试模块有 2 个硬件比较器和 9 种时间触发模式,8 级深度的 FIFO 用于存储地址流的变化和事件相关数据。调试模块支持标记和强迫断点。
- 支持最多 32 个中断/复位源。
- 多种节电工作模式。
- 系统保护特性:
  - 可选的运行状态监视复位(COP);
  - 低电压监测中断或复位;
  - 非法操作码检测及复位;
  - 非法地址检测及复位。
- 片上可在线编程的 Flash 存储器,可实行块加密和保护。
- 片上 RAM(根据型号不同,容量在 1~4 KB 之间)。
- 8 路 10 位 A/D 转换器。
- 2 个串行通信接口模块(SCI),1 个 SPI 接口和 I^2C 接口。
- 可选择不同的时钟源,包括晶体、谐振器、外部或内部时钟,其中内部时钟带有精密 NVM 整形。
- 1 个 3 通道和 1 个 5 通道 16 位定时/脉宽调制(TPM)模块,每一个通道均可实现输入捕获、输出比较和边沿对齐的 PWM 功能。每一个定时器模块均可配置成缓冲中心 PWM(CPWM)。
- 支持 8 按键的键盘中断模块(KBI)。
- 16 只大电流引脚。
- 作为输入时,可用软件分别对每一引脚单独设置内部上拉电阻;用作输出时,无上拉电阻。
- 中断和复位引脚内部上拉电阻可减少外部元件的需求。
- 根据型号、封装不同,最多可以有 56 只(I/O)引脚。
- 工作电压为 1.8~3.6 V。

MC9S08GBxx 结构框图如图 7-1 所示。

7.1.2 体系结构

1. 存储器结构

图 7-2 所示为 MC9S08GBxx 存储器映像。整个存储器空间分为 0 页的直接寻址部分、RAM、高端寄存器和 Flash 存储器等。不同的型号仅在于其 Flash、RAM 容量和功能寄存器的不同。

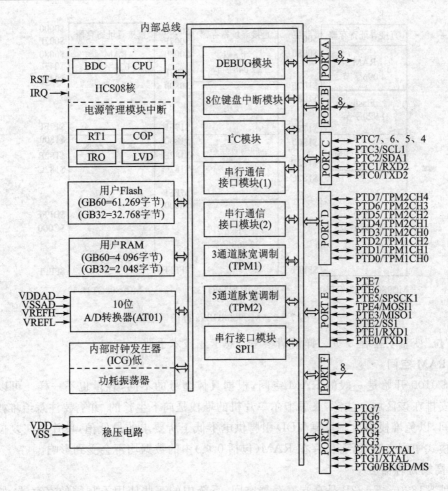

图 7-1 MC9S08GBxx 结构框图

1) 0 页存储空间

飞思卡尔单片机的 0 页存储空间是一块特殊的空间,可以使用直接寻址方式对其访问,不仅速度快,而且代码长度短,所以可以将一些使用比较频繁的变量安排在 0 页。HCS08 系列单片机 0 页的最低 128 字节($0000~$007F)安排的是各个 I/O 端口、功能模块的控制寄存器等,例如端口 A、B、C、D、E、F、G 等的数据、状态、控制寄存器;串行通信接口 SCI 的数据、控制、状态寄存器;定时器的状态、控制、计数等寄存器;模/数转换的输入时钟、状态、控制寄存器;键盘控制中断、系统中断控制等。0 页的高 128 字节为用户 RAM 区,程序中可以将一些需要经常访问的全局变量安排在这里。HCS08 系列单片机为保持与早期产品的兼容,复位后堆栈指针指向 $00FF。一般可以在上电后将堆栈指针重新设置为其他的值,以便将比较宝贵的 0 页空间保留作为它用。由于 0 页的所有地址单元都是可"位"寻址的,因此可以将程序中

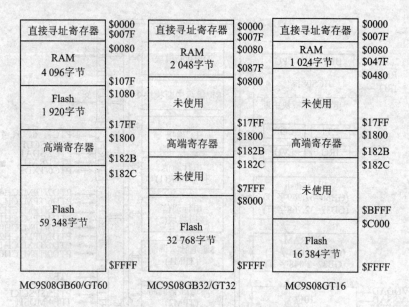

图 7-2 MC9S08GBxx 存储器映像

的一些"位"变量安排在 0 页。详情请参考飞思卡尔技术手册。

2) RAM 空间

从 $0100 开始是一般的 RAM 空间,根据具体型号的不同,容量也不一样。可以将系统的堆栈安排在该区域。注意,飞思卡尔单片机的堆栈是向下生长的,并需要注意给堆栈预留足够的空间,以免堆栈溢出。只要 VDD 引脚供电不低于所要求的最低值,单片机在复位或从各种节电模式中醒来时,所有保存在 RAM(包括 0 页)中的数据均不会受到影响。

3) 高端寄存器区

地址 $1820~$182B 是高端寄存器空间,系统中的一些使用不频繁的寄存器,如配置寄存器等安排在这里。

4) Flash

HCS08 系列单片机的 GB60/GT60 等型号有两块 Flash 存储区,其余的型号只有一块存储区域。Flash 存储器在系统中一般可作为用户程序存储器,但由于可以在线编程,且不需要高电压,擦写次数可达 1 万次以上,故也可用作非挥发数据存储器,用于掉电时保存各种数据。

2. 编程模型

图 7-3 所示为 MC9S08GB/GT 单片机的编程模型。

1) 累加器 A

与一般的 CPU 结构一样,累加器 A 是 CPU 中重要的通用寄存器,用来保存参加运算的操作数和运算结果。

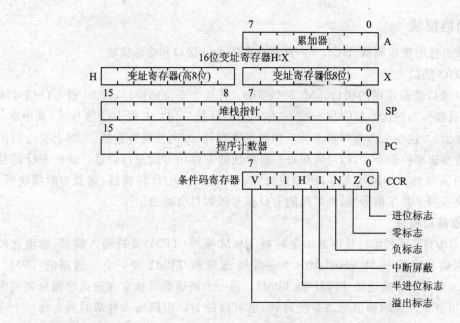

图 7-3 MC9S08GBxx 编程模型

2）变址寄存器

变址寄存器 H：X 是一个 16 位的寄存器，由高 8 位的 H 和低 8 位的 X 组成。它通常用来存放操作数的地址，也可以用来暂存数据，还可分开作为两个 8 位的寄存器单独使用。

3）堆栈指针

堆栈指针 SP 是一个 16 位的寄存器，复位时被置为 $00FF，即将堆栈空间安排在 0 页，这主要是为了与早期的产品 HC05 相兼容。在 MC9S08GB/GT 应用中可以重新设置，将堆栈空间安排在其他位置，以便节省宝贵的 0 页空间。HCS08 的堆栈是向下生长的。

4）程序计数器

程序计数器 PC 是一个 16 位的寄存器，复位时被置为 $FFFE。因此，复位后 CPU 执行的第一条指令应存放在 $FFFE 和 $FFFF 单元。

5）条件码寄存器

条件码寄存器 CCR 中包含了一些标志和控制位，在其他的书籍和资料中常称为程序状态字（PSW），如图 7-3 所示。

从表面看来，HCS08 CPU 内部的寄存器数目较少，但由于其 0 页的 128 字节都可以用直接寻址方式访问，不经过累加器 A 就可以实现存储器到存储器的数据传送，因此 0 页的 128 字节都可以作为寄存器使用，可以认为 HCS08 的内部寄存器的数目相当多。灵活地应用 0 页存储单元，可以提高代码效率。

3. 内部功能模块

作为一款出色的微控制器，HCS08 内部有众多的 I/O 接口和功能模块。

1) 并行 I/O 接口

并行 I/O 接口是最常用的接口。MC9S08GBxx 有 7 个 8 位的接口，共 56 根 I/O 信号线（其中有 1 根只能作为输出）；MC9S08GTxx 有 6 个 I/O 接口，共 36 根 I/O 信号线（其中有 1 根只能作为输出）。这些 I/O 接口都有相应的数据寄存器、方向控制寄存器、内部上拉电阻使能寄存器和转换速率控制寄存器，可以对每一根单独的 I/O 信号线进行设置。这些 I/O 信号线的一部分与其他的功能模块共享，例如定时器、串行接口、A/D 转换器、键盘中断模块等。如果功能模块占用了共享信号线，则可用的 I/O 信号线数目会减少。

2) 定时器接口模块

MC9S08GB/GT 系列单片机内部的定时器/PWM 模块（TPM）支持输入捕获、输出比较和 PWM 调制功能。其中 MC9S08GBxx 有一个 3 通道的 TPM1 和一个 5 通道的 TPM2，MC9S08GTxx 有两个 2 通道的 TPM1 和 TPM2。每一个通道都可独立地选择带预分频的时钟源，时钟源可以是总线时钟信号或系统时钟，也可以是 I/O 引脚输入外部时钟。每一个通道都可以产生自己的中断申请。

3) A/D 转换器

MC9S08GB/GT 单片机有一个 8 通道 10 位分辨率的 A/D 转换器。转换器完成一次 A/D 转换的时间仅为 14 μs，可以执行单次转换，也可以连续转换。A/D 转换器的输入与 I/O 接口 B 共享引脚，每一个引脚可以单独配置。

4) 异步串行接口

MC9S08GB/GT 单片机有两个独立的全双工串行通信接口（SCI），又称为通用异步收发器（UART）。其数据格式是标准的不归零制，波特率可编程。发送和接收双缓冲器工作，有各自的中断申请信号，硬件实现校验。接收数据可以将处在睡眠状态的 CPU 唤醒。

5) SPI 接口

MC9S08GB/GT 单片机有一个 SPI 接口。它内部具有双缓冲器结构，可以工作在主模式下，也可以工作在从模式下。其数据传送的波特率、时钟相位、极性等均可通过编程设置，数据的传送可以采用高位在前的方式，也可以采用低位在前的方式，以适应不同的要求。

6) I²C 接口

MC9S08GB/GT 单片机有一个 I²C 接口。该接口支持多主机工作方式，波特率可编程，采用字节中断驱动模式。

7) 键盘中断

大多数的应用系统都需要一个键盘，MC9S08GB/GT 单片机的 I/O 接口 A 可以配置为用中断驱动的简易键盘。

4. 中 断

MC9S08GB/GT 单片机支持包括引脚的外中断、看门狗中断、低电压中断、内部功能模块产生的中断以及软中断等多种形式的中断，矢量中断安排在存储器地址空间的最高端，如表 7-1 所列。

表 7-1　MC9S08GBxx 中断矢量

优先级	矢量号	地址（高/低）	矢量名称	模　块	中断源	允许控制	描　述
低↓↑高	26~31	$FFC0/$FFC1~$FFCA/$FFCB	未使用（用户程序中可使用）				
	25	$FFCC/$FFCD	Vrti	Systen control	RTIF	RTIE	实时时钟中断
	24	$FFCE/$FFCF	Viic1	IIC	IICIS	IICIE	I^{2}C 控制
	23	$FFD0/$FFD1	Vatd1	ATD	COCO	AIEN	A/D 转换完成
	22	$FFD2/$FFD3	Vkeyboard1	KBI	KBF	KBIE	键盘
	21	$FFD4/$FFD5	Vsci2tx	SCI2	TDRE TC	TIE TCIE	SCI2 发送中断
	20	$FFD6/$FFD7	Vsci2rx	SCI2	IDLE RDRF	ILIE RIE	SCI2 接收中断
	19	$FFD8/$FFD9	Vsci2err	SCI2	OR NF FE PF	ORIE NFIE FEIE PFIE	SCI2 出错
	18	$FFDA/$FFDB	Vsci1tx	SCI1	TDRE TC	TIE TCIE	SCI1 发送中断
	17	$FFDC/$FFDD	Vsci1rx	SCI1	IDLE RDRF	ILIE RIE	SCI1 接收中断
	16	$FFDE/$FFDF	Vsci1err	SCI1	OR NF FE PF	ORIE NFIE FEIE PFIE	SCI1 出错
	15	$FFE0/$FFE1	Vspi1	SPI	SPIF MODF SPTEF	SPIE SPTIE	SPI
	14	$FFE2/$FFE3	Vtpm2ovf	TPM2	TOF	TOIE	TPM2 溢出
	13	$FFE4/$FFE5	Vtpm2ch4	TPM2	CH4F	CH4IE	TPM2 通道 4
	12	$FFE6/$FFE7	Vtpm2ch3	TPM2	CH3F	CH3IE	TPM2 通道 3
	11	$FFE8/$FFE9	Vtpm2ch2	TPM2	CH2F	CH2IE	TPM2 通道 2

续表 7-1

优先级	矢量号	地址(高/低)	矢量名称	模 块	中断源	允许控制	描 述
低 ↓ 高	10	$FFEA/$FFEB	Vtpm2ch1	TPM2	CH1F	CH1IE	TPM2 通道 1
	9	$FFEC/$FFED	Vtpm2ch0	TPM1	CH0F	CH0IE	TPM2 通道 0
	8	$FFEE/$FFEF	Vtpm1ovf	TPM1	TOF	TOIE	TPM1 出错
	7	$FFF0/$FFF1	Vtpm1ch2	TPM1	CH2F	CH2IE	TPM1 通道 2
	6	$FFF2/$FFF3	Vtpm1ch1	TPM1	CH1F	CH1IE	TPM1 通道 1
	5	$FFF4/$FFF5	Vtpm1ch0	TPM1	CH0F	CH0IE	TPM1 通道 0
	4	$FFF6/$FFF7	Vicg	ICG	ICGIF (LOLS/LOCS)	LOLRE/LOCRE	ICG
	3	$FFF8/$FFF9	Vlvd	System control	LVDF	LVDIE	低电压检测
	2	$FFFA/$FFFB	Virq	IRQ	IRQF	IRQIE	外部中断引脚信号
	1	$FFFC/$FFFD	Vswi	Core	SW Iinstruction	—	软件中断
	0	$FFFE/$FFFF	Vreset	System control	COP LVD RESET pin	COPE LVDRE	看门狗、低电压、复位引脚信号

7.1.3 工作模式

为满足不同应用和低功耗的需要，MC9S08GB/GT 系列单片机有几种不同的工作模式，分别为运行模式、活动后台调试模式、等待模式和停止模式等。

1. 运行模式

运行模式是单片机的正常工作方式。如果单片机复位时其引脚 BKGD/MS 为高电平，则单片机进入运行模式，并从 $FFFE：$FFFF 处开始执行 Flash 存储器中的代码。

2. 活动后台调试模式

活动后台调试模式是 MC9S08GB/GT 单片机的一种调试方式。MC9S08GB/GT 系列单片机的地址、数据总线没有引出片外，程序的调试只能通过调试接口将调试命令发送给 CPU 来实现。在软件开发过程中，CPU 内核中的后台调试控制器(BDC)与在线调试模块一起对 CPU 运行状态进行分析、控制。它以非侵入的方式访问内部存储器中的数据，提供传统的调试特性，如 CPU 寄存器修改、断点、单步、跟踪等。它的另一功能是用来擦除、写入 Flash 存储器。在活动后台调试模式下，CPU等待输入的后台调试命令，不执行Flash中的用户程序。后台调试命令分为如下两类：

1) 非侵入命令

非侵入命令通过BKGD引脚输入，MCU处于运行状态和活动后台模式时均可以接受此命令。这一类命令有：存储器访问命令、带有状态的存储器访问命令、BDC寄存器访问命令和后台调试命令。

2) 活动后台命令

只有在MCU处于活动后台模式时才能接受这一类命令。这一类命令有：MCU内部寄存器访问、跟踪用户一条指令的执行和离开后台模式后开始运行用户程序。

3. 等待模式

等待模式是一种低功耗工作模式，CPU通过执行WAIT指令进入等待模式。在等待模式下，CPU的时钟被关闭，但内部总线时钟并不停止工作，定时模块、中断机构等仍然可以工作。在等待模式下，只可以接收BACKGROUND和存储器状态访问命令，但存储器状态访问命令并不真正执行存储器的访问，而是给出一个错误指示，指明CPU处在等待或停止模式。CPU进入等待模式后，中断申请信号可以将它从等待状态中唤醒，使CPU重新开始执行指令。BACKGROUND也可以将CPU唤醒进入活动后台调试模式。从等待状态中醒来时，MCU内部RAM中的数据不会丢失。

4. 停止模式

停止模式是MCU的低功耗模式。MC9S08GB/GT有3种停止模式，分别为STOP1、STOP2和STOP3。在这3种模式下，CPU内部的所有时钟都处于停止状态。当CPU内部寄存器的STOPE控制位为1时，执行指令STOP将会使单片机进入停止模式。

STOP1是功耗最低的模式。在该模式下，单片机内部电路全部处于掉电状态，内部稳压电路处于待机状态。退出STOP1状态的方法是产生有效的复位或外中断信号（IRQ），并且外中断必须是低电平，而不管工作时进行了怎样的配置。从STOP1模式退出后，单片机如同复位一样从 \$FFFE：\$FFFF 处开始执行指令。在STOP1模式下，当供电电压为3 V时，MC9S08GB/GT的典型电流为25 nA。

STOP2模式提供极低的待机功耗。进入该模式后，单片机内部除RAM外其余电路均停止供电，单片机内部RAM的内容保持不变，I/O引脚状态被锁定。复位、外中断或者RTC中断可以使MCU退出STOP2模式。退出STOP2模式时，CUP从复位状态开始执行指令。在STOP2模式下，当工作电压为3 V时，MC9S08GB/GT的典型电流为550 nA。

在STOP3模式下，MC9S08GB/GT、ICG（内部时钟模块）和ATD被关闭，内部的RAM、寄存器都保持不变，I/O引脚仍然由其数据寄存器驱动而保持原来的状态。复位、外部中断、键盘中断和实时时钟中断可以使单片机退出STOP3模式。在STOP3模式下，当工作电压为

3 V 时，MC9S08GB/GT 的典型电流为 675 nA。

7.2 HCS08 C 语言程序设计常见问题

C 语言是一种功能强大、灵活、易于移植的高级语言，使用 C 语言编写程序可以产生高效的代码，可以实现对 CPU 底层硬件的有效控制。但由于嵌入式系统自身的一些特点，例如存储器容量有限且分为 ROM 和 RAM，可能有多个不同的存储空间，需要支持中断，需要对"位"进行操作，有严格的时序要求等，标准的 C 语言并不适宜于用在嵌入式系统。因此一般的微控制器生产厂家大都提供对标准 C 进行了扩展并针对某系列微控制器的 C 语言。下面就 HCS08 的 C 语言中的一些问题进行介绍。

7.2.1 变量定义、定位和寄存器访问

在嵌入式系统的程序设计中，普通变量的定义和访问与标准 C 语言相同，需要解决的主要问题是映像寄存器变量和某些特殊变量的定位（即把这些变量存放在 RAM 中指定的位置），以及"位"变量定义、定位和使用。

1. 变量定义

这里只简单介绍定义变量时几个有关的问题。

1) 全局变量和局部变量

全局变量在整个应用程序运行期间都存在，整个应用程序的函数都能够访问，利用全局变量可以实现不同函数之间的数据传递。一般说来，中断服务函数传递数据可以使用全局变量，定义时可把所有的全局变量定义在一个相对集中的 RAM 区域。全局变量有时会带来一些副作用，而且它们占用宝贵的 RAM 资源，因此，除非在必需的情况下，一般不要轻易使用。局部变量为某个函数而定义，连接程序一般将其安排在堆栈中，但只在此函数运行时占用栈空间。局部变量实质上是函数运行时所需要的一段 RAM 空间，函数不运行时不占用 RAM 资源。

例如在一个应用程序里，将扫描 LED 显示器的工作放在定时器中断服务程序中，显示数据存放在显示缓冲区中。数据处理程序只需要将显示数据向显示缓冲区中存放，而中断服务程序只需从显示缓冲区中读取即可。这里显示缓冲区就应定义为全局变量。

```
#pragma DATA_SEG DISP_DATA      /*这条预处理指令之后的所有变量定义在 DISP_DATA 段*/
char DispBuffer[8];
...                              /*可继续定义其他全局变量*/
#pragma DATA_SEG DEFAULT         /*这条预处理指令之后的所有变量定义在默认段*/
```

在参数文件中,必须指定 DISP_DATA 段。

2)用 static 修饰的变量

在一个函数中,用 static 声明的变量是局部变量,但是在退出这个函数后该变量占用的存储空间仍然保留,变量的值不会丢失。下一次运行这个函数时仍可以访问到原来的值。注意,在函数中声明的 static 变量只对声明它的函数可见,别的函数是不可以使用的。如果 static 变量是在模块中声明的,那么只有本模块的函数可以使用它,别的模块中的函数是不能访问的。用 static 修饰的变量不会放在堆栈里。

3)用 volatile 修饰变量

编译程序在对源程序进行编译时常常会作一些优化,例如下面的程序段:

```
...
a = PORTA;
a = PORTA;
...
```

编译程序可能会认为第二条语句没有作用,而将其优化掉。但这里 PORTA 是 MCU 外部的一个输入端口,其值是由外部设备决定的,由于外部设备的变化是随机的,因此第一次读取的值和第二次读取的值很可能不同,不能将第二条语句丢掉。为此,我们把它声明为 volatile 变量,这样就不会被编译器优化掉。

语法格式如下:

volatile unsigned char PortA @0x0000;

由于 PORTA 是用 volatile 声明的变量,所以编译器不会把它优化成一句;而如果不是 volatile 声明的变量,则编译器就会将第二句优化掉,从而程序将会忽略输入端口的变化。通常把嵌入式设备的所有外围器件寄存器都声明为 volatile 的。

4)修饰符 const

修饰符 const 可以用在任何变量之前,告诉编译器把此变量存储在 ROM 中。ROM_VAR 段是定位 const 变量的默认段。

语法格式如下:

#pragma CONST_SEG <段名>

例如:

```
#pragma DATA_SEG DEFAULT
#pragma CONST_SEG DEFAULT
static int a;              /*变量 a 存放在默认的 RAM 段 DEFAULT_RAM 中,DEFAULT_RAM 是段名*/
static const int c0 = 10;  /*变量 c0 存放在默认的 ROM 段 ROM_VAR 中,ROM_VAR 是段名*/
```

此时,编译器选项"-Cc"必须是打开的。如果编译器选项"-Cc"是关闭的,则变量 a 和 c0 都定位在 DEFAULT_RAM 中。

例如:

```
#pragma DATA_SEG    MyVarSeg
#pragma CONST_SEG MyConstSeg
static int var;                    /* 变量 var 存放在段 MyVarSeg 中,MyVarSeg 是段名 */
static const int cnt = 10;         /* 常量 cnt 存放在段 MyConstSeg 中,MyConstSeg 是段名 */
```

此时编译器选项"-Cc"必须是打开的。如果编译器选项"-Cc"是关闭的,则变量 a 和 c0 都定位在 MyVarSeg 中。

2. 寄存器的定义与使用

微控制器中有许多寄存器,这些寄存器与微控制器中的一些功能模块有关,它们都有各自固定的地址,在程序设计中必须将它们定义到各自的特定地址。一般来说,开发环境中都提供有与某种 MCU 相对应的头文件,并对它内部的寄存器进行了定义,我们在程序中只要直接引用即可。但在有些情况下,还是需要自己对所需的寄存器、变量等进行定义。定义的方法有 3 种,下面以 MC9S08GT60 的 I/O 接口 A 的数据端口(其地址为 0x0000)为例,分别进行介绍。

1) 宏定义

语法格式如下:

define PTAD(*(volatile unsigned char *) 0x00)

这样 PTAD 成为一个地址在 0x00 的 unsigned char 类型变量。这个定义看起来很复杂,其实它也可以分解成几个很简单的部分来看。"(volatile unsigned char *)"是 C 语言中的强制类型转换,它的作用是把 0x0000 这个纯粹的十六进制数转换成为一个指向 unsigned char 类型变量的指针(地址)。其中 volatile 并不是必要的,它只是告诉编译器,这个值与外界环境有关,不要对它优化。接下来在外面又加了一个"*"号,就表示 0x0000 内存单元中的内容了。经过这个宏定义之后,PTAD 就可以作为一个普通的变量来操作,所有出现 PTAD 的地方在编译的时候都被替换成(*(volatile unsigned char *) 0x00)。这里的外面一层括号是为了保证里面的操作不会因为运算符优先级或者其他不可预测的原因被改变而无法得到预期的结果。

这种定义方法适合所有的 C 编译器,可移植性好,飞思卡尔公司提供的 MCU 头文件里就是这样定义的。但 PTAD 并不是一个真正的变量,只是一个宏名,当调试一个程序时,无法在调试窗口观察它的值。另外,连接器也失去了灵活性,它必须防止其他变量与该变量相冲突。

2) 使用关键字"@"

语法格式如下:

volatile unsigned char PTAD   @0x00;

"@"是 HCS08 C 编译器扩展的一个特殊修饰符,其他编译器很可能并不认识它。这种定义具有很好的可读性,但失去了可移植性。

3) 使用段定义

这种方法分为 2 个步骤:首先把变量定义在段中,其次在连接参数文件(*.prm)中把段定位在一个合适的位置。

第 1 步,在源程序文件中书写:

```
#pragma      DATA_SEG      PORTA_SEG
volatile     unsigned      char PTAD;
#pragma      DATA_SEG      DEFAULT
```

这样变量 PTAD 被安排在一个名称为 PORTA_SEG 的段中。

第 2 步,在 prm 文件中书写:

```
SECTIONS
PORTA_SEG = READ_WRITE 0x0000 SIZE 1;
```

这样,段 PORTA_SEG 就定位在地址 0x0000 上。这种方法可移植性也很差,如果要把它移植在别的编译器上,需要修改源程序。

3. 位变量定义

HCS08 C 语言采用直接位访问的方法来访问位,位的定义采用联合和结构数据类型来实现。例如:

```
Typedef union {
  struct
  {
    unsigned char MWPR:1;      /* MWPR 是 FEETST 位 */
    unsigned char STRE:1;      /* STRE 是 FEETST 位 */
    unsigned char VTCK:1;      /* VTCK 是 FEETST 位 */
    unsigned char FDISVFP:1;   /* FDISVFP 是 FEETST 位 */
    unsigned char FENLV:1;     /* FENLV 是 FEETST 位 */
    unsigned char HVT:1;       /* HVT 是 FEETST 位 */
    unsigned char GADR:1;      /* GADR 是 FEETST 位 */
    unsigned char FSTE:1;      /* FSTE 是 FEETST 位 */
  } FEETST_BITS;
  unsigned char FEETST_BYTE;   /* Alternate definition of the port as a 8-bit variables. */
} FEETST_struct @0x00F6;
/* Define Symbol to access register FEETST */
```

```
#define FEETST FEETST_struct.FEETST_BYTE          /* Define Symbols to access single bits
                                                     in FEETST */
#define MWPR FEETST_struct.FEETST_BITS.MWPR
#define STRE FEETST_struct.FEETST_BITS.STRE
#define VTCK FEETST_struct.FEETST_BITS.VTCK
#define FDISVFP FEETST_struct.FEETST_BITS.FDISVFP
#define FENLV FEETST_struct.FEETST_BITS.FENLV
#define HVT FEETST_struct.FEETST_BITS.HVT

#define GADR FEETST_struct.FEETST_BITS.GADR
#define FSTE FEETST_struct.FEETST_BITS.FSTE
```

这里的":1"表示仅需要 1 位，HCS08 会把它们包装在一起形成 1 字节。这样，我们就可以以字节方式或位方式访问整个寄存器和位。例如：

```
FEETST = 0X80;              /* 字节方式 */
MWPR = 1;                   /* 位方式 */
VTCK = 1;                   /* BSET 2,FEETST1 */
FDISVFP = 0;                /* BCLR 4,FEETST1 */
```

7.2.2 中断服务程序

中断服务程序在嵌入式系统里是必不可少的。在 HCS08 C 语言中，中断服务程序是用中断函数来实现的。中断函数既没有入口参数，也没有返回值，但可以通过全局变量来实现与其他程序的数据交换。中断函数的定义方法有以下 3 种。

1. 用预处理 #pragma TRAP_PROC 定义

这种定义方法分为两步：首先在源程序中定义中断函数；其次在参数文件中指定各中断函数在中断向量表中的地址，即在参数文件中指定一个地址，该地址的内容是中断服务程序入口地址（中断向量）。

例如：

```
unsigned int intCount = 1;
#pragma TRAP_PROC
void IntFunc(void)
{
        intCount ++ ;
}
```

"#pragma TRAP_PROC"仅对紧跟着它的函数有效,通知编译器位于它下面的函数是中断函数,其返回指令是 RTI,而不是 RET,因此每个中断函数前面都必须有这个预处理。在参数文件中要加入以下内容:

```
VECTOR ADDRESS 0xFFF0 IntFunc1      /* 0xFFF0 包含 IntFunc1 的地址 */
```

2. 用关键字 interrupt

格式为:

interrupt <函数名>
/* 在参数文件中指定中断类型号 */
{
    Your code   /*代码*/
}

关键字 interrupt 通知编译器位于它后面的函数名是中断函数,同样也要在参数文件中指定各中断函数在中断向量表中的地址。

例如:

```
interrupt IntFunc2()
{
    Your code /*代码*/
}
```

在参数文件中加入如下内容:

```
VECTOR ADRESS 0xFFF2 IntFunc2
```

3. 用关键字 interrupt 和中断向量号

格式为:

interrupt <中断向量号> <函数名>
{
    Your code   /*代码*/
}

这种定义方法使用关键字 interrupt 通知编译器,位于它后面的函数是中断函数,且通过中断向量号指定了各中断函数在中断向量表中的地址。这种方法就不再需要修改参数文件,移植性较好。中断向量号与中断向量表地址的对应关系如下:复位向量为 0 号,位于地址 0xFFFE 处;1 号紧跟着 0 号,位于地址 0xFFFC 处,其余依此类推。另外,用预处理命令

"♯pragma TRAP_PROC：SAVE_REGS",可以确保在中断函数中所有 CPU 寄存器或编译器使用的伪寄存器内容不会被中断函数破坏。

7.2.3 混合编程

虽然在一个完整的项目中主要用 C 语言编写程序,但在某些部分却必须用汇编语言或者用汇编语言更好一些。因此在一个完整的项目中常常是同时使用 C 语言和汇编语言,这就是所谓混和编程。内嵌汇编是一种简单的实现混合编程的方法。具体地说,就是在 C 语言函数中可以嵌入一条汇编指令或一段汇编程序,而且可以出现在程序的任何地方。但嵌入的汇编语言程序段必须位于一个 C 语言函数中。实现内嵌汇编有以下两种方法。

1) 嵌入一条汇编指令

这种方法可以在 C 语言函数中嵌入一条汇编指令,格式如下:

"asm"　　　＜汇编指令＞ ";"　　　　　　　　　["/*" 注释 "*/"]

双引号中的内容为关键字,asm 表示这是一条汇编指令,方括号中的内容为可选项。它可以出现在 C 语言程序中的任何地方。

例如,在一段循环程序中,复位看门狗就可以通过嵌入一条汇编指令来实现:

```
…while(1){
    …              /* C 语句 */
    asm sta COPCTL;  /* 喂看门狗 */
    …              /* C 语句 */
}
```

2) 嵌入一段汇编程序

这种方法可以在 C 语言函数中嵌入一段汇编程序,格式如下:

"asm"
"{"
　　＜汇编指令 1＞　　　　　　　　　[";" 注释]
　　＜汇编指令 2＞　　　　　　　　　[";" 注释]
"}"

要求:大括号内每条汇编指令占一行;标号以":"结尾,并且占一行;注释以";"开始;在汇编程序段中,可以用变量名访问全局变量和 C 语言函数中的局部变量。汇编程序段结束时,要保证堆栈内容与汇编程序段开始前一致。

例如:用内嵌汇编的方法实现延时,在端口 PTA.0 输出方波的程序段如下:

```
#define PULSE    PTAD_PTAD0
  ...
  ...
  for(;;) {                    /* C语言语句 */
    asm {                      ;汇编程序段
      PSHX
      PSHH
      LDHX   #100              ;该常数决定方波宽度
loop:
      AIX    #-1               ;2周期
      CPHX   #0                ;3周期
      BNE    loop              ;3周期
      PULH
      PULX
    }
    LED1 = ~LED1;              /* C语言语句 */
  }                            /* 无限循环 */
```

嵌入的汇编可以使用传递的参数,也可以返回数据。下例是统计一个字符串中所包含字符个数的函数。其全部功能用内嵌汇编实现。

```
int strlen (char * str)
{
  __asm {
    LDHX   str                 ;取得指针
    CLRA                       ;初始化计数器
    BRA    test                ;转移到 test 处
loop:
    AIX    #1                  ;指针加 1
    INCA                       ;计数器加 1
test:
    TST    0,X                 ;到字符串结尾处吗?
    BNE    loop                ;否,检查下一个字符
    CLRX                       ;返回值在 X:A 中
  }
}
```

7.3 CodeWarrior 简介

7.3.1 工 程

启动开发环境后,用户可以打开并编辑、编译、调试以前建立的工程(Project),也可以建立一个新的工程。在工程窗口下,有1个文件页、1个连接页和1个目标页。文件页中列出了该工程所包含的全部文件夹和文件,各种文件分别按其类型和功能存放在不同的文件夹中。当用户新建立一个应用程序时,可以选择使用 CodeWarrior 提供的 HC(S)08 New Project Wizar 来产生应用程序的框架。一般来说,建立了一个新工程后,会自动生成下述一些文件和文件夹:

- ◆ readme.txt　　　　　　包含对本工程的简单说明。
- ◆ Sources/　　　　　　　源程序文件夹,系统生成的 main 函数和自己编写的代码都可以放在这里。一般有以下2个文件:
  - − Start.c　　　　　　C 或 C++语言编写的启动代码,其主要功能是设置程序运行的初始环境;
  - − main.c　　　　　　C 语言主函数,生成工程时仅是一个框架,可以根据需要添加代码。
- ◆ Prm/　　　　　　　　文件夹,一般有以下3个文件:
  - − burner.bbl　　　　包含如何产生用于调试的 S−记录的细节;
  - − *.prm　　　　　　包含代码/数据段连接的信息;
  - − *.map　　　　　　连接程序产生的映像文件。
- ◆ Libs/　　　　　　　　库文件夹,包含库文件、头文件及编译后的库文件等。
- ◆ Debugger Project File/　调试工程文件夹,包含用于调试的 *.ini 文件等。
- ◆ Debugger Cmd Files/　调试命令文件夹,包含使用不同调试工具的文件夹。

此外,还可能有一些其他的文件夹,在需要时,还可以向工程中添加文件。一个典型的文件窗口如图 7-4 所示。窗口上方的下拉列表框用于选择使用的调试工具,其数量的多少和种类取决于创建工程时的选择。可以使用专业的硬件仿真工具,如 P&E USB 仿真器;也可以使用串行口调试工具 BDM;或者完全使用软件仿真,在这种情况下应选择下拉列表框中的 Simulator。

窗口中 Code 和 Data 列下面的数字表示该文件被编译后代码或占用数据存储器的长度,在没有编译以前全部为 0。符号 n/a 则表示该文件虽然出现在这里,但并不会产生代码和占用存储器。

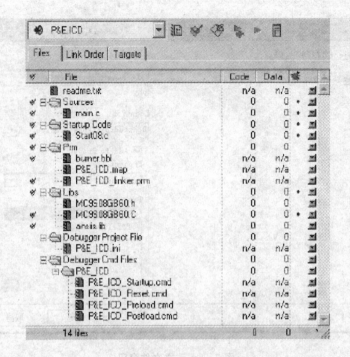

图 7 - 4　CodeWarrior 工程窗口

下拉列表框右侧的几个小图标分别用于快速进入调试工具设置、make、数据同步更新和启动调试，以方便操作。

7.3.2　用户程序的编辑、编译和链接

建立好工程后，就可以开始编辑应用程序。与一般的 IDE 开发环境相同，此开发环境允许建立新的文件，并将其加入到工程中，也可以编辑已经存在的文件。建立一个新文件时，首先在工程窗口中选定所使用的文件夹，然后选择菜单 File→New，这时会弹出一个新建窗口，选择 File 选项卡后，会弹出如图 7-5 所示对话框。在输入文件名、选定工程名（一般情况下就是本工程）、选中加入工程和目标后，单击"确定"按钮即可生成一个新的文件，并加入到工程中。

注意：在输入文件名时需要包括扩展名。

在工程中，所需要的文件编辑完成后就可以开始编译、链接。这可以通过选择菜单 Project→make 来实现，也可以直接单击工程窗口的小图标。编译、链接过程结束后，会出现一个信息窗口，列出了编译、链接过程中出现的警告和错误。

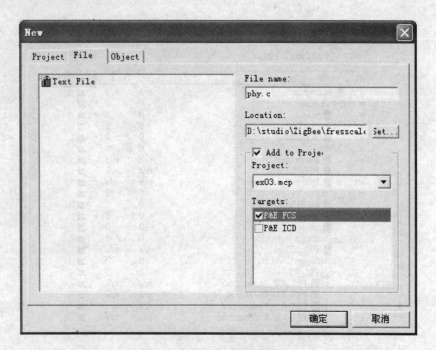

图7-5 建立文件窗口

7.3.3 调试

　　编辑完工程中所需的文件,通过编译、链接后就可以开始仿真、调试了。在开始调试前,应先将硬件仿真器与PC机连接,然后将仿真器与目标系统连接,打开目标系统电源,就可以开始调试了。调试工作可以通过选择菜单Project→debug来实现,也可以直接单击工程窗口的小图标 实现。如果在此之前工程还没有编译和链接,则在进入调试以前,IDE环境会首先进行编译和链接,然后将生成的代码下载到MCU的Flash中,最后进入调试窗口。

　　图7-6所示为使用硬件仿真工具的情况。主窗口的左边从上向下依次为Source、Procedure、Data1、Data等,分别是正在执行的一段程序的源代码、相应的函数和被观察的两组数据窗口。右边从上向下依次是汇编程序段(是左边窗口源代码的汇编程序)、MCU内部寄存器的当前值、存储器窗口及命令输入窗口。主窗口上方的工具栏中有控制程序运行的各种按钮,如 为运行, 为C语言单步运行, 为越过函数的单步, 为从函数中退出, 为运行到函数中, 为暂停程序运行, 为将目标系统复位等。在程序调试过程中可以设置断点,让程序全速运行到断点处,然后观察程序中的变量、MCU内部寄存器、存储器的内容,还可以通过调试菜单观察MCU内各功能模块的工作状态。通过这些手段,可以让程序在控制下运行,从而发

现程序中存在的错误。

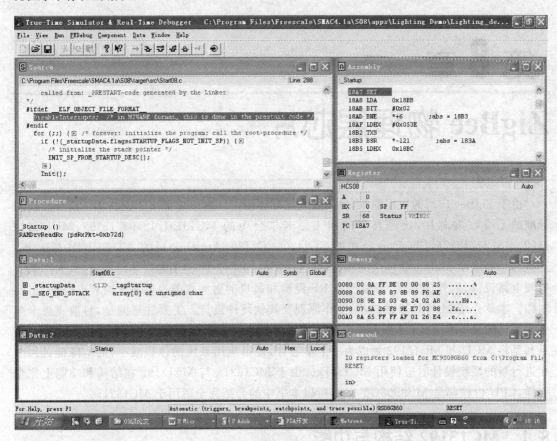

图 7-6 调试窗口

第 8 章
ZigBee 物理层芯片

由于 ZigBee 广阔的应用前景，世界各大半导体生产厂商纷纷推出了支持 IEEE 802.15.4 标准的无线收发芯片，比较典型的如飞思卡尔公司的 MC13191/13192/13193、MC13211/13222/13223/13224，ChipCon 公司的 CC2420、CC2430，Atmel 公司的 AT86RF210/230 等。这些芯片集成了 ZigBee 物理层的功能，并且所需外围元件少，使用起来非常方便，大大降低了射频电路设计、制作的难度，即使没有 RF 经验和昂贵的射频仪器也能完成射频电路的设计、制作。本章介绍 MC13192 的结构、工作原理及其软硬件设计。需要注意的是，目前飞思卡尔公司推广的是 MC1321x 系列 LA(其中 x 可以为 1、2、3 或 4，分别对应不同容量的 Flash)。该系列是将 MCU 和 MC13192 集成为一个单芯片，使得应用系统的体积减小，成本降低，因此，在进行新的系统设计时应使用 MC1321x。由于 MC1321x 与 MC13192 在结构和功能上完全一样，CPU 内核都是 MC9S08GT/GB，所以本书中的介绍完全适用于 MC1321x。

8.1 MC13192 结构与功能

8.1.1 MC13192 功能简介

MC13192 是飞思卡尔公司推出的一种短距离、低功耗，工作于 2.4 GHz 的 ISM(Industry Science Medical)波段，包含了 ZigBee 物理层(IEEE 802.15.4)协议的收发芯片。它支持点对点、星形和网形结构的网络。该系列芯片有 MC13191/13192/13193 及内嵌微控制器的 MC13211/13212/13213/13214 等型号。这里仅以 MC13192 为例进行介绍，在后面的叙述中的"芯片"即代表 MC13192。

MC13192 可以很容易地与任何一种 MCU 接口，它和某一种性能适当的 MCU 结合在一起组成无线节点，即可形成低成本、低功耗、短距离、低数据速率的无线数据链路或网络。飞思卡尔公司提供了基于 MC13192 和 8 位 MCU 的 IEEE 802.15.4 协议软件和相应的 ZigBee 协议栈软件,软件可以配置为从最简单的点对点系统到完整的 ZigBee 系统,以适应不同的需要。

芯片内部包含了低噪声的放大器、1.0 mW 高频输出放大器、VCO(压控振荡器)、片内稳压电源和扩频编/解码。芯片按照 IEEE 802.15.4 物理层规范,在 2 MHz 带宽的信道上实现了 250 kb/s 的速率,采用 O-QPSK 实现调制/解调。

MC13192 使用 2.4 GHz 频段中的 16 个信道,信道之间的间隔为 5 MHz,可以通过编程使 MC13192 工作在某一信道。MC13192 的高频输出功率为 0 dBm,但也可通过程序使其在 $-27 \sim 4$ dBm 之间改变;MC13192 的接收端的低噪声放大器(LNA),使其接收灵敏度在数据误码率为 1‰ 时达到 -92 dBm,这使得使用 MC13192 的通信距离比标准 ZigBee 有了扩展。为减少对 MCU 资源的需要,MC13192 内部还设置有定时器,用于实现通信和协议过程中需要的定时。此外,MC13192 还有 7 个通用 I/O 引脚。

8.1.2 MC13192 特点

- ◆ 供电范围为 2.0~3.4 V。
- ◆ 16 个信道。
- ◆ 标准射频输出功率为 0 dBm,可以通过编程调整,最高为 4 dBm 输出。
- ◆ 提供发送和接收数据包的缓冲,以减少对 MCU 资源的需求。
- ◆ 支持 250 kb/s 的数据传输速率,采用 O-QPSK(与 IEEE 802.15.4 标准兼容)扩频调制。
- ◆ 3 种低功耗模式:
  - <1 μA 关闭电流;
  - 2.3 μA 典型电流;
  - 35 μA 典型电流。
- ◆ 在包误码率为 1.0% 时,接收灵敏为 -92 dBm。
- ◆ 内部有 4 个定时/比较器,以减少 MCU 资源需求。
- ◆ 可为 MCU 提供频率可编程的时钟信号。
- ◆ 为 16 MHz 晶体振荡器提供片内微调能力,以省掉片外微调电容器,同时可实现频率自动调整。
- ◆ 7 根通用输入/输出信号线。
- ◆ 工作温度范围为 $-40 \sim 85$ ℃。
- ◆ QFN-32 小型封装。
- ◆ 无铅制造。

在实际应用中，MC13192 通过 4 线的 SPI 接口和中断信号线与 MCU 连接，SPI 驱动、MAC 软件、网络软件和应用软件驻留在 MCU 内。根据具体情况的不同，MCU 可以是简单的 8 位 MCU，也可以是 32 位的。图 8-1 所示为 MC13192 的基本应用框图。

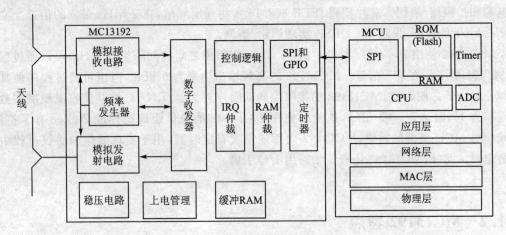

图 8-1 MC13192 基本应用框图

8.1.3 MC13192 封装与引脚功能

MC13192 采用 QFN-32 封装，引脚排列如图 8-2 所示。

下面将分类介绍各引脚功能及信号连接。

1. 高频信号引脚

RFIN−、RFIN+　　　射频信号差分输入的负端和正端。

PAO+、PAO−　　　射频输出功率放大器输出的正端和负端，应连接到 VDDA。

SM　　　　　　　　实验模式控制，正常工作时应接地。

2. MCU 接口引脚

SPICLK　　　SPI 接口时钟输入端，一般连接到 MCU 的 SPI 接口时钟信号。

MOSI　　　　SPI 数据输入端，连接到 MCU 的 SPI 接口数据输出端。

MISO　　　　SPI 数据输出端，连接到 MCU 的 SPI 接口数据输入端。

$\overline{\text{CE}}$　　　　　SPI 使能端。

$\overline{\text{IRQ}}$　　　　中断申请信号，开路输出，也可编程使用内部的 40 kΩ 上拉电阻。用来向 MCU 提出中断申请。

RXTXEN　　　数字量输入，高到低的跳变启动 RX 或 TX 开始工作，正常情况下

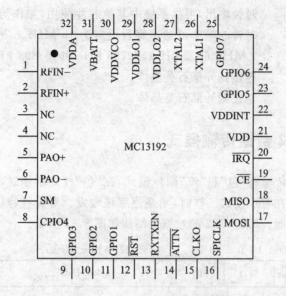

图 8-2 MC13192 引脚及排列

	应为高，低时芯片进入 Idle 模式。该引脚应由 MCU 的一个输出信号控制。
$\overline{ATTN}$	唤醒信号，低电平有效，用来将芯片从低功耗模式中转换到 Idle 模式。该引脚应由 MCU 的一个输出信号控制。

3. 电源引脚

VDD	内部稳压输出，应接有对地去耦电容。
VDDINT	电源输入。
VDDLO1	LO1 电源，应在外部连接到 VDDA。
VDDLO2	LO2 电源，应在外部连接到 VDDA。
VDDVCO	电源输出，应接有对地去耦电容。
VBATT	电源端，可以与 VDDINT 连接在一起，应接有对地去耦电容。
VDDA	模拟部分电源输出，应接有对地去耦电容。
EP	地扩展端，位于芯片底部，应连接到 GND。

4. 其他引脚

GPIO1～GPIO7	可编程的通用输入/输出口，其中 GPIO2 还可用作 CRC 有效指示，GPIO1 还可用作退出 Idle 模式指示。
$\overline{RST}$	复位信号。当其为低电平时，MC13192 处于 Off 模式，片内所有信息全部丢失；当其为高电平时，芯片进入 Idle 模式。

CLKO	时钟输出,可供系统中其他芯片使用,如作为 MCU 的时钟。输出时钟的频率可通过编程设定为 16 MHz、8 MHz、4 MHz、2 MHz、1 MHz、62.5 kHz、32.786 kHz 和 16.393 kHz 等。
XTAL1	连接到外部石英晶体。
XTAL2	连接到外部石英晶体。

8.1.4 MC13192 数据传输模式

MC13192 的数据传输有"包"和"流"两种模式,在"包"模式工作时,传送的数据存放在片内 RAM 缓冲区中;而在"流"模式工作时,则是逐字地收发。对有些特定情况,可以采用"包"模式,以节约 MCU 资源。MC13192 的数据包结构如图 8-3 所示。

4字节	1字节	1字节	125字节(最大长度)	2字节
Preamble	SFD	FL1	Payload Data	FCS

图 8-3 MC13192 包结构

图中,Preamble 为 4 字节的前导码,SFD 为包开始定界符,FLI 为包长度指示符,FCS 是 2 字节的 CRC 校验码,Payload 是有效数据,最大长度为 125 字节。发送时,MCU 首先将要发送的数据和数据的长度分别写入 MC13192 内部的缓冲存储器中,然后 MC13192 将数据加上前导码、定界符、数据长度和 CRC 检验码组成一个包发送出去,并通过中断申请信号线通知 MCU,该数据包已发送完毕。接收时,当 MC13192 接收到一个完整的数据包并经过检验后用中断信号通知 MCU 时,MCU 从 MC13192 的接收缓存中读取数据包。MC13192 内部有 3 个数据缓冲 RAM 区,一个作为接收缓冲区,两个是发送缓冲区。在"流"模式下,MC13192 无论收、发和 MCU 之间的数据交换都是逐字进行的,MCU 的工作较为繁重。在实现 ZigBee 协议时,必须工作在"流"模式下。

8.2 MC13192 寄存器结构

8.2.1 概述

对 MC13192 内部所有的控制、状态信息和数据的收发,都是通过 MC13192 的 SPI 接口访问其内部寄存器进行的。这些寄存器一共有 33 个,它们都是 16 位的。写这些控制/状态寄存器可以设置 MC13192 的工作方式,如工作频率、发射功率等,读控制/状态寄存器可以检查 MC13192 的工作状态。对 MC13192 内部收、发缓冲 RAM 的读/写也是通过对寄存器的访问实现的。寄存器的名称、地址如表 8-1 所列。

表 8-1 MC13192 内部寄存器

名称(符号)	地址	操作	说明	复位值
Reset	0x00	W	对该寄存器执行写操作使芯片复位	—
RX_Pkt_RAM	0x01	R/W	通过该寄存器实现读接收 RAM 区	—
TX_Pkt_RAM	0x02	R/W	通过该寄存器实现写发送 RAM 区	—
TX_Pkt_Ctl	0x03	R/W	发送数据包长度和发送缓冲区选择	0x0000
CCA_Thresh	0x04	R/W	空闲信道评估阈值寄存器和功率测量补偿	0x008D
IRQ_Mask	0x05	R/W	各中断源屏蔽控制	0x8040
Control_A	0x06	R/W	见后面说明	0x0010
Control_B	0x07	R/W	见后面说明	0x7C00
Control_C	0x09	R/W	见后面说明	0Xf363
CLKO_Ctl	0x0A	R/W	输出时钟信号频率控制	0x7E46
GPIO_Dir	0x0B	R/W	GPIO 方向控制	0x007F
GPIO_Data_Out	0x0C	R/W	GPIO 输出数据	0x0080
LO1_int_Div	0x0F	R/W	频率合成器整数分频系数	0x0795
LO1_Num	0x10	R/W	频率合成器小数分频系数	0x5000
PA_Lvi	0x12	R/W	射频输出功率控制	0x00BC
Tmr_Cmp1_A	0x1B	R/W	事件计数比较寄存器 1 高 8 位	0x00FF
Tmr_Cmp1_B	0x1C	R/W	事件计数比较寄存器 1 低 16 位	0xFFFF
Tmr_Cmp2_A	0x1D	R/W	事件计数比较寄存器 2 高 8 位	0x00FF
Tmr_Cmp2_B	0x1E	R/W	事件计数比较寄存器 2 低 16 位	0xFFFF
Tmr_Cmp3_A	0x1F	R/W	事件计数比较寄存器 3 高 8 位	0x00FF
Tmr_Cmp3_B	0x20	R/W	事件计数比较寄存器 3 低 16 位	0xFFFF
Tmr_Cmp4_A	0x21	R/W	事件计数比较寄存器 4 高 8 位	0x00FF
Tmr_Cmp4_B	0x22	R/W	事件计数比较寄存器 4 低 16 位	0xFFFF
TC2_Prime	0x23	R/W	事件触发寄存器	0xFFFF
IRQ_Status	0x24	R	中断状态寄存器	0x0000
RST_Ind	0x25	R	复位状态指示寄存器	0x0000
Current_Time_A	0x26	R	事件计数器当前值高 8 位	0x0000

续表 8-1

名称(符号)	地　址	操作	说　明	复位值
Current_Time_B	0x27	R	事件计数器当前值低 16 位	0x0000
GPIO_Data_In	0x28	R	通用 I/O 口输入寄存器	—
Chip_Id	0x2C	R	芯片版本号	0x5000
RX_Status	0x2D	R	接收状态寄存器	0x0000
Timestamp_A	0x2E	R	时间标签高 8 位	0x0000
Timestamp_B	0x2F	R	时间标签低 16 位	0x0000

8.2.2　MC13192 寄存器详述

1. Reset——复位寄存器

对该寄存器进行写操作将会使芯片复位，其内部的寄存器全部置为缺省值，但 Packet RAM 中的数据仍然保持不变，收发器的供电仍然正常，复位后芯片进入 Idle 模式。写操作完成后，只要芯片的 CE 保持在有效状态，它会一直处在复位状态中，直到 CE 变高，芯片才会退出复位状态。对该寄存器进行读操作没有任何意义。

2. RX_Pkt_RAM——接收数据包 RAM 寄存器

MCU 通过 SPI 接口读该寄存器获取芯片接收的数据。在"包"模式下，当芯片接收到一个完整的数据包后，它会将数据包存放在其内部的接收缓冲 RAM 中，数据包的长度放在寄存器 2D 的 Bit6~Bit0 中，MCU 通过 SPI 接口连续读该寄存器即可得到接收的数据包。

在"流"模式下，MCU 通过 SPI 接口重复读该寄存器，逐字地读取接收的数据。在这种情况下，每当 RX_Pkt_RAM 中有一个有效的数据字（16 位）时，rx_strm_irq 标志就被置位，如果该中断是被打开的，则会产生一个中断请求。MCU 对该寄存器进行读操作后，中断标志会自动复位，因此不需要专门对中断状态寄存器进行操作。

芯片复位后，其数据是不确定的。

3. TX_Pkt_RAM——发送数据包 RAM 寄存器

当 MCU 需要发送数据时，访问该寄存器。在"包"模式下，芯片内部有两个发送缓冲 RAM——TX_Pkt_RAM，但在某一时刻只能访问被选中的一个。需要发送的数据必须先写入缓冲 RAM 中，数据包的长度写入 TX_Pkt_Ctl 寄存器的 Bit6~Bit0 中。

在"流"模式下，被发送的数据是通过重复的写操作逐字地写入该寄存器的，当芯片的发送缓冲 RAM 中可以接收一个新的数据字时，中断标志 tx_strm_irq 会被置位，如果中断是打开的,则会产生一个中断申请。执行了对中断寄存器的写操作后,中断标志会自动复位,因此不需要对中断状态寄存器 IRQ_Status 专门进行复位操作。

上电复位后,该寄存器的值是不确定的。

4. TX_Pkt_Ctl——发送数据包控制寄存器

该寄存器包含有两个域。第一个域位于 Bit15,称为 tx_ram2_select。它用来选择两个发送缓冲 RAM 中哪一个作为当前使用的发送缓冲 RAM,该位为 0,选中缓冲 RAM1;为 1,选中缓冲 RAM2。第二个域长度为 7 位,位于 Bit6~Bit0,其值代表了待发送的数据包中有效数据的长度。

寄存器中其他的位保留,可写入 0。复位后,该寄存器为全 0。

5. CCA_Thresh——信道评估阈值寄存器

该寄存器有两个域。第一个域 cca_vt[7:0]位于 Bit15~Bit8,其中存放的是空闲信道评估阈值,其值按下述公式计算:

$$\text{Threshold value} = \text{hex}(|(\text{Threshold Power in dBm}) * 2|)$$

第二个域 power_comp[7:0]位于 Bit7~Bit0,用来存放附加在 CCA/ED 测量平均能量值上的偏移量。

6. IRQ_Mask——中断屏蔽寄存器

该寄存器控制 MC13192 中大多数中断源的屏蔽,当某中断状态位为"真"而相应的屏蔽控制位置 1 时,MC13192 的 IRQ 引脚会产生中断申请信号。下面是寄存器各位控制的中断源,对应的位置 1 时,允许该中断;而为 0 时,该中断被屏蔽。

Bit15　attn_mask,ATTN 信号有效中断屏蔽。
Bit12　ran_addr,PacketRAM 地址出错中断。
Bit11　arb_busy_mask,PacketRAM 仲裁忙出错中断。
Bit10　strm_data_mask,"流"模式数据出错中断。
Bit9　 pll_lock_mask,锁相环失锁中断。
Bit8　 acoma_en,ACOMA 模式使能控制。
Bit4　 doze_mask,Doze 定时中断屏蔽。
Bit3　 tmr4_mask,事件定时器 4 中断。
Bit2　 tmr3_mask,事件定时器 3 中断。
Bit1　 tmr2_mask,事件定时器 2 中断。
Bit0　 tmr1_mask,事件定时器 1 中断。

7. Control_A——控制寄存器 A

该寄存器是 MC13192 的几个控制寄存器之一,它提供如下控制:

Bit1、Bit0	xcvr_seq[1∶0]字段,用来选择收发器工作模式。
	00:Idle 模式;
	01:CCA/ED 检测;
	10:包方式接收;
	11:包方式发送。
Bit5、Bit4	cca_type[1∶0]字段,用来选择空闲信道评估类型。
	01:空闲信道评估;
	10:能量检测。
Bit7	tmr_trig_en,计数器触发使能控制位。
	0:收发器的操作 RXTXEN 引脚或 SPI 启动;
	1:收发器的操作由 TC2 Prime 启动。
Bit8	rx_rcvd_mask,包接收中断屏蔽位。
	0:rx_rcvd_irq 置位时,不产生中断请求;
	1:rx_rcvd_irq 置位时,产生中断请求。
Bit9	tx_send_mask,发送中断控制位。
	0:tx_send_irq 置位时,不产生中断请求;
	1:tx_send_irq 置位时,产生中断请求。
Bit10	cca_mask,CCA 中断控制位。
	0:cca_irq 置位时,不产生中断请求;
	1:cca_irq 置位时,产生中断请求。
Bit11	rx_strm,接收模式控制位。
	0:采用"包"模式进行数据接收;
	1:采用"流"模式进行数据接收。
Bit12	tx_strm,发送模式控制位。
	0:采用"包"模式进行数据发送;
	1:采用"流"模式进行数据发送。

8. Control_B——控制寄存器 B

控制寄存器 B 提供下列控制功能:

Bit15	事件定时器装载控制位,0 到 1 的变化将使预置值装入事件定时器。
Bit11	MISO。
Bit9	DOZE 模式,时钟输出控制。
	0:在 DOZE 模式不输出时钟;
	1:DOZE 模式继续输出时钟。

Bit7　　　　　　发送结束中断屏蔽控制。
　　　　　　　　0：tx_done_irq 置位时不产生中断；
　　　　　　　　1：tx_done_irq 置位时产生中断。
Bit6　　　　　　接收结束中断屏蔽控制。
　　　　　　　　0：rx_done_irq 置位时不产生中断；
　　　　　　　　1：rx_done_irq 置位时产生中断。
Bit5　　　　　　收发模式控制位。
　　　　　　　　0：选择"包"模式；
　　　　　　　　1：选择"流"模式。
Bit1　　　　　　hibernate 模式控制。
　　　　　　　　0：正常工作模式；
　　　　　　　　1：进入 hibernate 模式。
Bit0　　　　　　doze 模式控制。
　　　　　　　　0：正常工作模式；
　　　　　　　　1：进入 doze 模式。

9．Control_C——控制寄存器 C

该寄存器有 3 个域，其功能分别如下：
Bit7　　　　　　GPIO1、GPIO2 功能控制。
　　　　　　　　1：用作状态指示；
　　　　　　　　0：正常 I/O 操作。
Bit5　　　　　　时钟输出允许。
　　　　　　　　1：MC13192 输出时钟信号（可以作为 MCU 的时钟）；
　　　　　　　　0：不允许输出时钟。
Bit2～Bit0　　　事件定时器预分频值。

10．CLKO_Ctl——时钟控制寄存器

　　MC13192 提供对晶体振荡器工作频率进行调整的能力，还可以输出一个频率可编程的时钟信号。该信号可以用作系统中其他器件，如 MCU 的时钟。本寄存器中包含的两个域用来控制上述功能。

　　第一个域 xtal_trim[7：0]位于该寄存器的 Bit15～Bit8，改变其值即可调整晶体振荡器的负载电容量，以微调振荡频率，每位对应-0.25×10^{-6}。

　　第二个域 clko_rate[2：0]位于该寄存器的 Bit2～Bit0，改变其值可以改变 MC13192 输出的时钟信号频率，如表 8-2 所列。

表 8-2　CLKO 输出频率

Clko_rate	CLKO	Clko_rate	CLKO
000	16 MHz	100	1 MHz
001	8 MHz	101	62.6 kHz
010	4 MHz	110（缺省值）	32.768 kHz=16 MHz/488
011	2 MHz	111	16.394 kHz=16 MHz/976

11. GPIO_Dir——通用端口方向寄存器

MC13192 提供了 7 根通用 I/O 线,这些 I/O 线可以在系统中作为一般的 I/O 接口使用。本寄存器可以分别控制这些 I/O 接口是用作输入还是输出,如果作为输出,则还可以控制其驱动能力。本寄存器的最高两位 Bit15 和 Bit14 用于控制 GPIO4、GPIO3、GPIO2 和 GPIO1 的输出驱动能力。寄存器里分别有 7 根 I/O 线的输入、输出使能控制位,将其相应的输入使能位置 1,则该 I/O 线输入被使能,这根 I/O 线可以作为输入使用;否则不能作为输入使用。同样,将其相应的输出使能位置 1,则该 I/O 线输出被使能,这根 I/O 线可以作为输出使用;否则不能作为输出使用。输入、输出使能的设置采取输入优先的原则,即如果某 I/O 线的输入、输出使能位均被置为 1,则该 I/O 线被设置为输入方式。该寄存器各位的功能如下:

　　Bit15、Bit14　　GPIO4~GPIO1 输出驱动能力控制。
　　Bit13~Bit7　　GPIO 输出使能。
　　Bit6~Bit0　　GPIO 输入使能。

在上述控制位中,如果某位的输出使能、输入使能均被置为 1,则该位 GPIO 工作在输入状态;芯片复位后,GPIO 也为输入状态。

12. GPIO_Data_Out——通用端口数据输出寄存器

本寄存器有 3 项功能:一是其最低 7 位(Bit6~Bit0)作为 7 根 I/O 线的输出寄存器,写入这 7 位的数据会出现在相应的输出 I/O 线上;二是用来设置 MISO、CLKO、IRQ 的输出驱动能力;三是 IRQ 上拉电阻器的使能。该寄存器各位的功能如下:

　　Bit15、Bit14　　GPIO7~GPIO5 输出驱动能力。
　　　　　　　　　00:最弱(缺省);
　　　　　　　　　11:最强。
　　Bit13、Bit12　　MISO 输出驱动能力(同上)。
　　Bit11、Bit10　　CLKO 输出驱动能力(同上)。
　　Bit9、Bit8　　IRQ 输出驱动能力(同上)。
　　Bit7　　IRQ 上拉允许。

Bit6～Bit0　　GPIO7～GPIO1 输出值。

13. LO1_Int_Div、LO1_Num——频率合成器分频系数寄存器

这两个寄存器是 MC13192 内部频率合成器的分频系数寄存器,它们决定了 MC13192 工作的信道(频率),详情如表 8-3 所列。

表 8-3　频率合成器参数设置

信道	频率/MHz	整数值	小数值	信道	频率/MHz	整数值	小数值
1	2405	149	20480	9	2445	151	53248
2	2410	149	40960	10	2450	152	8192
3	2415	149	61440	11	2455	152	28672
4	2420	150	16384	12	2460	152	49152
5	2425	150	36864	13	2465	153	4096
6	2430	150	57344	14	2470	153	24576
7	2435	151	12288	15	2475	153	45056
8	2440	151	32768	16	2480	154	0

14. PA_Lvi——射频功率放大器输出功率调整寄存器

该寄存器各位的功能如下:
Bit7、Bit6　　PA 输出功率粗调整。
Bit5、Bit4　　PA 输出功率细调整。
Bit3、Bit2　　PA 驱动能力粗调整,保留缺省值。
Bit1、Bit0　　PA 驱动能力细调整,保留缺省值。
射频输出功率设置如表 8-4 所列。

表 8-4　射频输出功率设置

粗调	细调	输出功率/dBm	粗调	细调	输出功率/dBm
0	0	−16.6	2	0	−1.0
0	1	−16.0	2	1	−0.5
0	2	−15.3	2	2	0.0
0	3	−14.8	2	3	0.4(缺省值)
1	0	−8.8	3	0	2.1
1	1	−8.1	3	1	2.8
1	2	−7.5	3	2	3.5
1	3	−6.9	3	3	3.6

15. TC2_Prime——事件触发寄存器

MC13192 工作在"流"模式时，本寄存器的值与事件计数器低 16 位相比较，相符时触发序列动作。

16. RST_Ind——复位指示寄存器

RST_Ind 寄存器的地址是 0x25。它只有一位有效位，这就是 Bit7——reset_ind，其余位保留不用。该位在 MC13192 复位后被置为 0，对其执行一次读操作后会变为 1，并保持不变。这一位常用来判断 MC13192 是被 ATTN 信号从 Hibernate 状态唤醒的，还是从复位状态进入 Idle 模式的。

17. Current_Time_A——事件计数器当前时间值高 8 位寄存器和 Current_Time_B——事个计数器当前时间值低 16 位寄存器

地址 0x26 是 24 位事件计数器的高 8 位，而地址 0x27 是 24 位事件计数器的低 16 位。对这两个寄存器执行读操作可以获得 MC13192 内部 24 位计数器当前的计数值。

18. GPIO_Data_In——通用 I/O 接口数据输入寄存器

该寄存器的地址是 0x28。当 MC13192 的某一只或几只 GPIO 接口被配置为输入时，从这个寄存器的 Bit14～Bit8 可以得到接口线的输入值。

19. Chip_ID——芯片版本寄存器

寄存器的地址是 0x2C。其高 9 位是芯片的版本号。

20. RX_Status——接收状态寄存器

本寄存器有两个数据域：高 8 位是执行 CCA 测量得到的结果；低 7 位是接收到的数据包长度。测量结果的计算在稍后介绍。

21. Timestamp_A、Timestamp_B——时间标签寄存器 A、B

这两个寄存器用来记录接收数据的时间。当 MC13192 接收到 FLI 字段并开始接收载荷时，24 位事件计数器的高 8 位就被锁存在 Timestamp_A 寄存器的高 8 位中，而 24 位事件计数器的低 16 位就被锁存在 Timestamp_B 寄存器中。

22. Tmr_Cmp1_A、Tmr_Cmp1_B、Tmr_Cmp2_A、Tmr_Cmp2_B、Tmr_Cmp3_A、Tmr_Cmp3_B、Tmr_Cmp4_A、Tmr_Cmp4_B——事件计数比较寄存器

这几个 16 位比较寄存器与事件定时器对应，其中后缀为 A 的是高 8 位，后缀为 B 的为低 16 位。当事件定时器的值与相应的比较寄存器存储的值相等时，可以产生中断。MAC 层协议中会用到这些功能。

23. IRQ_Status——中断状态寄存器

中断状态寄存器的各位分别对应相应的中断源。置位时,表示有中断发生,如果该中断是开放的,则 IRQ 变低。

注意:有些状态位在不同的工作模式下有不同的功能。对该寄存器执行读操作,将会使其清 0。

该寄存器各位的功能如下:

Bit15　pll_lock_irq,锁相环失锁时被置位。

Bit14　ram_addr_err 或 tx_done_irq,当工作在"包"模式下时,访问 PacketRAM 超出地址范围时被置位;当工作在"流"模式下时,发送完一个数据时被置位。

Bit13　arb_busy_err 或 rx_done_ieq,当工作在"包"模式下时,如果收发器正在进行数据收发,则 MC 访问 PacketRAM 被置位;当工作在"流"模式下时,完成一个数据的接收时被置位。

Bit12　strm_data_err,"流"模式数据收发出错。在接收时,当前一个接收的数据还没有通过 SPI 读取完成,而又接收到新的数据时被置位;在发送时,当前一个数据的发送还没有完成,又有向发送寄存器写入新的数据时被置位。

Bit10　attn_irq,ATTN 信号变低时被置位。这意味着 MC13192 从低功耗态进入到 Idle 状态。

Bit9　doze_irq,当芯片处在 Doze 状态时,如果发生了 tmr_cmp2 匹配事件,则被置位。

Bit8　tmr1_irq,发生了 tmr_cmp1 匹配事件时被置位。

Bit7　rx_rcvd_irq 或 rx_strm_irq,当工作在"包"模式下时,接收到一个完整的数据包,MC13192 进入 Idle 状态时被置位;当工作在"流"模式下时,第一次被置位表示 RX Packet 的长度准备好,可以被读取,以后被置位则表示接收到新的数据。

Bit6　tx_sent_irq 或 tx_strm_irq,当工作在"包"模式下时,被置位表示一个数据包发送完成,MC13192 已进入 Idle 状态;当工作在"流"模式下时,被置位表示 MC13192 已完成一个数据的发送,可以通过 SPI 接口接收下一个数据。

Bit5　cca_irq,空闲信道评估中断标志。

Bit4　tmr3_irq,发生了 tmr_cmp3 匹配事件时被置位。

Bit3　tmr4_irq,发生了 tmr_cmp4 匹配事件时被置位。

Bit2　tmr2_irq,发生了 tmr_cmp2 匹配事件时被置位。

Bit1　cca,空闲信道评估完成时被置位。

Bit0　crc_valid,被置位表示接收的 CRC 码正确。

8.3 MC13192 工作模式

8.3.1 概 述

对于 MC13192,有几种不同的工作模式:Off、Hibernate、Doze、Idle、RX、TX 和 CCA/ED 等。对于不同的工作模式,芯片的工作电流有很大差异,最低仅为 1 μA,可以充分满足低功耗设备的要求。一般情况下,芯片工作在 Idle 模式,这也是芯片的缺省工作模式。在此模式下,芯片可以通过 SPI 接口接收 MCU 的命令、数据,可以从 Idle 模式进入其他几种模式。在这些模式中,Off、Hibernate 和 Doze 等是低功耗模式;RX 和 TX 是进行数据收发工作的模式;CCA/ED 是一种特殊的数据接收模式,用于对信道信号的强度进行评估,以便据此选择使用的信道或调节发射功率,以达到最佳通信效果。表 8-5 按照功耗从低到高列出了这些模式的名称、定义和转换时间。

表 8-5 MC13192 工作模式

名 称	功能描述	转换时间
Off	复位时进入该模式,芯片全部功能关闭,数字输出端为高阻抗,RAM 数据丢失	25 ms 转换到 Idle
Hibernate	晶体振荡器、SPI 停止工作,数据可保持,由 $\overline{ATTN}$ 信号唤醒	20 ms 转换到 Idle
Doze	晶体振荡器工作,适当设置时钟输出可用(频率低于 1 MHz),SPI 不可用,$\overline{ATTN}$ 或定时比较器可使芯片进入 Idle 模式	$(300+1/CLKO)$ μs 转换到 Idle,其中 CLKO 为输出时钟信号
Idle	晶体振荡器工作,时钟输出、SPI 可用	
Receive	晶体振荡器工作,接收电路工作	144 μs 转换到 Idle
Transmit	晶体振荡器工作,发射电路工作	144 μs 转换到 Idle
CCA/ED	晶体振荡器工作,接收电路工作	144 μs 转换到 Idle

在这些模式中,待机模式(Idle)是缺省模式。在待机模式下,可以通过 SPI 口对 MC13192 进行操作,进入其他几种模式。低功耗模式包括 Off(关闭)、Hibernate、Doze 等,其中关闭模式的耗电最低,但此时 MC13192 不能进行任何操作,只能由 RST 的上升信号将其转换到待机模式。几种主动模式分别是 TX(发送)、RX(接收)和 CCA(空闲信道评估)。

8.3.2 低功耗模式

MC13192 有 3 种低功耗模式,在低功耗模式下,芯片内部的电路均处于非活动状态,并且各有特点。

1. Off 模式

Off 模式是 MC13192 耗电最低的模式。只要芯片的 RST 引脚保持为低电平,MC13192 就处于 Off 模式。在该模式下,芯片内部的所有电路全部停止工作,RAM 内容丢失,仅有微弱的漏电流。退出 Off 模式的唯一方法是将 RST 引脚变为高电平,MC13192 将在 25 ms 内转移到 Idle 模式。

2. Hibernate 模式

Hibernate 模式的电流消耗仅比 Off 模式大。进入 Hibernate 模式后,芯片的硬件模块,包括 SPI、定时器等均停止工作,内部稳压电路将输出电压降至 1 V,但 RAM 中的数据不会丢失。在 Idle 模式下芯片通过 SPI 接口将寄存器 Control_B 的 hib_en 位置为 1,使其进入 Hibernate 模式。如果此前已设定 CLKO 输出时钟信号,则在进入 Hibernate 模式前,芯片会在输出 128 个脉冲后再进入 Hibernate 模式。因此,如果使用 CLKO 作为 MCU 的时钟,则 MCU 可以利用这 128 个时钟脉冲继续执行指令,使自己进入待机状态。

退出 Hibernate 模式的方法是将芯片的 ATTN 引脚设置为低电平,MC13192 会在 20 ms 内转移到 Idle 模式。退出 Hibernate 模式后,CLKO 按照在进入 Hibernate 模式前设定的频率输出时钟信号。

在 Hibernate 模式下,如果芯片的 RST 引脚变为低电平,则 MC13192 进入 Off 模式。

3. Doze 模式

Doze 模式的电流消耗比 Hibernate 模式要大,又分为 Normal Doze 模式和 Acoma Doze 模式。

8.3.3 活动模式

MC13192 有 4 种活动模式:Idle、TX、RX 和 CCA/ED。

1. Idle 模式

MC13192 离开低功耗模式后就进入 Idle 模式,Idle 模式是基本的活动模式,从该模式可以进入其他的活动状态。在 Idle 模式下,接收机和发射机都处于关闭状态并等待命令,通过发送命令可以使芯片转换到接收状态、发送状态、CCA/ED 状态或其他的低功耗状态。一旦进入接收状态、发送状态或 CCA/ED 状态,当芯片完成操作后即回到 Idle 状态。

MC13192 有两种数据收发方式:"包"方式和"流"方式。如果需要采用"包"方式进行数据的收发,则通过向寄存器 Control_A 的 xcvr_seq[1:0]写入合适的值,即可使芯片转换到 RX 或 TX 模式。寄存器 Control_A 的 xcvr_seq[1:0]字段控制芯片的工作方式,如表 8-6 所列。

表 8-6 xcvr_seq[1:0]字段控制芯片的工作方式

xcvr seq[1:0]	工作模式
0 0	Idle 模式
0 1	空闲信道评估/能量检测
1 0	"包"方式接收
1 1	"包"方式发送

写入合适的控制字,芯片就从 Idle 模式进入"包"传送方式。这时,控制位 use_strm_mode、tx_strm 和 tx_strm 均应置为 0,同时,RXTXEN 引脚也必须为高电平。如果时间计数器启动,则工作模式的转换与计数器的比较时间是同步的。所需的操作完成后,芯片回到 Idle 状态,但 xcvr_seq[1:0]字段的内容不会自动恢复为 00,在这种情况下,对 xcvr_seq[1:0]执行一次读操作,其值会恢复为上次编程的值。当需要采用"流"方式实现数据传送时,将 use_strm_mode、tx_strm 和 tx_strm 等控制位进行相应的设置即可。

在 Idle 模式下,芯片的振荡器、SPI 接口和输出时钟信号 CLKO 均处于活动状态。

2. 数据包方式数据传送

在采用数据包方式进行数据传送时,使用芯片内部的 RAM。这种方式的优点是占用 MCU 资源较少。在接收数据时,接收机将接收到的数据按顺序存放在 RAM 中,接收到一个完整的帧并经 CRC 校验后,相应的中断标志被置位。如果中断是被使能的,则可以向 MCU 发出中断请求。MCU 响应中断通过 SPI 接口从 MC13192 的内部缓冲 RAM 中读取数据包。在发送数据时,MCU 先通过 SPI 接口将需要发送的数据写入到 MC13192 内部的发送缓冲 RAM 中。然后,MC13192 给数据加上前导码、定界符、数据长度和 CRC 检验码,并组成一个包发送出去。

3. 数据流方式数据传送

数据流方式不使用芯片内部的 RAM,数据的传送是通过 SPI 接口逐字进行的。这种方式的优点是不需要先将数据加载到 MC13192 的内部 RAM 中,可以立即开始数据的发送而没有时间延迟;缺点是 MCU 的开销较大。一旦开始了数据的发送,最好不要中途放弃或中止。如果必须中止,则最好将芯片重新复位。

4. 空闲信道评估

空闲信道评估(CCA——Clear Channel Assessment)是一种特殊的接收方式,用来测量在所指定的信道上接收到的能量。有两种评估算法:一种是测量信道中的能量值并与事先设定的阈值进行比较,若测量值大于设定的阈值,则认为该信道处于"忙"状态,否则信道"空闲";二是能量检测(ED),其过程与空闲信道评估类似,但测量信道的能量值后无须与事先设定的阈值进行比较。不论哪种方式,测量、计算得到的平均功率值都存放在寄存器 RX_Status (0x2D)的 cca_final[7:0]中。同时,在正常的接收过程中,还利用这项功能获得信道的信号质量——LQI。测量得到的 LQI 也存放在 cca_final[7:0]中。在正常的情况下,测量得到的 LQI 值为 $-18 \sim -95$ dBm。

上述过程中测量得到的信道能量值还需要加上一个偏移量,并除以 2 才能得到以 dBm 表示的信道能量值。偏移量保存在寄存器 CCA_Thresh 的 power_comp[7:0]中。最终的数值除以 4,加上负号即为 dBm 值。例如 cca_final[7:0]中的值是 0xA4,表示信道中的能量为 -82 dBm。在 CCA 过程中,AGC 增益设为固定值,由于饱和的影响,得不到正确的测量值,但这对于 CCA 来说没有影响。

在执行空闲信道评估时,将最后得到的测量结果与预先设置的阈值进行比较,如果测量值小于或等于设定的阈值,则表示该信道"忙"——即没有其他设备在该信道工作。CCA 过程执行结束后,中断标志 cca_irq 就会被置位,如果该中断使能,则 MCU 将进行相关的处理。

8.4 MC13192 与 MCU 的接口

MC13192 的控制和数据传送是通过其 4 线的 SPI 接口实现的,且 MC13192 必须作为从器件工作,其 CE 信号应该由主器件(一般是 MCU)驱动。MC13192 的 SPI 接口是全静态结构,除 SPICLK 时钟信号外,不需要其他的时钟信号就能对其内部的寄存器进行访问,在 MC13192 处于低功耗状态时仍然能对 SPI 接口进行操作。MC13192 的 SPI 接口与标准的 SPI 接口有两点不同:

(1) 标准 SPI 接口的一次数据传输可以是一字节,但 MC13192 的一次 SPI 操作必须是多字节。其最简单的形式是单次的 SPI 读或者写操作事务,它由 1 字节的"头"和 2 字节的数据组成。在循环方式下,"头"的后面可以连续传送偶数个字节,实现对 MC13192 内部多个寄存器的访问。之所以字节的个数必须是偶数个是因为其内部的寄存器都是 16 位的原因。

(2) 标准 SPI 可以实现数据的收发同时进行,而 MC13192 数据的收发只能分别进行。

在以下的叙述中,在用到读和写时,均是对 SPI 主器件而言的。

8.4.1 单次 SPI 操作

当 SPI 接口的 CE 信号线被拉低时,就开始了一次 SPI 操作。在时钟信号 SPICLK 的作用下,第一字节通过 MOSI 信号线写入 MC13192,这个字节称为"首部",它的 8 位二进制数中的 6 位用来指定访问的寄存器的地址,1 位用来指定操作的类型是读或者写,所以可以访问的寄存器地址范围是64(虽然其内部寄存器的实际数量没有这么多,但由于有些地址是保留不用的,所以地址范围是64)。MC13192的这种SPI操作方式能够实现对其内部寄存器、RAM的快速访问,以减少MCU的开销。

如果是SPI写操作,则在向MC13192写入"首部"后,需要继续提供16个SPICLK时钟脉冲,并通过MOSI信号线向这一特定地址的寄存器写入2字节的数据;如果是SPI读操作,则在写入"首部"后,在继续提供SPICLK时钟脉冲的同时,从SISO信号线获得MC13192内部寄存器的值。也就是说,一次SPI操作至少需要24个时钟脉冲。这时如果将CE信号线变高,则本次SPI操作完成。

单次SPI操作时序图如图8-4所示。

SPI的"头"和数据定义如图8-5所示。

注意:数据传送都是以低位在前的方式进行的。

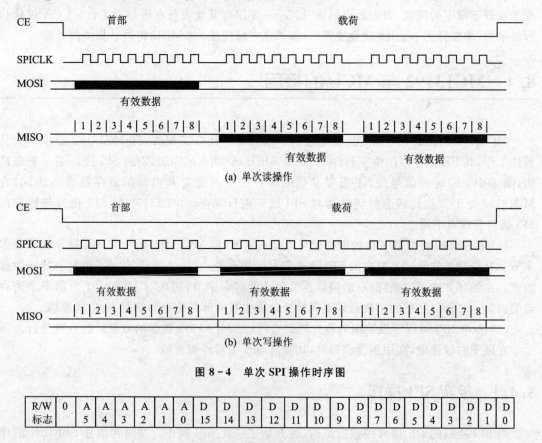

图8-4 单次SPI操作时序图

图8-5 SPI首部和数据定义

8.4.2 循环 SPI 操作

MC13192 可以把若干字节 SPI 操作组合起来，成为循环 SPI 操作。在前述的单次 SPI 操作中，第一个 16 位数据传送完后，如果保持 CE 为低电平，SPI 主器件继续提供 SPICLK 信号，则可以实现下一个 16 位数据的传送。如此循环下去，就可以实现若干个 16 位数据的传送。传送完成后，SPI 主器件将 CE 信号拉高，结束本次 SPI 操作。

1. 寄存器 SPI 循环操作

在对 MC13192 内部寄存器进行访问时，SPI"头"中的地址会传送到内部的一个寄存器地址指针中，此后的读、写操作对该指针所指向的寄存器进行，并且每传送一个 16 位的数据，该地址指针的值会自动加 1。当指针的值为 63 时，再加 1 会变成 3 而不是 0。之所以这样作，是因为向地址 0 写操作的结果是使 MC13192 复位；而地址 1 和 2 分别是访问 MC13192 接收和发送 Packet RAM。

2. Packet RAM 访问

MC13192 内部有一个用作接收的 128 字节的 Packet RAM 区，两个用作发送的 128 字节的 Packet RAM 区，这些 RAM 区都是按 64 字（即 16 位）的格式安排的。MC13192 的寄存器 01 被映射到接收 Packet RAM，而寄存器 02 被映射到发送 Packet RAM。换句话说，当对寄存器 01 进行读、写操作时，实际上是在对接收 Packet RAM 进行操作；对寄存器 02 进行读、写操作时，实际上是在对发送 Packet RAM 进行操作。SPI 操作的每一个 16 位数据对应 Packet RAM 中的一个单元。在访问 Packet RAM 时，MC13192 不是使用寄存器地址指针，而是使用 Packet RAM 地址指针。开始对 Packet RAM 进行操作时，该地址指针会置为 0，然后每传送一个 16 位的数据指针自动加 1。因此，使用循环 SPI 方式仅向 MC13192 传送一个"头"，就可以连续地读出或写入 Packet RAM 的 64 字。当指针的值超过 63 后，会产生一个错误标志并可以引发中断。

当 MC13192 工作在"包"模式下时，如果接收到一个完整的数据包，就会将中断标志 rx_rcvd_irg 和 crc_valid 置为 1，接收到的数据的字节数放在寄存器 rx_pkt_latch 的低 7 位（包括 CRC 字节）中。MCU 通过对 MC13192 的寄存器 01 执行循环读操作，即可将接收 Packet RAM 中的数据依次读出。在一般情况下，不需要将 2 字节的 CRC 校验码读出，所以在计算读出数据的字节数时需要 rx_pkt_latch 寄存器中的值减 2。在执行循环 SPI 读操作时，将 CE 信号线变低后，首先在 SPICLK 的作用下，通过 MOSI 信号线将 1 字节 1000 0001 传送到 MC13192，然后 SPI 主器件每提供 16 个 SPICLK 脉冲，就从 MISO 信号线读出 16 位的数据。完成后，SPI 主器件将 CE 信号线变高，结束本次 SPI 操作。

注意：在一次 SPI 读操作中，读出的第一个 16 位数据应丢弃。这是因为每次对 Packet

RAM 的读操作中,第一个 16 位的读操作在 MC13192 内部实际上并不执行。

在"包"模式下,通过 MC13192 发送数据需要先将数据传送到其内部的发送 Packet RAM 中。这可以通过对寄存器 02 的循环写操作实现。首先需要将写入的数据的字节数传送到寄存器 tx_pkt_length 的低 7 位中,允许的最大字节数为 127(包括 CRC 码)。注意,写入 tx_pkt_length 中的字节数包括 CRC 码,但实际通过 SPI 传送到 MC13192 的数据不包括 CRC 码,因为 CRC 码是由 MC13192 自己生成的。然后,SPI 主器件将 CE 信号线变低,并提供 8 个 SPICLK 脉冲,将 SPI 操作的"头"——0000 0010 通过 MOSI 传送给 MC13192;此后,主器件每提供 16 个 SPICLK 即可通过 MOSI 将 16 位的数据传送到 MC13192 内部的发送 Packet RAM 中。完成操作后,将 CE 变为高电平。由于 MC13192 内部有 2 个发送 Packet RAM——Packet RAM1 和 Packet RAM2,所以每次 SPI 操作是将数据传送到哪一个 Packet RAM 中,可以通过对寄存器 TX_Pkt_Ctl 的 Bit15 来选择。详情请参看 MC13192 的 SPI 寄存器介绍。

8.5　MC13192 应用设计

如前所述,MC13192 可以通过 SPI 接口与任何一种 MCU 实现数据通信,这里主要介绍与 MC9S08GB/GT 的接口。由于 MC9S08GB/GT 与 MC13192 均出自飞思卡尔公司,所以接口非常简单,只要直接将 MC13192 与 MC9S08GB/GT 的 SPI 接口连接即可。当然,其他型号的 MCU 也可以实现与 MC13192 的接口,甚至还可以用模拟 SPI 接口。但是,采用 MC9S08GB/GT 可以使用飞思卡尔开发平台中提供的基于 IEEE 802.15.4 物理层、MAC 层的驱动函数,大大降低了开发难度;采用 MC9S08GB/GT 时,可以直接使用其 SPI 接口和中断接口与 MC13192 连接;另外,用 MC9S08GB/GT 的 GPIO 驱动 MC13192 的 RXTXEN、ATTN 等控制引脚。MC13192 与 MC9S08GB/GT 连接的逻辑图如图 8-6 所示。

在无线通信系统中,天线的作用非常重要。MC13192 工作在 2.4 GHz,天线尺寸较小,可以直接制作在印刷电路板上,可以使用简单的平衡式单极天线,也可以使用 F 型天线或其他形式的天线。需要指出的是,天线的设计具有一定的挑战性,对敷铜板的材质、厚度等都有一定要求,其性能受多种因素的影响,必须经过精心设计和试验。开始时可以参考飞思卡尔的 DEMO 板,在它的基础上进行一些修改。为方便起见,一般可将 MC13192 及天线等相关部分单独制作在一块印刷电路板上,并通过插件和 MCU 板连接。在应用中,一般采用折叠式对称单极天线或者 F 形天线,它们均可以直接制作在 PCB 板上,成本低,效果好,是常用的结构。

由于 MC13192 采用扩频调制、CRC 校验,与 MCU 之间通过 SPI 接口实现数据传输等方式,所以其通信效果好,使用简便。在一些简单的应用场合,可以仅利用它的无线收发功能,实现简单的 MAC 协议也完全可以满足应用的需要。这里介绍利用 MC13192 和 MC9S08GB/GT

8 ZigBee物理层芯片 279

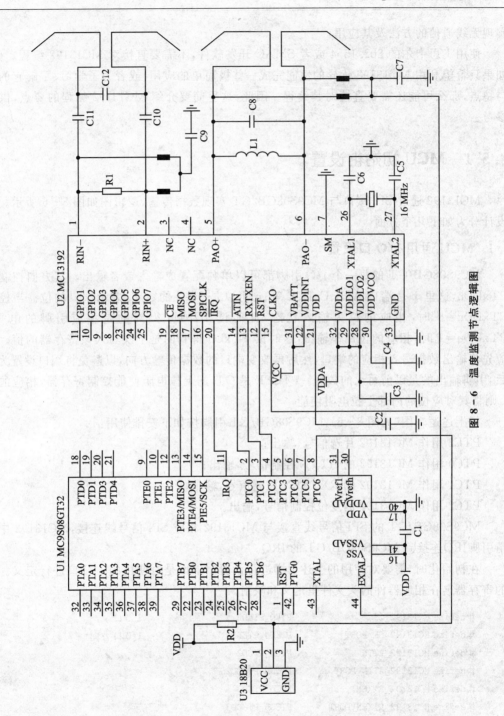

图 8-6 温度监测节点逻辑图

实现无线通信的方法及其应用。

使用飞思卡尔的 802.15.4 或者 SMAC 开发软件,不需要直接对 MC13192 编程。但是,如果只希望利用 MC13192 优异的性能完成一些极简单的应用;或者为了学习、了解它的结构与特点,那么可能还需要直接对其编程。因此,这里简要介绍 MC13192 编程的要点,供大家参考。

8.5.1 MCU 初始化设置

MC13192 通过 SPI 接口与 MC9S08GB/GT 实现数据传输,逻辑图如图 8-6 所示。程序设计分为如下几个方面。

1. MCU 通用 I/O 口设置

MC9S08GB/GT 的每一个 I/O 引脚都可以单独配置成输入或者输出。其方向控制位是 PTxDDn,这里 x 是端口 A、B、C、D、E 等;n 可以是 0~7 的数字,表示端口的位。当控制位 PTxDDn=0 时,相应的位为输入状态,此时读 PTxDn 得到的是相应引脚的电平;当 PTxDDn=1 时,相应的位用作输出,这时读 PTxDn 得到的是上次写入该寄存器的值。一般应先将输出数据写入相应的端口,然后再改变端口的数据传输方向,以避免将端口设置为输出后,引脚输出的是以前写入的数据。PTCPE 是 C 口的上拉电阻使能控制寄存器,相应的位置 1 则将其对应位的内部上拉电阻使能。

按上述逻辑图(见图 8-6),MC9S08GB/GT 引脚按如下安排使用:
PTE2 用作 MC13192 片选信号,输出;
PTC0 用作 MC13192 的 ATTN 控制信号,输出;
PTC1 用作 MC13192 的 RXTXEN 控制信号,输出;
PTC2 用作 MC13192 的复位控制信号,输出。

MC9S08GB/GT 的 SPI 信号线直接与 MC13192 相应 SPI 信号线连接,MC13192 中断申请引脚 $\overline{IRQ}$ 连接到 MC9S08GB/GT 的 IRQ。

在初始化时,需要对使用的上述引脚进行设置。下面是对使用的 I/O 口进行定义。其中的寄存器名在相应器件的头文件里定义和映射。

```
#define MC13192_CE           PTED_PTED2      /* I/O 口 */
#define MC13192_CE_PORT      PTEDD_PTEDD2    /* I/O 口方向 */
#define MC13192_ATTN         PTCD_PTCD2
#define MC13192_ATTN_PORT    PTCDD_PTCDD2
#define MC13192_RTXEN        PTCD_PTCD3
#define MC13192_RTXEN_PORT   PTCDD_PTCDD3
#define MC13192_RESET        PTCD_PTCD4
```

```
#define MC13192_RESET_PORT          PTCDD_PTCDD4
#define MC13192_RESET_PULLUP        PTCPE_PTCPE4
#define MC13192_IRQ_SOURCE          IRQSC           /*中断控制寄存器*/
#define MC13192_IRQ_IE_BIT          IRQSC_IRQIE     /*中断屏蔽控制位*/
```

以下是用到的数据结构:

```
#define  TxMaxDataLength
#define  RxMaxDataLength

typedef struct {                                    /*发送数据缓冲区*/
    UINT8 u8DataLength;
    UINT8 pu8Data[TxMaxDataLength];
    UINT8 u8Status;
} tRxPacket;

typedef struct {                                    /*接收数据缓冲区*/
    UINT8 u8DataLength;
    UINT8 pu8Data[RxMaxDataLength];
} tTxPacket;
```

下面是驱动 MC13192 的 I/O 口初始化程序:

```
void GPIOInit()
{
    MC13192_RESET_PULLUP  = 0;                      /*内部上拉电阻使能*/
    MC13192_CE            = 1;
    MC13192_ATTN          = 1;
    MC13192_RTXEN         = 0;
    MC13192_RESET         = 0;                      /*初始化时不进行 MC13192 的复位*/
    MC13192_CE_PORT       = 1;                      /*置为输出方式*/
    MC13192_ATTN_PORT     = 1;
    MC13192_RTXEN_PORT    = 1;
    MC13192_RESET_PORT    = 1;
}
```

2. 中断功能设置

一般说来,MC9S08GB/GT 通过中断方式与 MC13192 实现数据传输。在这种情况下,MC13192 的中断申请引脚 $\overline{IRQ}$ 连接到 MC9S08GB/GT 的外中断申请引脚 IRQ。MC9S08GB/GT 的外中断的控制、状态信息集中在一个寄存器中,即 IRQSC。该寄存器安排在 0 页的地址 0x14 上。它有 4 个读写位:1 个只读位和 1 个只写位,剩余 2 位保留不用,具体定义如图 8-7 所示。

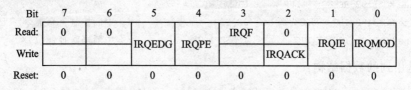

图 8-7 IRQSC 寄存器结构

IRQMOD   IRQ 触发方式选择。
　　　　　　1：边沿/电平触发(上升沿/高电平或下降沿/低电平触发)；
　　　　　　0：边沿触发(下降沿或上升沿触发)。

IRQEDG   IRQ 触发极性选择。
　　　　　　1：上升沿或上升沿/高电平触发；
　　　　　　0：下降沿或下降沿/低电平触发。

IRQPE   IRQ 功能使能。
　　　　　　1：IRQ 引脚功能使能(引脚内部上拉或下拉电阻使能)；
　　　　　　0：IRQ 引脚禁止。

IRQF   IRQ 中断标志。
　　　　　　1：检测到中断信号发生；
　　　　　　0：没有检测到中断发生。

IRQACK   IRQ 应答。
　　　　　　当 IRQ 工作在边沿触发方式时，向该位写入 1 将清零 IRQF 位，写入 0 无意义，读操作总为 0；
　　　　　　当 IRQ 工作在边沿/电平触发方式且 IRQ 引脚电平有效时，则不能将 IRQF 清零。

IRQIE   IRQ 中断使能。
　　　　　　1：IRQF 为 1 时，产生中断申请；
　　　　　　0：IRQF 为 1 时，不产生中断申请。

外中断的中断向量为 $FFFA/$FFFB。

中断的初始化包括设定中断的触发方式、中断引脚的使能、打开中断等操作。MC13192 应用应设定为下降沿触发，同时在初始化时最好对 IRQACK 位写入一次 1，以清除此前可能产生的中断标志，故应向 IRQSC 写入 0x16。为方便起见，可定义一个宏，代码如下：

```
#define IRQInit()        IRQSC = 0x16
```

3. SPI 接口设置

MC9S08GB/GT 单片机的 SPI 接口与 5 个寄存器有关。它们分别是：SPI1C1(SPI 控制寄存器 1)、SPI1C2(SPI 控制寄存器 2)、SPI1BR(SPI 波特率寄存器)、SPI1S(SPI 状态寄存器)和 SPI1D(SPI 数据寄存器)。

1) 寄存器 SPI1C1

寄存器 SPI1C1 的位定义如下：

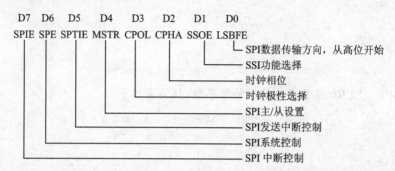

这里按如下方式设定 SPI 的工作方式：数据传送从字节的最高位开始，LSBFE=0；SSI 用作通用 I/O 口，SSOE=0；第一个时钟信号跳变沿在数据位中间，CPHA=0；空闲时时钟线为低电平，CPOL=0；MCU 设置为主设备，MSTR=1；SPI 发送中断关闭，SPTIE=0；SPI 功能打开，SPE=1；SPI 中断关闭，SPIE=0。因此，SPI1C1=0x50。

注意：虽然系统工作时 SPI 用中断方式，但在设定 SPI 工作方式时不打开其中断，而等到正式启动其工作时再专门用指令打开。

2) 寄存器 SPI1C2

寄存器 SPI1C2 的位定义如下：

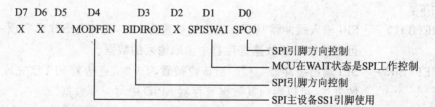

其中标记为 X 的位读操作时恒为 0，写操作无意义。这里设 SPI 的输入/输出引脚分开，MCU 在 WAIT 模式时 SPI 时钟工作，因此 SPI1C2=0x00。

3) 寄存器 SPI1BR

寄存器 SPI1BR 用来控制 SPI 的数据传送速率。其各位定义如下：

D7	D6	D5	D4	D3	D2	D1	D0
X	SPPR2	SPPR1	SPPR0	X	SPR2	SPR1	SPR0

其中 SPPR2、SPPR1、SPPR0 为预分频系数，分频的输入是总线时钟(BUSCLK)，其输出作为 SPI 波特率分频的输入，关系如下：

SPPR2	SPPR1	SPPR0	预分频系数
0	0	0	1
0	0	1	2
0	1	0	3
0	1	1	4
1	0	0	5
1	0	1	6
1	1	0	7
1	1	1	8

SPR2、SPR1、SPR0 是 SPI 波特率分频系数,其关系如下:

SPR2	SPR1	SPR0	分频系数
0	0	0	2
0	0	1	4
0	1	0	8
0	1	1	16
1	0	0	32
1	0	1	64
1	1	0	128
1	1	1	256

因此这里设 SPI1BR=0x00。

4) 寄存器 SPI1S

SPI1S 是 SPI 状态寄存器,它只有 3 个只读位,供程序运行中检查 SPI 的工作状态。其各位定义如下:

SPRF(Bit7)　　SPI 输入缓冲器"满"。当该位被置为 1 时,意味着 SPI 已完成一次输入,可以从 SPI 的数据寄存器中读取输入的数据。

SPTEF(Bit5)　　SPI 输出缓冲器"空"。当该位被置为 1 时,意味着 SPI 已完成一次数据的发送,可以再向其数据寄存器 SPID 中写一个数据。

MODF(Bit4)　　SPI 工作方式错。当该位被置为 1 时,表示出现了多个 SPI 主设备。

5) 寄存器 SPI1D

SPI1D 是 8 位的 SPI 数据寄存器。当对它进行读操作时,得到的是 SPI 接收缓冲寄存器中的值;当对它进行写操作时,数据进入 SPI 发送缓冲寄存器。如果 SPI 设置为主设备,则立即启动一次 SPI 的输出传送。

注意:读/写操作前都需要检查相应的标志,以确定接收缓冲器是否接收了新的数据,或发送缓冲器已空;否则就会出现溢出。

以下是实现 SPI 初始化程序。

```
void SPIInit(void)
```

```
    {
        SPI1C1 = 0x50;
        SPI1C2 = 0x00;
        SPI1BR = 0x00;
    }
```

4. MCU 初始化程序

综上所述，MC9S08GB/GT 单片机与 MC13192 接口的初始化包括 I/O 端口、SPI 和中断等，实现程序如下：

```
void MCUInit(void)
{
    SOPT = 0x73;              /* 关看门狗 */
    GPIOInit();
    SPIInit();
    IRQInit();                /* 打开 IRQ 引脚本 */
    ...
}
```

8.5.2 MC13192 初始化设置

对 MC13192 的所有操作都是通过它的 SPI 接口完成的。因此，首先要有设计 SPI 接口的工作程序，然后实现 MC13192 的初始化。

1. SPI 接口程序

需要的 SPI 接口程序有 MC13192 内部寄存器的读、写程序，内部 Packet RAM 的读、写程序等。要记住：一是 MC13192 的 SPI 操作的第一字节是"首部"；二是一次读、写的长度是 16 位。

实现寄存器读操作程序段如下。其中，传递的参数是寄存器的地址，函数返回读取的寄存器的 16 位值。

```
UINT16 SpiRegRead(UINT8 u8Addr)
{
    UINT8 u8Temp;                   //定义 2 个临时变量
    UINT  u16Data;
    u8Temp = SPI1S;                 //清除标志
    u8Temp = SPI1D;
    MC_13192_CE = 0;                //使能 MC13192 的 SPI 接口
```

```c
    SPI1D = ((UINT8(((u8Addr & 0x3f) | 0x80));         //发送 SPI"头"
    while (! (SPI1S_SPRF));                             //等待发送完成
    u8Temp = SPI1D;
    SPI1D = u8Addr;                                     //启动读操作
    while (! (SPI1S_SPRF));
    ((UINT8 *) & u16Data)[0] = SPI1D;                   //读 16 位数据的高 8 位
    SPI1D = u8Addr;                                     //启动读操作
    while (! (SPI1S_SPRF));
    ((UINT8 *) & u16Data)[1] = SPI1D;                   //读 16 位数据的低 8 位
    MC_13192CE = 1;
    return u16Data;                                     //返回 16 位数据
}
```

实现寄存器写操作程序段如下。其中,传递的第一个参数是寄存器的地址,第二个参数是写入寄存器的数据。

```c
void SpiRegWrite(UINT8 u8Addr, UINT16 u16Content)
{
    UINT8 u8Temp;                                       //定义 2 个临时变量
    u8Temp = SPI1S;                                     //清除标志
    u8Temp = SPI1D;                                     //使能 MC13192 的 SPI 接口
    MC_13192_CE = 0;
    SPI1D = (UINT8(u8Addr & 0x3f));                     //发送 SPI"头"
    while (! (SPI1S_SPRF));                             //等待发送完成
    u8Temp = SPI1D;
    SPI1D = ((UINT8)(u16Content >> 8));                 //写 16 位数据的高 8 位
    while (! (SPI1S_SPRF));
    u8Temp = SPI1D;
    SPI1D = (UINT8)(u16Content & 0x00FF);               //读 16 位数据的低 8 位
    while (! (SPI1S_SPRF));
    u8Temp = SPI1D;
    MC_13192CE = 1;
}
```

2. MC13192 的初始化程序

以下为 MC13192 的初始化程序,具体内容及要求请参看 MC13192 介绍部分。初始化工作完成后,就可以对 MC13192 进行各种操作了。

```c
void MC13192Init(void)
{
```

```c
    SpiRegWrite(0x11,0x80FF);        /* 清除由于LO1引起的失锁 */
    SpiRegWrite(0x1B,0x8000);        /* 关闭4个计数器的工作 */
    SpiRegWrite(0x1D,0x8000);
    SpiRegWrite(0x1F,0x8000);
    SpiRegWrite(0x21,0x8000);
    SpiRegWrite(0x07,0x0E00);        /* Doze 状态下 CLKO 使能 */
    SpiRegWrite(0x0C,0x0300);        /* IRQ 上拉电阻禁止 */
    SPIDrvRead(0x25);                /* 设置复位指示标志 */
    SpiRegWrite(0x04,0xA08D);        /* 设置 CCA 阈值 */
    SpiRegWrite(0x08,0xFFF7);        /* 置为优选值 */
    SpiRegWrite(0x05,0x8351);        /* 打开 Acoma、TC1、Doze、ATTN masks、LO1、CRC 等中断 */
    SpiRegWrite(0x06,0x4720);        /* CCA/ED、TX、RX 模式 */
    SPIDrvRead(0x24);                /* 状态寄存器清零 */
    gu8RTxMode = IDLE_MODE;          /* 反映 MC13192 状态的全局变量 */
}
```

第 9 章
飞思卡尔 802.15.4 软件介绍

为了方便用户开发 ZigBee 产品,飞思卡尔公司提供了一套完整的飞思卡尔 802.15.4 解决方案,包括 MC1319x 收发器、软件包和 HCS08 系列微控制器。软件包括 SMAC、ZigBee 的 MAC 层和物理层软件。本章介绍飞思卡尔 802.15.4 软件包(以下简称软件包)的结构、功能及使用。

9.1 飞思卡尔 802.15.4 软件概述

9.1.1 软件接口概述

飞思卡尔 802.15.4 软件包括物理层和 MAC 层功能。

软件中提供了对 IEEE 802.15.4 协议中 FFD 和 RFD 的支持。此外,为更好地满足现场应用的需要,还增加了几种类型的设备。这些不同类型的设备功能上有所不同,所需要的存储器资源也不同。该软件支持的设备类型、特点及对资源的需求如表 9-1 所列。在应用系统中,可以根据具体的应用需求确定采用的设备类型,以达到简化结构、降低成本的目的。

表 9-1 飞思卡尔 802.15.4 软件设备类型

设备类型	功能描述	代码长度/KB	库文件名
FFD	实现 IEEE 802.15.4 全功能设备的全部功能	37	802.15.4_MAC_FFD_Vx.Yz.Lib
FFDNGTS	不支持 GTS 的全功能设备	33	802.15.4_MAC_FFDNGTS_Vx.Yz.Lib
FFDNB	不支持信标的全功能设备	28	802.15.4_MAC_FFDNB_Vx.Yz.Lib
FFDNBNS	不支持信标和安全功能的全功能设备	21	802.15.4_MAC_FFDNBNS_Vx.Yz.Lib

续表 9-1

设备类型	功能描述	代码长度/KB	库文件名
RFD	实现 IEEE 802.15.4 精简功能设备的全部功能	29	802.15.4_MAC_RFD_Vx.Yz.Lib
RFDNB	不支持信标的精简功能设备	25	802.15.4_MAC_RFDNB_Vx.Yz.Lib
RFNBNS	不支持信标和安全功能的精简功能设备	18	802.15.4_MAC_RFDNBNS_Vx.Yz.Lib

MAC 层的软件以库文件的形式提供,如表 9-1 中分别列出的各种功能设备对应的库文件名。文件名中的 Vx.Yz 是版本号。在开发软件时,应根据需要在工程中使用相应的库文件。PHY 层软件也提供了不同的库文件,这些文件主要是针对飞思卡尔公司提供的不同的目标板。不同的目标板的区别在于使用的 MCU、MCU 引脚与 MC13192 的连接关系等。如果开发的应用系统的硬件配置与这些目标板相同,则可以直接使用这些库文件。如果万一需要改变 MCU 引脚和 MC13192 的连接方式,则飞思卡尔公司提供了 PHY 层的源代码。只要在源代码中进行相应的修改,再重新生成库文件即可。

为了访问 MAC 层 API,工程必须包含下列文件。

1. 头文件

DigiType.h　　　飞思卡尔公司提供的专门数据类型的定义。

MsgSystem.h　　提供系统中使用的信息缓冲区管理功能中需要的数据结构、常量、宏和函数原型等。

NwkMacInterface.h　为 MLME 和 MCPS 定义结构和常量,如地址模式、逻辑信道、安全设置、设备功能、扫描模式、TX 选项、GTS 特性屏蔽、信标和超帧序号范围、PIB 属性值服务原语等。还包括函数 Mlme_Main()、MM_Alloc()、MM_Freeloc()、Init_802_15_4() 及 SAP 接口函数的声明。

AppAspInterface.h　ASP 接口是飞思卡尔公司特有的、用于提供一些 IEEE 802.15.4 协议以外的附加功能。本文件提供 ASP 接口用到的常量和数据结构。

PublicConst.h　　定义 IEEE 802.15.4 协议中用到的各种常量。

2. 源文件

GlobalVars.c　　提供 MAC 层所需要用到的变量及存储器的分配。

此外,根据需要,工程中还可以包含其他一些头文件。

使用 MAC 层提供的服务建立的应用系统结构如图 9-1 所示,应用程序通过底层提供的服务构成基于 ZigBee 的应用系统。这里应该注意的重点是,MAC 层与其上层的接口。这里所说的上层,可以是具体的应用程序,也可以是 ZigBee 的网络层等。为简便起见,这里将其称为应用程序。MAC 层和应用程序之间通过 3 个接口实现各种信息的交换,应用程序以服务原语的形式向 MAC 层发送命令,也通过接口接收响应、确认、指示等信息。这 3 个接口分别是 MLME - SAP、MCPS - SAP 和 ASP - SAP。其中 MLME - SAP 是 MAC 层管理单元接口;MCPS - SAP 是数据单元接口,应用程序通过该接口发送或接收数据。ASP - SAP 接口是飞思卡尔公司特有的,可为应用程序提供一些特定的操作。

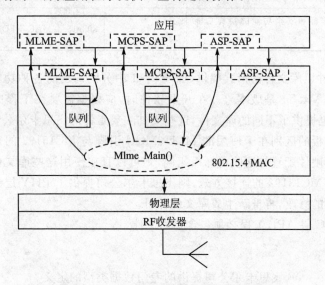

图 9 - 1 飞思卡尔 802.15.4 软件结构简图

由图 9 - 1 可见,在 MAC 层内部有 2 个信息队列,分别用来存放 MCPS 和 MLME 的信息。MAC 层中有一个主函数 Mlme_Main(),在应用程序中需要周期性地调用这个函数。MAC 层软件内部时间性要求较强的部分全部在中断服务程序中执行,该中断称为 MC1319x ISR,这是因为它是由 MC13192 的一些内部事件触发的。MAC 层与应用程序之间的 3 个接口共有 6 个服务访问点(SAP),分别以 6 个 C 语言函数的形式出现。其中的 3 个函数在 MAC 层软件内部实现,其名称及功能如下:

NWK_MLME_SapHandler()　　用来接收上层发送的 MLME 请求服务原语。

NWK_MCPS_SapHandler()　　用来接收上层发送的与数据相关的请求服务原语。

NWK_ASP_SapHandler()　　接收应用程序的请求。

在应用程序中不能直接调用这 3 个函数,而是要通过一个函数 SG_Send() 进行。详情稍后介绍。下面的 3 个函数需要在应用程序中实现,它们可能被 MAC 层所调用,因此即使在应用程序中不使用它们,也需要各写一个"空"的函数。

MLME_NWK_SapHandler()　　用来接收 MLME 发送的与命令相关的确认或指示原语。

MCPS_NWK_SapHandler()　　用来接收 MCPS 发送的与数据相关的确认或指示原语。

ASP_NWK_SapHandler()   接收来自 ASP 的指示原语。

9.1.2 API 函数

飞思卡尔 802.15.4 软件为应用软件提供了几个 API 函数，用来进行 MAC 的初始化、MAC 运行、分配或收回信息缓冲区、发送信息、信息的入队列、出队列等操作。

1. Init_802_15_4( )

该函数初始化 802.15.4 内部的变量，复位内部状态等。调用该函数后，就可以使用 MAC 提供的服务。

2. Mlme_Main( )

该函数是 MAC 的"主程序"，应用程序中必须周期性地调用它。如果该函数执行后的返回值是 True，则意味着 MAC 的队列中有需要处理的信息。该函数的功能如下：

◆ 将应用程序的数据或命令封装成 MAC 层的帧，或者将 MAC 层帧解封。
◆ 将远方设备的数据请求与队列中等待间接传输的包进行匹配，并将匹配的包发送到 MAC 层的中断驱动部分，完成实际的传输。
◆ 处理接收到的 GTS 域、待处理地址域及信标帧的载荷。
◆ 自动产生数据请求包，以获取远方设备中的待处理数据(仅在使用信标和 PIB 属性 *macAutoRequest* 置为 True 时)。
◆ 如果加密功能使能，则对 MAC 的层进行加密或解密。

尽管该函数执行时的时间性要求不是太强，但应用程序仍然要定时调用它。其执行时的一些特殊要求如下：

◆ 在应用程序希望接收的每一个数据包的周期内必须调用一次。如果 MAC 处在接收机打开的状态，则不管是连续的或周期性的，在应用程序执行该函数的时间里，可能会在任何时间接收到数据包，潜在的最坏情况可能会增大。如果函数执行的周期过长，引起接收缓冲区填满，则接收机会关闭(即使它应当打开)，MAC 层也不会崩溃。
◆ 在应用程序发送到 MAC 层的 SAP 的每一条原语期间，该函数必须执行一次。
◆ 除上述要求外，在接收到两个信标之间，函数必须执行一次，以保证基本的信标操作。如果这些要求得不到满足，则信标帧得不到及时处理，会引起不可预测的结果。一般应在每一个超帧周期里保证函数执行一次。

3. status = Send(SAP, * pMsg)

该函数的功能是向 MAC 层的 SAP 发送信息，这相当于调用 SAP 接口函数。其中参数 SAP 可以是 NWK_MLME、NWK_MCP 或 SAPP_ASP 等，使用不同的参数将把这些信息发送到不同的 SAP;参数 * pMsg 是指向信息缓冲区的一个指针。

4. * pMsg = MSG_AllocType(type)

该函数的功能是请求分配一块信息缓冲区,参数 type 指明了分配的信息缓冲区种类,可以是 mlmeMessage_t、mcpsMessage_t 或者 aspMessage_t 等。关于这几种类型请参看后面介绍。

5. MSG_Free(* pMsg)

该函数用于释放分配的信息缓冲区。应记住,分配的信息缓冲区在使用后应及时释放;否则会引起缓冲区耗尽。

6. MSG_InitQueue(* pAnchor)

该函数用于初始化信息对列。

7. status = MSG_Pending(* pAnchor)

该函数用于检查队列中是否有待处理的信息。该函数被调用后,如果返回的结果是 TRUE,则表示队列中有需要处理的信息。

8. MSG_Queue(* pAnchor)

该函数用来将信息加入到队列中。

9. * pMsg = MSG_DeQueue(* pAnchor)

该函数用来取出信息队列中的信息。

9.2　飞思卡尔 802.15.4 软件功能

9.2.1　信息缓冲区及其管理

MAC 层和应用程序工作时都需要信息缓冲区。飞思卡尔 IEEE 802.15.4 软件提供了一些函数和宏、数据类型等来实现缓冲区的创建、分配、释放等操作。缓冲区的大小与设备的类型有关,例如协调器需要大、小两个不同的缓冲区,它们分别为 5×22 字节和 5×134 字节,在 FunctionalityDefines.h 中定义。还可以使用 gTotalSmallMsgs_d 和 gBigMsgsExtraOverhead_d 这两个常数的定义来配置缓冲区的大小。在开发应用系统时,可以增大缓冲区的容量,但建议不要减小缓冲区的大小。如果在应用程序里需要使用缓冲区,则应保证 MAC 所需的缓冲区的容量;否则可能会影响 MAC 层软件的工作。因此最好是建立应用程序自己专用的缓冲区。

不同的设备需要的信息缓冲区的数量、每个缓冲区的大小是不相同的。例如,一个 FFD 需要 5 个较小的缓冲区,每个缓冲区的大小为 22 字节;需要 5 个较大的缓冲区,每个缓冲区的大小为 134 字节。再加上每个缓冲区还需要两个指针,大小为 4 字节。FFD 协议软件所需要的 RAM 空间为 $5\times(22+4)+5\times(134+4)=820$ 字节。应用程序中 RAM 空间的大小需要另外考虑,计算方法相同。

MAC 层用到的信息缓冲区在函数 Init_802_15_4() 中完成。如果应用程序中需要自己的信息缓冲区,则需要由应用程序使用 MM_Init() 函数用来创建新的信息缓冲区。

MM_Init() 函数原型:

```
void MM_Init(uint8 * pHeap,const poolInfo_t * pPoolInfo,pools_t * pPools);
```

其参数如下:
- pHeap   指向一个连续存储块的指针。
- pPoolInfo 指针数组,指向存储在 ROM 中的结构数组,这个数组中保存的是被分配的存储器池的结构信息。其每个元素的结构如下:

```
typedef struct poolInfo_tag {
    uint8_t poolSize;
    uint8_t blockSize;
    uint8_t nextBlockSize;
} poolInfo_t;
```

- pPools   指针数组,存放分配的存储池的句柄。

应用程序在创建自己的信息缓冲区之前,先要根据应用程序的需求确定缓冲区的数量和每个缓冲区的容量,然后按照要求定义其结构,最后调用函数 MM_Init()。

9.2.2 数据类型和结构

如前所述,应用程序与 MAC 层之间通过 3 个 SAP 实现接口,具体要求的服务、信息由相应的服务原语和数据结构规定,因此有必要了解服务原语和数据的具体结构。飞思卡尔 802.15.4 软件在头文件 NwkMacInterface.h 中对此进行了定义,包括服务原语、数据结构、常量和变量的取值等。由于其内容很多,相互之间的关系也比较复杂,对这些结构的正确理解是程序设计的基础,因此这里就其要点作一介绍。

接口使用的数据类型如下:

mlmeMessage_t   应用程序传送给 MLME 接口——MLME SAP handler 的数据结构。

mcpsMessage_t   应用程序传送给 MCPS 接口——MCPS SAP handler 的数据

aspMessage_t	应用程序传送给 ASP 接口——ASP SAP handler 的数据结构。
nwkMessage_t	MLME 传送给应用程序 ASP 接口——MLME SAP handler 的数据结构。
mcpsToNwkMessage_t	MCPS 传送给应用程序 ASP 接口——MCPS SAP handler 的数据结构。
aspToAppMsg_t	ASP 传送给应用程序 ASP 接口——ASP SAP handler 的数据结构。
anchor_t	MAC 信息的一个通用容器,用于存放进入或退出队列的信息,使用前必须进行初始化。

文件 NwkMacInterface.h 中对上述这些数据类型进行了详细的定义。例如 mlmeMessage_t 的定义如下:

```
typedef struct mlmeMessage_tag {
    primNwkToMlme_t msgType;                    //请求服务的类型
    union {
        mlmeAssociateReq_t     associateReq;    //连接请求服务
        mlmeAssociateRes_t     associateRes;    //连接响应
        mlmeDisassociateReq_t  disassociateReq; //解除连接请求服务
        mlmeGetReq_t           getReq;          //PIB 属性读取请求
        mlmeGtsReq_t           gtsReq;          //GTS 请求服务
        mlmeOrphanRes_t        orphanRes;       //孤点请求
        mlmeResetReq_t         resetReq;        //MAC 层复位请求
        mlmeRxEnableReq_t      rxEnableReq;     //接收机使能请求
        mlmeScanReq_t          scanReq;         //扫描请求
        mlmeSetReq_t           setReq;          //PIB 属性设置
        mlmeStartReq_t         startReq;        //协调器配置、启动请求
        mlmeSyncReq_t          syncReq;         //与协调器同步请求
        mlmePollReq_t          pollReq;         //轮询数据服务请求
    } msgData;
} mlmeMessage_t;
```

这个结构有两个元素。第一个元素的类型是 primNwkToMlme_t,它实际上是一个 8 位的无符号数,用来表示请求服务的种类。第二个元素 msgData 是枚举型的变量,枚举表中的每一个名字代表一个服务原语,它本身又定义为各种结构。例如,其中的 mlmeScanReq_t 定义如下:

```
typedef struct mlmeScanReq_tag {
    uint8_t  scanType;
```

```
    uint8_t   scanChannels[4];
    uint8_t   scanDuration;
} mlmeScanReq_t;
```

将它与 3.2.1 小节中 MAC 层的信道扫描服务请求原语对照可以看出,其结构完全相同。其中 scanType 是扫描的类型;4 字节数组 scanChannels[4] 是进行扫描的信道;而 scanDuration 是每个信道扫描持续进行的时间。再如 mlmeStartReq_t,它实现的是 mlmeStartReq 服务原语,其定义如下:

```
typedef struct mlmeStartReq_tag {
    uint8_t   panId[2];              //PAN 标识符
    uint8_t   logicalChannel;        //使用的信道
    uint8_t   beaconOrder;           //信标序号
    uint8_t   superFrameOrder;       //超帧序号
    bool_t    panCoordinator;        //是否协调器标志
    bool_t    batteryLifeExt;        //电池寿命扩展
    bool_t    coordRealignment;      //是否协调器重置
    bool_t    securityEnable;        //安全使能
} mlmeStartReq_t;
```

可见,其中的元素与升级超帧配置服务原语的组成完全相同。

再如数据类型 nwkToMcpsMessage_t 的定义如下:

```
typedef struct nwkToMcpsMessage_tag {
    primNwkToMcps_t msgType;         //请求服务的类型
    union {
    mcpsDataReq_t dataReq;           //数据传送请求服务
    mcpsPurgeReq_t purgeReq;         //清除列表中数据服务
    } msgData;
} nwkToMcpsMessage_t;
```

与上述相同,结构中的第一个元素是请求服务的类型;第二个元素是枚举型的,每个名字与服务类型相对应,其结构分别如下:

```
typedef struct mcpsDataReq_tag {
    uint8_t   dstAddr[8];            /* 数据传送的目的地址,根据不同模式,使用数组的前 0/2/8
                                        字节 */
    uint8_t   dstPanId[2];           /* 目的网络的 16 位地址 */
    uint8_t   dstAddrMode;           /* 目的地址模式 */
    uint8_t   srcAddr[8];            /* 数据传送的源地址,根据不同模式,使用数组的前 0/2/8 字
                                        节 */
    uint8_t   srcPanId[2];           /* 源网络的 16 位地址 */
```

```
    uint8_t srcAddrMode;          /* 源地址模式 */
    uint8_t msduLength;           /* 被传送的数据长度 */
    uint8_t msduHandle;           /* 被传送的数据的句柄 */
    uint8_t txOptions;            /* 传送选项 */
    uint8_t msdu[1];              /* 被传送的数据的第一字节,详情后面介绍 */
} mcpsDataReq_t;
```

这里仅列出了定义的部分数据类型,详细的情况可参看文件 NwkMacInterface.h,并将结构中的每一个枚举型变量的结构与 MAC 层的请求服务原语进行比较、学习。文件中的其他内容在相关的地方再行介绍。程序中通过服务原语向 MAC 层提交服务之前,需要先根据每个原语包含的成分填写相应的数据,然后再通过函数 Msg_Send()向 MAC 层提交服务原语。

9.2.3 服务接口实现

在应用程序与 MAC 层之间的 3 个服务访问点传输的信息有应用层发送的服务请求原语、MAC 层返回的确认原语和 MAC 层主动发送的指示原语。应用程序向 MAC 层提交的服务原语是通过 API 函数 MSG_Send()实现的,而 MAC 层返回的确认原语和发送的指示原语需要通过函数 MLME_NWK_SapHandler()和 MCPS_NWK_SapHandler()实现。这两个函数在应用程序中实现,函数的功能只是简单地将信息进入队列即可。MLME_SAP 接口函数的实现如下:

```
uint_8 MLME_NWK_SapHandler(mMlmeInputQueue, * pMsg)
{
    MSG_Queue (&mMlmeInputQueue,pMsg);
    Return gSuccess_c;
}
```

MCPS_SAP 接口函数与 MLME SAP 相似,其实现如下:

```
uint_8 MCPS_NWK_SapHandler(mMcpsInputQueue, * pMsg)
{
    MSG_Queue (&mMcpsInputQueue,pMsg);
    Return gSuccess_c;
}
```

这些接口函数由 MAC 层调用。那么应用程序中怎样知道 MAC 层是否有确认原语或者指示原语呢?为此,应用程序中需要周期性地调用 MAC 层主函数 Mlme_Main(),如果该函数返回 TRUE,则表示队列中有需要处理的信息。调用函数 MSG_Pending()也可以检查队列中是否有待处理的信息。如果队列中存在待处理的信息,则应用程序可以调用函数 MSG_De-

Queue()从队列中取出信息进行分析。

应用软件在调用函数 MSG_Send()前,先需要申请合适的信息缓冲区,用于存放原语中传递的信息。成功地获得信息缓冲区后,再按照原语的要求填写服务原语中的各项信息。除属性设置、复位等服务外,其他的服务原语都应等待接收确认原语。在后面的相关部分会给出一些常见的服务原语的实现。

9.3 ZigBee 协调软件实现要点

在简单的星形拓扑网络中有一个协调器。协调器必须是 FFD,并且一般来说有稳定的供电电源,不需要考虑低功耗问题。在网络中,应最先启动协调器。一个全功能设备在网络中是否作为协调器工作,可以上电后由它自己确定。在这种情况下,它将搜索临近区域中是否存在 ZigBee 协调器,如果存在一个协调器,它就作为终端设备工作;否则自己就作为协调器开始工作。也可以在设计时确定作为协调器的设备。

协调器开始工作前,首先要进行能量扫描,检查其周围有无其他的 ZigBee 网络存在;然后根据能量扫描的结果选择一个合适的信道,选择 PAN 标识符、网络短地址、超帧序号、信标序号等参数;最后启动协调器,允许终端设备连接。随着终端设备的连接,PAN 就建立起来了。这时就可以进行数据的传输了。

下面叙述实现上述过程的程序设计。

1. 能量扫描

应用程序通过向 MAC 层发送扫描请求原语(MLME – SCAN. request)开始进行扫描,扫描有能量扫描、主动扫描、被动扫描和孤点扫描等。当 MAC 层接收到扫描请求原语后,会立即停止其他的工作,开始进行扫描。

能量扫描的目的是检测 FFD 工作区域内所指定的信道上有无其他的无线设备在工作,扫描的结果给出各信道检测出的能量值。能量值的大小以 0.5 dBm 为步长进行,数值 0 对应 −80 dBm(即理论上可检测出的最小值),而 0xA0 则对应 0 dBm。能量扫描开始后,对所指定的信道逐一进行指定时间长度的检测,直到检测到能量或时间到为止。能量扫描的目的主要是为 ZigBee 协调器选择信道提供支持,故 RFD 无须支持能量扫描。

下面是实现能量扫描的服务原语程序片段:

```
mlmeMessage_t  * pMsg;                    /* 定义指针变量,类型为 mlmeMessage_t */
mlmeScanReq_t  * pScanReq;
uint_8         status;                    /* 定义变量,用于存放返回的状态值 */
pMsg = MSG_AllocType(mlmeMessage_t);      /* 调用 MSG_AllocType()请求分配信息缓冲区,返回值是
                                             指向被分配的缓冲区的指针 */
```

```
    if (PMSg! = NULL {
    /* 如果成功地分配了信息缓冲区,则填写服务原语中的各项 */
        pMsg-> msgType = gMlmeScanReq_c;                          /* 请求服务的类型 */
        pScanReq-> msgData.scanReq.scanType = gScanModeED_c;      /* 扫描类型为能量检测 */
    /* 以下是需要扫描的信道 */
        pScanReq-> msgData.scanReq.scanChannels[0] = 0x00;
        pScanReq-> msgData.scanReq.scanChannels[1] = 0xF8;
        pScanReq-> msgData.scanReq.scanChannels[2] = 0xFF;
        pScanReq-> msgData.scanReq.scanChannels[3] = 0x07;
        pScanReq-> msgData.scanReq.scanDuration = 5;              /* 每个信道扫描的时间 */
        status = MSG_Send(NWK_MLME, pMsg);                        /* 发送扫描请求原语 */
    }
```

上述程序段中,gScanModeED_c 是文件 NwkMacInterface.h 中定义的一个枚举型的符号常量,其值为 0。需要扫描的信道用 32 位的二进制数字表示,存放在一个数组中,每位对应一个信道。注意,数组中数据的排列是采用低位在前的方式,上述数据用二进制表示就是 0000 0111 1111 1111 1111 1000 0000 0000,即扫描 2.4 GHz 频段中的所有 16 个信道。低位数字代表的是频率较低的两个频段中的信道,如果这些位有被置为 1 的,则 MAC 层软件将忽略这些位的设置。扫描原语中每个信道的扫描时间选择为 5,对应的实际时间值为 506.88 ms。因此,16 个信道全部扫描完成所需的时间约为 8 s。

发送出能量扫描原语后,系统等待 MAC 层执行能量扫描的结果。这可以通过调用函数 MSG_Pending() 来检查在 MLME 信息队列中是否有待处理的信息。等待返回确认原语过程如下:

```
    unit_8 AppWaitMsg(unit_8 msgType)
    {
        If (MSG_Pending (&mMlmeNwkInputQueue) {
            pMsgIn = MSG_DeQueue (&mMlmeNwkInputQueue);
            if (pMsgIn-> msgType == msgType)
                return errorNoError;
            else
                return errorWrongConfirm;
        }
        else
            return errNoMessage;
    }
```

上述函数中,mMlmeNwkInputQueue 是在其他地方定义的一个队列,用于存放 MLME 接口的信息;pMsgIn 是一个指针。该函数只能等待 MLME 接口的信息,可以作一些改进,使它能等待 MLME 和 MCPS 接口信息。当函数返回 errorNoError 时,表示接收到 MLME 的确认原语。MAC 层成功完成能量扫描后返回的信息如下:

```c
typedef struct nwkScanCnf_tag {
    uint8_t    status;
    uint8_t    scanType;
    uint8_t    resultListSize;
    uint8_t    unscannedChannels[4];
    union {
        uint8_t * pEnergyDetectList;           // 指向能量检测结果列表的指针
        panDescriptor_t * pPanDescriptorList;  // PAN 描述符表指针
    } resList;
} nwkScanCnf_t;
```

上述程序中,指针 * pEnergyDetectList 指向的一个列表中存储了各被扫描信道的能量值,范围在 0x00～0xFF 之间。值越大,说明信号越强。这里需要从中寻找一个能量值最小的信道,作为可以使用的信道。但这并不能绝对保证这个信道没有被其他设备使用,因为可能在对该信道进行检测的时间内工作在这个信道的设备没有发射信号。例如,不使用信标的网络,或者对该信道进行能量检测时刚好处于其超帧的非活动期等。在这种情况下,如果选择了使用该信道建立 PAN,则会与其他的 PAN 相冲突。协议中提供了解决问题的基础,实际应用的软件应有解决这些问题的能力。返回信息中的 * pPanDescriptorList 指向一个 PAN 描述符表,它只在主动扫描和被动扫描时存在,而在能量扫描时不存在。

下面的程序用于寻找能量最低的信道:

```c
uint8_t n, minEnergy;                    //用于存放最小能量值的临时变量
uint8_t    * pEdList;                    //临时指针变量,访问确认原语中能量表
uint_8     n;
    ...
pEdList = pMsg-> msgData.scanCnf.resList.pEnergyDetectList;
minEnergy = 0xFF;
logicalChannel = 11;                     //2.4 GHz 频段的信道从 11 开始
for(n = 0; n<16; n++ )                   //寻找能量最低的信道
{
    if(pEdList[n] < minEnergy)
    {
        minEnergy = pEdList[n];
        logicalChannel = n + 11;
    }
}
```

```
    MSG_Free(pEdList);                              //释放缓冲区
```

上述程序中,logicalChannel 是在其他地方定义的一个全局变量,用来存放选中的信道——逻辑信道,在以后启动协调器的时候需要用到它。

2. 选择网络地址和 PAN 标识符

选择 PAN 标识符可以在程序中使用一定的算法完成,也可以在程序设计时直接指定,但一般应在程序中根据具体应用的情况实时选择。如果在能量扫描中寻找到一个没有被其他 PAN 使用的信道,则 PAN 标识符可以任意选择;如果不得不和其他的 PAN 共用信道,则所选择的信道不要与同信道中其他 PAN 的标识符相冲突。网络短地址的选择相对简单一些,由于协调器是网络中最先开始工作的设备,所以它的网络短地址可以任意选择,一般可以在程序设计时设定。但注意不要选择 0xFFFF 作为短地址;也不要选择 0xFFFE,这意味着使用 64 位长地址。使用短地址比使用长地址在传送帧时要少发送 6 字节。

选择好 PAN 标识符和网络短地址后,应使用属性设置原语将它们分别写入到 PIB 中。向 MAC 层发送属性设置原语不需要 MAC 层返回的确认原语,其程序如下:

```
mlmeMessage_t *pMsg;
mlmeStartReq_t *pStartReq;
uint8_t ret;
pMsg = MSG_AllocType(mlmeMessage_t);
if(pMsg != NULL) {
    pMsg -> msgType = gMlmeSetReq_c;
    pMsg -> msgData.setReq.pibAttribute = gMacPibShortAddress_c;
    pMsg -> msgData.setReq.pibAttributeValue = 0x0000;
    ret = MSG_Send(NWK_MLME, pMsg);
}
```

上面设置的网络短地址为 0x0000。PAN 标识符的设置方法与此相同。

3. 启动协调器

选择好使用的信道、PAN 标识符和网络短地址后,就可以启动协调器了。在这之前,还需要选择 PAN 的工作方式及参数,例如是否使用信标。如果使用信标,则信标序号应为 0~14。选择超帧序号和信标序号需要综合考虑系统的功耗和实时性。超帧和信标的长度与序号的关系按下式计算:

$$T = 960 \mu s \times 2^{\text{Order}} (\mu s)$$

式中:在计算超帧长度时,order 为超帧序号的值;在计算信标长度时,order 为信标序号的值。因此,如果选择信标序号为 14,则信标周期为 251.658 24 s,如果选择序号为 0,则信标周期为 15.36 ms。而超帧序号决定了超帧的时间长度,也即在一个信标周期中协调器处于工作的时间。显然，信标周期越长，则超帧活动期越短，系统的耗电也越低，但系统采集数据的实时性也就越差。因此，需要根据系统的具体应用权衡。比如在环境温度监测及三表自动抄表系统中完全可以采取很长的信标周期，而达到最低的功耗。如果选择不使用信标，则应设置信标序号、超帧序号均为0xF。飞思卡尔公司提供了一种工作方式，在不使用信标的情况下，让协调器只要不处在发送状态就处在接收状态。这样，终端设备可以根据自己的需要从睡眠中醒来，主动向协调器发送数据，并询问协调器有无需要发送给自己的数据。当然，在这种情况下，协调器始终处于工作状态，需要有稳定的供电。启动网络协调器程序如下：

```
mlmeMessage_t * pMsg;
uint8_t ret;
  pMsg = MSG_AllocType(mlmeMessage_t);            //分配信息缓冲区
  if(pMsg != NULL) {
  pMsg -> msgType = gMlmeSetReq_c;                //允许连接
  pMsg -> msgData.setReq.pibAttribute = gMacPibAssociationPermit_c;
  pMsg -> msgData.setReq.pibAttributeValue = TRUE;
  ret = MSG_Send(NWK_MLME, pMsg);                 //写入到PIB中

  pMsg -> msgType = gMlmeStartReq_c;
  pStartReq -> logicalChannel = logicalChannel;
  pStartReq -> beaconOrder = 0x0F;                //信标序号
  pStartReq -> superFrameOrder = 0x0F;            //超帧序号
  pStartReq -> panCoordinator = TRUE;             //作为协调器工作
  pStartReq -> batteryLifeExt = FALSE;            //不使用电池寿命扩展
  pStartReq -> coordRealignment = FALSE;          //协调器初始启动
  pStartReq -> securityEnable = FALSE;            //不使用安全模式
  if(MSG_Send(NWK_MLME, pMsg) == gSuccess_c)      //发送服务原语
    return errorNoError;
  else
    return errorInvalidParameter;
}
```

至此，协调器开始工作，并可接受设备的连接请求。上面启动的 PAN 是不使用信标的，也不使用安全功能。如果希望使用信标，则只需要改变信标序号和超帧序号即可。信标序号和超帧序号的设置与具体的应用关系十分密切，要综合考虑功耗、实时性、数据带宽等因素。一般地说，信标序号要大于超帧序号。如果两者相等，则超帧的活动期将延伸到整个信标周期。

4. 接受连接

终端设备通过主动扫描或者被动扫描获得 PAN 的基本信息后，即可向协调器提出连接

请求。这些过程将在终端设备的软件实现时给出。这里先介绍协调器接收到终端设备的连接请求后,接受并将设备加入到 PAN 中的过程。

协调器接收到连接指示原语后,即知道有设备希望加入到网络中来。如果它能够接受设备的连接,则为该设备分配一个 16 位的短地址,向请求连接的设备发送连接响应原语;协调器的 MAC 层管理实体在接收到连接设备发送的确认命令后,即向应用层发送通信状态原语。至此,协调器将请求连接的设备加入到网络中了。为设备分配地址的算法可以由程序设计者自行决定。

下面是程序实现的要点:

```
pMsg -> msgType = gMlmeAssociateRes_c;            //连接响应
    pAssocRes = &pMsg -> msgData.associateRes;

pAssocRes -> assocShortAddress[0] = 0x02;         //分配给设备的短地址
pAssocRes -> assocShortAddress[1] = 0x00;

pAssocRes -> securityEnable = FALSE;              //不使用安全功能
/* 保存连接设备信息 */
memcpy(deviceShortAddress, pAssocRes -> assocShortAddress, 2);
memcpy(deviceLongAddress, pAssocRes -> deviceAddress, 8);

/* 向 MAC 层管理实体发送连接响应 */
Ret = MSG_Send(NWK_MLME, pMsg);                   //发送连接响应
    …                                             //等待 MAC 层发送的通信
    …                                             //状态原语
```

5. 发送、接收数据

在 ZigBee 应用系统中,为降低设备的功耗,采用间接传输的方式,即数据的传输是由终端设备主动进行的。当终端设备希望向协调器发送数据时,它会立即开始提交给 MAC 层,MAC 层使用 CSMA/CA 算法完成数据传输。在协调器需要向终端设备传送数据时,先将数据缓存起来。

在使用信标的系统中,协调器将需要传送数据的信息放在信标帧中,终端设备接收到信标后,如果发现协调器中有需要传送给自己的数据,则它将向协调器发送数据请求命令。协调器接收到数据请求命令后,将数据发送给终端设备,最后将缓存的数据删除。

在不使用信标的系统中,协调器等待终端设备的询问,接收到终端设备的询问后,将数据发送给相应的终端设备。

在使用信标的系统中,协调器和终端设备都可以以低功耗的方式运行;但在不使用信标的系统中,协调器必须要有稳定的供电,这是因为它除了在发送数据以外的其他时间都必须处于接收状态,而不能进入睡眠状态。

在不使用信标的系统中,还有一些问题需要考虑:因为某些原因,终端设备长时间没有向协调器询问,协调器中缓存的数据无法发送给该设备;还有,协调器也无法得知某终端设备是否出现了故障。这些问题可以在上层的应用软件中解决。

在 MAC 层软件的支持下,不管是在不使用信标的系统中,还是在使用信标时的系统中,数据发送的方法都是一样的,但数据请求原语中的发送方式应分别选择间接传送或 GTS 传送。首先构造一个数据帧;然后用数据请求原语将构造的数据帧发送给 MAC 层;最后在接收到确认原语后将缓冲区中的数据帧删除。

```
pPacket -> msgType = gMcpsDataReq_c;              /* 数据请求原语 */
...                                                /* 按要求构造数据帧 */
                                                   /* 选择间接传输 */
pPacket -> msgData.dataReq.txOptions = gTxOptsAck_c | gTxOptsIndirect_c;
MSG_Send(NWK_MCPS, pPacket);                       /* 发送帧 */
pPacket = NULL;
numPendingPackets ++ ;
pPacket -> msgData.dataReq.msduHandle = msduHandle ++ ;
```

上述程序中,pPacket 是一个指针;变量 numPendingPackets 表示 MAC 层中等待被发送的帧的数量。每次使用数据请求原语向 MCPS-SAP 发送一个帧时,其值加 1,接收到数据请求确认原语后,将其值减 1。可以利用它判断 MAC 层中是否还有空闲的缓冲区。msduHandle 是被发送帧的一个标识,在接收到数据请求的确认原语后,可以用它来区分已发送成功的是哪一个帧。其程序如下:

```
if(AppWaitMsg(gMcpsDataCnf_c) == errorNoError){    /* 是确认原语 */
    if(numPendingPackets) numPendingPackets -- ;
    ...                                            /* 其他处理 */
}
```

上述程序中,pMsgIn 是信息缓冲区指针,此前已指向从输入数据队列中取出的信息。

协调器接收数据的方法与此类似,只须检测是否接收到数据指示原语即可。如果接收到数据指示原语,则表示已经接收到数据帧,只须取出其中的数据即可。

```
if(AppWaitMsg(gMcpsDataInd_c) == errorNoError){    /* 是指示原语 */
    ...                                            /* 取得数据进行处理 */
}
```

9.4 ZigBee 终端设备软件实现要点

1. 发现网络

在与协调器建立连接之前,设备通过主动扫描或被动扫描的方法获得 PAN 的信息。主动扫描与被动扫描的不同点在于:主动扫描时设备发送出信标请求命令,然后等待协调器发送的信标;而被动扫描开始后,设备一直等待接收。在不使用信标的 PAN 中,应当采用主动扫描。在扫描过程中,当接收到一个有效的信标或帧时,应将该信标帧保存起来,并再次进入接收状态。按 IEEE 802.15.4 协议,当接收到 5 个不同的信标或者时间到时,即使还有其他信道没有被检测,扫描也结束。扫描结束后,MAC 层通过扫描确认原语 MLME - SCAN.confirm 返回扫描结果。

实现主动扫描或被动扫描的程序与能量扫描非常相似,只不过将扫描的类型改为 gScanModeActive_c 或者 gScanModePassive_c 即可。成功地完成扫描后,返回的确认原语中包含一个 PAN 描述符表,表中的每一个元素是一个 PAN 描述符。描述符表的长度在确认原语的 resultListSize 中,其最大值为 5(因为一次扫描只能记录 5 个 PAN 描述符)。如有必要,可以指定信道再次进行扫描,以获得临近区域中存在的所有 PAN 的信息。设备根据这些信息,从中选择一个 PAN 与之建立连接。选择的算法由系统的设计者决定。下面是 PAN 描述符的结构:

```
typedef struct panDescriptor_tag {
    uint8_t  coordAddress[8];
    uint8_t  coordPanId[2];
    uint8_t  coordAddrMode;
    uint8_t  logicalChannel;
    bool_t   securityUse;
    uint8_t  aclEntry;
    bool_t   securityFailure;
    uint8_t  superFrameSpec[2];
    bool_t   gtsPermit;
    uint8_t  linkQuality;
    uint8_t  timeStamp[3];
} panDescriptor_t;
```

设备需要分析并记录这些信息,以便与协调器连接、通信。首先要检查 coordAddrMode,以确定协调器使用的地址模式,并根据地址模式从 coordAddress[8]中获得协调器的地址;然后,要记录使用的信道;最后,还需要检查 gtsPermit 是否为 TRUE,以确定协调器是否接受设备的连接请求。当然,一般情况下还需要检查 superFrameSpec[2]和 securityUse 等。

确定了协调器可以接受连接后,设备就可以向协调器发出连接请求了。

2. 请求与协调器建立连接

在执行了主动扫描或者被动扫描获得协调器的信息后,并且协调器允许设备连接时,设备就可以向协调器发送连接请求了。连接请求原语中的参数如 logicalChannel、coordAddrMode、coordPanId 和 coordAddress 等直接从接收的协调器信息中复制。而参数 capabilityInfo 须设置为"请求协调器分配地址"。构造好连接请求原语并发送后,设备等待接收确认原语。如果确认原语的状态为 gSuccess_c,则表示设备已成功地与协调器建立了连接,设备只需从确认原语中获得协调器分配给自己的短地址,并将其保存起来即可。此后,设备就可使用这个短地址在网络中进行通信了。其程序如下:

```
pMsg-> msgType = gMlmeAssociateReq_c;
    ...                                             /* 构造连接请求原语 */
pAssocReq-> capabilityInfo = gCapInfoAllocAddr_c;   /* 请求协调器分配短地址 */
MSG_Send(NWK_MLME, pMsg);
```

以下是接收连接确认原语:

```
if (App_WaitMsg(pMsgIn, gNwkAssociateCnf_c) == errorNoError){
    ... /* 处理连接确认原语 */
}
```

上述语句中用到的变量、函数在前面均有介绍,这里不再赘述。当设备与协调器建立连接后,就可以在网络中传输数据了。

3. 数据传输

在 ZigBee 网络中,数据的传输是由设备发起的,设备需要检查协调器中是否有准备发送给自己的数据。在使用信标和不使用信标的网络中,检查的方法是不一样的。在不使用信标的网络中,设备需要周期性地向协调器发送轮询服务原语;在接收到协调器的确认原语后,并且确认原语的状态为 gSuccess_c,则设备即可从数据数据输入队列中取出发送给自己的数据。相应的程序段如下:

```
*pMlmeMsg = MSG_AllocType(mlmeMessage_t);        /* 分配缓冲区 */
    if(pMlmeMsg) {
    pMlmeMsg-> msgType = gMlmePollReq_c;         /* 构造询问原语 */
    ...
    MSG_Send(NWK_MLME, pMlmeMsg);                /* 发送询问原语 */
}
```

发送了轮询原语后,设备就应等待确认原语。其程序如下:

```
if(AppWaitMsg(gNwkPollCnf_c) == errorNoError){          /* 是询问确认原语 */
    if(pMsg-> msgData.pollCnf.status == gSuccess_c) {
    …                                                   /* 从输入队列中取出数据 */
}
```

在使用信标的网络中,设备需要跟踪信标,这可以通过发送同步服务请求原语来实现。MAC 层会跟踪信标,检查信标的未处理地址子域中是否有自己的地址,根据情况向协调器发送数据请求;并在接收到协调器发送的数据帧后,向上层发送数据指示原语。因此,应用程序只需周期地检查有无数据指示原语即可。

不管是使用信标还是不使用信标,设备向协调器发送数据只需作 3 件事:请求分配用于构造服务原语的缓冲区;构造并发送数据请求原语;等待接收确认原语。具体程序的实现方法与上述类似,这里不再赘述。

9.5 ZigBee 应用实例

在介绍了 ZigBee 协议及飞思卡尔 802.15.4 软、硬件开发平台的基础上,本节介绍两个简单的应用实例。

ZigBee 技术的应用可以在不同的层次上进行;可以使用完整的 ZigBee 协议,也可以仅使用 IEEE 802.15.4 协议,以降低开发难度;还可以仅利用 ZigBee 收发器(例如 MC13192)优异的通信性能,实现简单的应用,例如飞思卡尔公司的 SMAC 软件;可以购买带有 ZigBee 协议的无线模块,通过串行接口与自己的数据采集部分连接,实现 ZigBee 网络的建立;也可以购买支持 ZigBee 物理层协议的无线模块,自己开发 ZigBee 协议的高层软件,实现和系统其他部分的整合;还可以从 ZigBee 收发器的硬件设计开始,独立完成全部 ZigBee 协议软、硬件的开发,实现应用系统与 ZigBee 网络的无缝连接。当然不同的方法开发难度不同,最终产品的成本、性能也有所不同,可根据情况决定。

软件开发涉及 ZigBee 协议软件和应用软件两部分。就整个应用系统来说,可以是没有操作系统的前、后台方式,也可以在操作系统的支持下运行。这里实现的功能函数虽然是在前、后台方式下运行的,但也可以在有操作系统的环境中运行。实现 ZigBee 协议的函数通过调用 API 函数来实现。应用软件建立在协议软件之上,与具体的应用关系密切。

需要说明的是,由于 ZigBee 技术刚刚兴起,再加上笔者学识与经验的缺乏,这里介绍的两个应用本身是极其简单的,仅仅使用了 PHY/MAC 层协议,没有网络层和应用层,还算不上真正的 ZigBee 网络,因此,仅能起到一个抛砖引玉的作用。

9.5.1 分布式温度监测系统

在实际应用的很多场合都需要进行温度监测。目前,这些系统大都使用有线的方式,在各点安放温度传感器。但在有些情况下,监测点较多,布线、维护困难,容易导致损坏;或者有时布线困难,这时使用无线的方式进行数据的采集和传输是比较理想的。但是在 ZigBee 技术出现以前,在无线方式下各测量点的供电是较难解决的问题,采用电池供电又存在频繁更换电池的问题。而 ZigBee 技术极低功耗的特点可以最大限度地延长电池使用寿命,使无线采集方式能够满足要求。

降低无线节点功耗的方法就是尽量减少其 MCU、无线收发芯片的活动时间,延长它们睡眠的时间,但这需要处理好主节点和从节点之间的数据传输,权衡系统的响应时间和功耗的关系等。一种可行的方法是:主节点按一定周期、顺序"呼叫"各从节点,各从节点"定时"从睡眠中醒来,收到主节点的呼叫后即作出回答,实现数据的传送。要使从节点有最低的功耗,要求它必须"准时"醒来。最理想的情况是:某节点醒来的时刻即收到主节点对它的呼叫,于是从节点回答数据后立即再次转入睡眠状态。这样,它处于活动的时间最少,因而功耗最低。但是,如果从节点醒来时已错过主节点对它的呼叫,则它必须一直等待到主节点的下一次呼叫,必将大大延长从节点处于活动状态的时间,从而大大增加功耗。从节点从睡眠中醒来时刻的准确性取决于双方时钟的一致程度。另一种方法是:从节点醒来后使用一种简单的 CSMA 协议,然后再主动向主节点发送数据,但这种情况下要处理好多个从节点对信道的竞争。这两种方法的性能都与系统中从节点的数量密切相关。

对于这种相对简单的应用,也可以使用飞思卡尔公司的 SMAC(Simple MAC)协议。

1. 系统结构概述

系统主要由一台温度数据集中器(ZigBee 协调器)和安装在各处的温度监测节点(ZigBee 设备)组成一星形结构网络。ZigBee 网络协调通过发送超帧使各 ZigBee 设备与它同步,并使 ZigBee 设备周期性地进入低功耗状态,以达到节电目的。温度监测节点将实时的温度值通过无线信道传送给 ZigBee 网络协调器,ZigBee 网络协调器再通过串行接口或者以太网与 PC 机连接,以实现各点温度的实时监测。系统结构如图 9-2 所示。

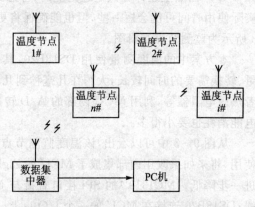

图 9-2 分布式温度监测系统结构框图

2. 温度监测节点

温度监测节点的结构非常简单,它是一台 Zigbee 精简功能设备,主要由温度传感器、MCU 和 ZigBee 收发器组成。温度传感器采用一线器件 DS18B20,其温度测量范围为 $-55 \sim 125$ ℃,它本身输出数字信号,无需外部信号放大电路和 A/D 转换器等,与 MCU 的接口也非常简单;MCU 采用飞思卡尔公司的 MC9S08GT32;ZigBee 收发器采用飞思卡尔公司的 MC13192。由于温度监测节点采用电池供电,需要尽量延长电池的使用寿命,所以,功耗管理是一个难点。利用 ZigBee 的低功耗特性可以较好地解决这一问题。在总线频率为 8 MHz 时,MC9S08GT32 的平均工作电流为 6 mA,MC13192 的最大工作电流为 40 mA,DS18B20 的工作电流为 1.5 mA,完成一次温度测量需要约 100 ms;MC13192 在 Hibernate 状态的电流为 6 μA,MC9S08GT32 在 STOP 状态的最大电流为 10 μA。由于对温度监测的实时性不强,因此可以选用较长的超帧周期,以使各监测节点处于低功耗睡眠状态的时间较长,并尽量减少工作电能的需求。这里取信标序号为 14,对应的信标周期为 251.65824 s,超帧序号取 0,对应的活动时间为 15.36 ms,每台 ZigBee 设备仅使用其中的一个时隙,时间为 15.36 ms/16=0.96 ms,占空比约为 0.000003815。照此核算,在一个信标周期里消耗的电能估算如下:

$E_{温度测量} = (1.5+6) \text{ mA} \times (0.1/3600) \text{ h} = 0.00021 \text{ mAh}$

$E_{工作} = (6+40) \text{ mA} \times (0.96 \times 0.001/3600) \text{ h} = 0.0000123 \text{ mAh}$

$E_{睡眠} = (6+10) \text{ mA} \times (0.001 \times 251.65824/3600) \text{ h} = 0.00112 \text{ mAh}$

一天共有 $24 \times 3600/251.65824 \approx 344$ 个信标周期,共耗电 $(0.0000123+0.00112+0.00021)$ mAh $\times 344 \approx 0.46$ mAH,一只 750 mAh 的电池可使用 $750/0.46 = 1630$ 天 ≈ 4.45 年。当然上述计算只是理论上的,考虑到漏电、信道访问时冲突引起的数据重发等因素,实际使用时间可能会短一些,但也能确保将更换电池的时间控制在可以接受的范围内。图 9-3 所示为监测节点逻辑图。

本方案中的温度测量使用 DS18B20,其优点是电路简单。但它完成一次温度数据的测量、转换需要的时间较长,大约在几毫秒到几十毫秒之间,电能消耗较大。如果改用 AD590 或者热敏电阻器等,利用 MCU 内部的 A/D 转换器实现温度数据采集,则需要的时间要短很多,电能消耗也要小得多。

从图 9-3 中可以看出,该温度监测节点的结构非常简单,MCU 的大部分 I/O 引脚没有使用,将来如果改用内部集成了 MCU 的 ZigBee 芯片 MC1321x,则结构可进一步简化,成本可进一步降低。MC13192 的 SPI 接口直接与 MCU 的 SPI 接口连接,接收和发送使用 PCB 天线;DS18B20 连接在 MCU 的一个 I/O 口上。整个温度监测节点包括电池在内仅火柴盒大小,安放非常方便。

3. 数据集中器

数据集中器承担着采集各温度监测节点的数据及上传的任务。它是一台 ZigBee 全功能设备,作为网络协调器。视需要支持与其连接的温度监测节点的数量不同,需要的资源也有所不同。在温度监测节点不是太多的情况下,可以使用飞思卡尔公司的 MC9S08GB60。此外,它需要一 RS-232 接口,以便与 PC 机连接,实现温度的实时监测、记录。其他结构与温度监测节点相似,也需要 ZigBee 收发芯片 MC13192,但应有稳定的电源供给,无须考虑功耗问题。其具体结构与上述类似,这里不再赘述。

4. 软件设计

由于这里只涉及单一的 ZigBee 网络,只需要一台网络协调器,因此不需要网络层,直接将应用程序建立在 MAC 层上面即可。

数据集中器是 ZigBee 协调器,它需要先开始工作。上电后,它首先初始化协议栈,然后进行能量检测,选择合适的信道,启动协调器;此后即可允许 ZigBee 设备与其连接,接收它们传输的各节点的温度值,并将其传输给 PC 机。温度监测节点上电后首先进行信道扫描,寻找网络协调器,然后与协调器建立连接。连接成功后,它即通过协调器发送的信标与协调器实现同步,开始按周期采集本处的温度值,并将测量值传送给协调器。软件流程图如 9-3 所示。

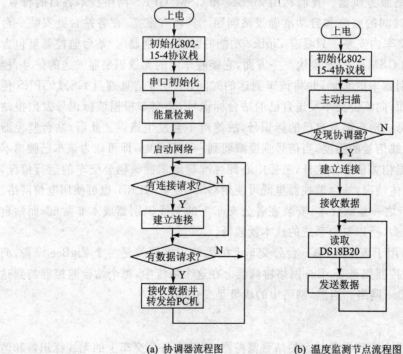

(a) 协调器流程图   (b) 温度监测节点流程图

图 9-3 软件流程图

实验表明，上述软、硬件设计方案是成功的，它可以用在各种需要实现分布式温度监测的场合，也可用来监测湿度或其他物理量。此方案适用于不易铺设通信线路或供电难于解决的场合，如大型粮库温度监测、温室大棚温、湿度监测和田间数据采集等方面。

9.5.2 公交车运行监测系统

公共交通是政府提供的一种公共服务，服务质量直接决定了市民出行的方便，服务质量的一条重要标准是准点到达各站和准确地报站。目前在公交车的始发站和终点站由于有专人值班，准点可以保证，但对于中间的众多站点则无法保证，也难于考核。虽然有使用GPS系统对公交车的运行进行监测的，但由于GPS系统成本较高，难于大面积推广。目前的报站是依靠驾驶员按键操作的，难免出现错误而误导乘客。为此，我们研究、开发了一种基于ZigBee和GSM/GPRS的公交车运行监测、管理系统，能够较好地解决这些问题。

1. 系统结构概述

要解决公交车运行的监测，首先要解决的是能够及时地检测到每一辆公交车到达各站台的准确时间，并将这些信息发送到公司的监控中心，据此对驾驶员进行考核，以此达到提高各中间站点的准点率，提高服务质量。我们利用ZigBee和GSM/GPRS网络技术各自的特点，实现了公交车到、离站时间的监测和自动准确报站问题。具体方案是，在各站台处安装一台"站台监控器"，在各公交车内安装一只具有ZigBee功能的"无线识别器"。站台监控器里包含ZigBee的网络协调器和GSM/GPRS模块。一方面，它接收车内的无线识别器发送的信号，检测该车的"标识号"，识别到来的车辆，并将该车到达的时间、车号等信息通过GSM/GPRS传送到监控中心；另一方面，向该公交车发送自己的站台标识号，公交车根据该标识号发出报站信息。由于每一站台、每一辆车都有自己的标识号，故绝对不会发生错误。此后，站台监控器不断检测该车发送的无线信号的强度，当信号强度减弱到一定程度时，即可认为该车已驶离本站，随即向监控中心发出相关信息。这样，监控中心即可准确地掌握每辆公交车的运行情况，考核其正点率。根据具体情况，站台监控器里既可使用GSM或者GPRS，也可使用电信网络。由于ZigBee本身的特点之一是低成本，安装在各公交车上的无线识别器成本非常低，而站台监控器相对数量要少得多，所以整个系统的成本就较低。

ZigBee网络非常适用于该系统，每一台公交车上的无线识别器就是一个ZigBee设备，而每一个站台上的站台监控器则是ZigBee网络协调器。在这个系统中，每个站台监控器与到达的公交车形成一个ZigBee网络。当然，网络中的成员是变化的。

2. 硬件设计

如前所述，本系统里由安装在各站台的站台监控器、安装在各公交车上的无线标识器和监控中心组成，监控中心可以通过GSM/GPRS或者电信的基础网络接收站台监控器发送的各车到达、离开站台的时间,这部分的结构本文不介绍,而主要介绍站台监控器和无线识别器的软、硬件结构。

站台监控器的结构框图如图9-4所示,它由MCU、GSM/GPRS模块、ZigBee收发器等组成,MCU和ZigBee收发器都采用飞思卡尔公司的产品,MCU采用MC9S08GB60,GSM/GPRS模块采用摩托罗拉公司的G20。虽然ZigBee的协调器由于要支持多个ZigBee设备的连接需要的资源

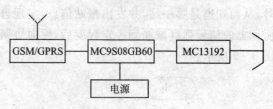

图9-4 站台监控器结构

相对多一些,但这里由于需要同时与协调器建立连接的设备数量不会过多,也无须支持网络层的功能,故用8位的MCU是完全可以的。站台监控器安装在站台上,供电一般不是问题。但在发生停电时的工作需要蓄电池供给。尽管ZigBee有非常低的功耗,但GSM/GPRS模块工作时需要较大的能量,故需要考虑蓄电池的容量。

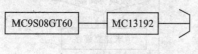

图9-5 无线识别器结构

无线识别器的结构如图9-5所示,它由飞思卡尔公司的MC9S08GT60和MC13192组成一基本的ZigBee设备。飞思卡尔单片机内部的Flash存储器,既可作为程序存储器,也可用来保存数据,因此可以用来在初始化时写入各自唯一的标识号,省去外接非挥发存储器,从而起到简化结构,降低成本的作用。从图9-5中可以看出,其结构非常简单,加上电池的体积也仅火柴盒大小,如果将来使用MC13211,则只需一片芯片,结构将更加简单。

3. 软件设计

软件设计包括应用软件和ZigBee协议软件。

站台监控器本身是ZigBee网络协调器,并有GSM/GPRS模块。上电后,MCU首先分别进行GSM/GPRS模块和ZigBee协议栈的初始化工作,然后进行信道扫描及空闲信道评估,选择合适的工作信道,选择合适的网络标识符,启动ZigBee网络发送超帧,等待ZigBee设备的连接请求。当其接收到某设备的连接请求,并经过认证后,确认是合法的设备,便发出允许连接的命令,实现该ZigBee设备与协调器的连接。连接建立后,站台监控器便获得了该设备的标识号(这个标识号就代表了这台公交车),并将该标识号登记,同时通过GSM/GPRS向监控中心发出"某车在何时到达本站"的信息。站台监控器可以同时允许多台设备的连接和信息登记。当公交车驶离站台后,LQI将会降低。降低带一定程度后,公交车与站台监控器断开连接,从登记表中删除这个标识号,同时向监控中心发送信息"某车已驶离本站"。站台监控器程序流程图如图9-6所示。

安装在公交车上的无线识别器是ZigBee设备,上电后首先初始化ZigBee协议栈,然后开

始进行信道扫描,寻找 ZigBee 协调器。当它检测到 ZigBee 网络协调器的超帧且信号的强度大于一定值时,便向该协调器发出建立连接的请求。连接建立后,它获得了该协调器的标识号,从而知道是哪一站,并发出报站信息,实现自动、准确的报站。当本车驶离站台时,检测到协调器的信号强度减弱到一定程度后,便向协调器发出断开连接请求。无线标识器流程图如图 9-7 所示。

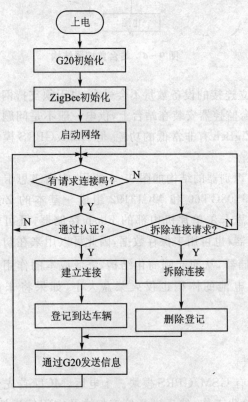

图 9-6 站台监控器程序流程图

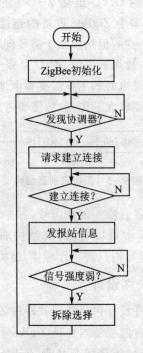

图 9-7 无线标识器流程图

ZigBee 技术出现时间不长,各方面的应用都在探索之中,而且 ZigBee 协议本身还在不断地完善。目前的应用都还比较简单,相信随着时间的推移,ZigBee 的应用会逐渐地深入下去,也会不断地出现新的应用领域。愿 ZigBee 技术之花结出丰硕的应用之果。

附录

dB 和 dBm

dB(或称为分贝)是电信号测量中的一种单位。它是两功率(或者电压、电流)之比的对数,用公式表示就是:

$$dB = 10 \lg \frac{P2}{P1}$$

式中:P1 为系统的输入功率;P2 为系统的输出功率。因此,若 P2 大于 P1,则分贝值为正,表示系统对信号进行了放大;反之,若 P2 小于 P1,则分贝值为负,表示系统对信号有衰减。

用 dB 来表示输入/输出功率的变化(增益)有很多好处。首先,它可以把用很大数字表示的增益用较小的数字表示,便于识别、记忆;其次,它可以将不同系统级联的总增益的运算由乘法变换为加法;最后,如果记住了功率的 2 倍对应着 3 dB,那么在计算功率增益时就基本不用繁琐的计算了。

为在实际测量中的方便,dB 常常与一特定的参考值相联系,这个参考值通常是 1 mW。也就是说,把测量的某一功率值表示成相对于 1 mW 功率的增益,并用 dBm 表示,dBm 值为正,表示功率值大于 1 mW;dBm 值为负,表示功率值小于 1 mW。比如 ZigBee 无线发射电路的输出功率如果是 10 dBm,换算成它的绝对输出功率就是 10 mW,而 0 dBm 的输出功率是 1 mW 等。

参考文献

[1] IEEE 802.15.4 2003. Wireless Medium Access Control (MAC) and Physical Layer (PHY) Specifications for Low-Rate Wireless Personal Area Networks (LR-WPANs). http://www.ieee.org.

[2] ZigBee Specification. http://www.ZigBee.org.

[3] MC13192 Reference Manual. http://www.freescale.com.

[4] MC9S08-1. http://www.freescale.

[5] 802.15.4 MAC PHY Software Reference Manual. http://www.freescale.com.

[6] 802.15.4 MAC PHY Software User's Guide. http://www.freescale.com.

[7] 孙利民,等.无线传感器网络[M].北京:清华大学出版社,2005.

[8] [美]帕勒万,等.无线网络通信原理与应用[M].刘剑,等,译.北京:清华大学出版社,2002.